即戦力への一歩シリーズ 02

危険物の取り扱い

監修 北野 大
著 田村 昌三・田口 直樹

化学工業日報社

シリーズ監修にあたって

化学物質はその用途により、医薬、農薬、食品添加物、洗剤、溶剤、触媒などと呼ばれています。現代社会においてこれらの化学物質の果たしている大きな役割については誰もが認めることと思います。一方、残念なことに過去には化学物質の性状をきちんと理解しない不適切な使用により、油症事件などに見られる人の健康への影響や、有機塩素系農薬による環境生物への悪影響があったことも事実です。

化学物質は「諸刃の剣」でもあり、その有用性を最大に発揮しつつ、負の影響を最小にするための叡智が私たちに求められています。そのためには化学物質の開発、製造、輸送、使用及び廃棄に関わる全ての関係者が化学物質の持つ有害・危険性などをきちんと理解するだけでなく、関連する法的規制についても知っておく必要があります。

正直に言えば、上記に述べた理解や知識の獲得は必ずしも容易ではありません。そこで、本シリーズは、新入社員や転勤・異動で初めて化学物質管理に関連する業務に就いた人などを対象にし、正確さと一定のレベルを保ちつつ、とにかく理解しやすい書籍シリーズとして企画されました。

本シリーズは化学物質の開発、製造、輸送、使用及び廃棄に至るライフサイクル全体を通した安全性を国内外の面からカバーします。

化学物質の安全性に係る人ばかりでなく、本書により多くの人が化学物質の安全性を理解し、化学物質がより有効に使用され、現代社会でさらに大きな役割を果たすことを期待しています。

秋草学園短期大学学長（淑徳大学名誉教授）　北野　大

序

読者の皆さんもご存じのとおり、化学物質は、エネルギー燃料、材料、ファインケミカルズ等として衣食住をはじめ、文化、レジャー、スポーツ等、われわれが豊かな生活を送るために有用なものとして重要な役割を果たしてきた。一方で、化学物質には、爆発・火災等のエネルギー危険性、有害危険性あるいは環境を汚染する潜在危険性を有するものもある。化学物質のライフサイクル（研究開発、製造、輸送、貯蔵、消費、廃棄等）において、正しい知識を持たない者が誤った取り扱いをすると、その潜在危険性が顕在化して爆発・火災災害、健康被害あるいは環境汚染等の産業災害や社会問題を引き起こすことになる。

化学物質を取り扱う化学関連産業は、これまで安全確保のために懸命の努力をしてきたが、依然として化学物質による爆発・火災事故、健康被害や環境汚染の問題が発生し続けている。

本書においては、爆発・火災等のエネルギー危険性を持った危険物や高圧ガス（以後、双方を併せて危険物等という）に着目し、化学関連産業等において危険物等の取扱いに初めて携わる方を対象に、危険物等による爆発・火災を防止するために必要な事項を分りやすく解説することを試みた。

まず必要とされるのは、危険物等の爆発・火災等の潜在エネルギー危険性に関する知識を持つことである。そして、その正しい知識を基に危険部等を正しく取り扱うことが重要である。

第1章においては、爆発・火災等の潜在エネルギー危険性を有する危険物等である爆発性物質・自己反応性物質、発火性物質、引火性・可燃性物質、酸化性物質、混触危険性物質、高圧ガス、特殊材料ガスや化学反応による発火・爆発性について述べるとともに、それらを安全に取り扱う上での留意事項を述べる。また、こうした危険物等の発火・爆発の潜在エネルギー危険性や化学反応による発火・爆発の潜在危険性を調べたり、評価したりする方法についても触れる。次いで、危険物等を取り扱う際の設備・装置や操作等の安全、廃棄の安全、防火と消火、予防と救急、地震対策についても述べる。

第2章においては、危険物等を取り扱う製造プロセス等において、爆発・火災等の災害を防止するための考え方や留意すべき事項について示す。

まず、製造プロセスにおける安全を確保する上でのハザードやリスクを基にしたリスクアセスメントやリスクマネジメントに関する基本的な事項について述べる。次いで、製造プロセス現場において、危険物等の取り扱いに伴う事故やトラブルを防止し、安全を確保するためにはどのような安全管理や安全活動を行うのがよいのかについて述べる。

本書が、化学関連産業において初めて危険物等を取り扱う現場を経験する方々にとって、安全を確保する上で多少なりともお役に立てれば幸いである。

目　次

目　次

ブレイクタイム

第 I 章
危険物等の取り扱いの安全

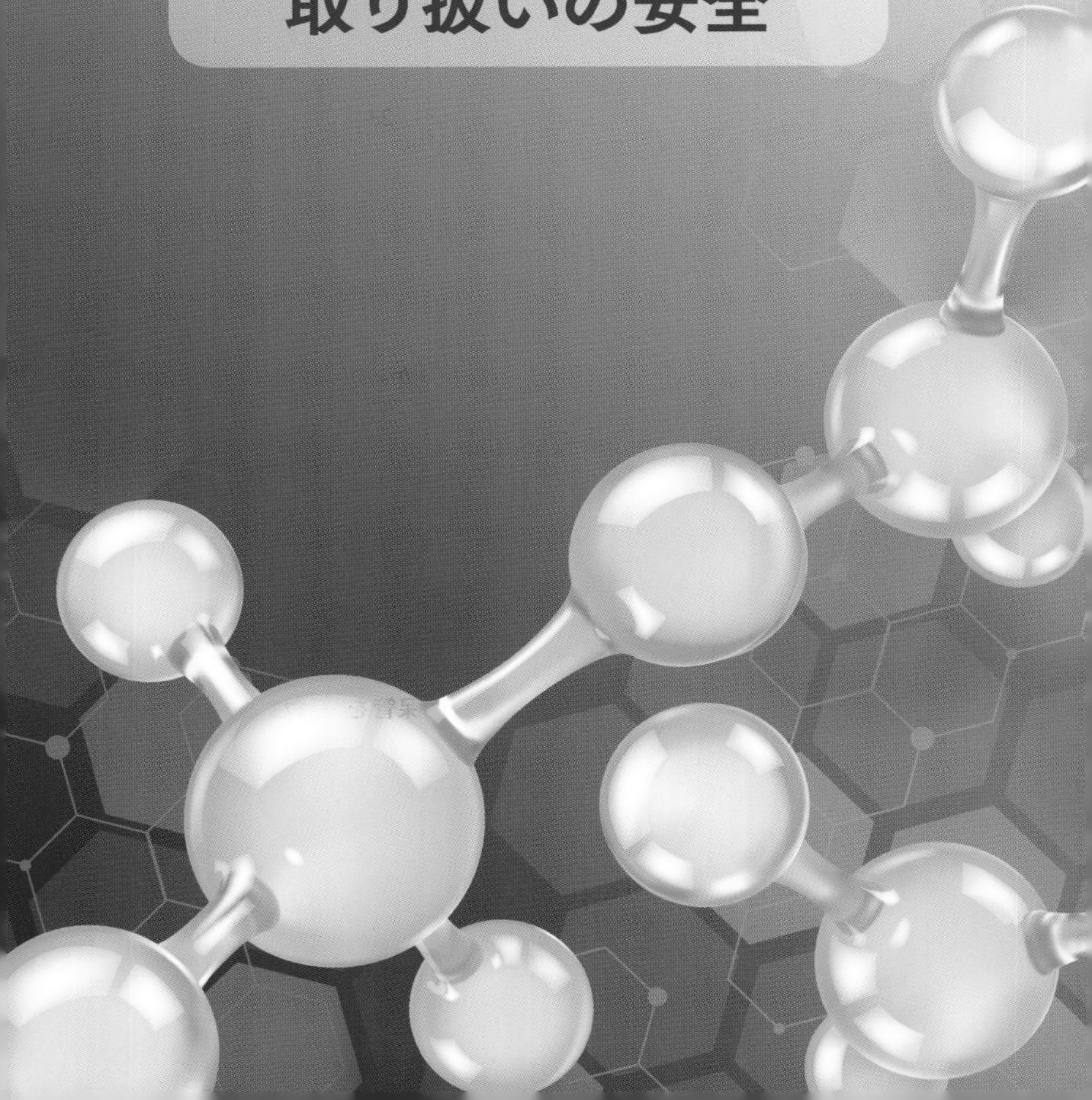

I-1 危険物等の取り扱いに当たって
—初心者の心得—

危険物や高圧ガス等（以後、危険物等と言う）を安全に取り扱うためには、予め取り扱いの目的を十分に理解し、取り扱う危険物等の潜在危険性に関する十分な知識を得るとともに、危険物等を取り扱う装置や設備についての正しい取扱方法を理解し、適正に取り扱うことが重要である。また、危険物等を取り扱った後の回収と廃棄についても予め考えておく必要がある。

危険物等を取り扱う職場環境は常に整理、整頓、清掃に努め、適切な服装で、適切な保護具を身につけ、監督者や上司の指示に従い、冷静に集中して危険物等を取り扱う必要がある。有害ガスの発生するおそれがある場合には、適切な除害設備を設置し、排気設備のあるところで作業し、火災や爆発のおそれがある場合には、消火器や防護設備を設置する等の十分な安全対策を講じることが必須であるが、これらは監督者や上司の指示に従って行わなければならない。事故を未然に防ぐことが第一に優先されるが、有害物質の漏えい・被爆や火災、爆発等の事故が起こってしまうこともある。こうした万が一の事故発生に備えて予め緊急時の措置マニュアルについてよく理解しておく必要がある。

作業終了後は、装置や設備・器具の後始末、危険物等の回収と廃棄を適正に行うとともに、作業現場の整理・整頓・清掃を行わなければならない。

ここでは、危険物等の取り扱いを行う場合の初心者の心得について述べる。

1）危険物等の取扱いを行うに当たって

①目的を明確化する。

②危険物等の潜在危険性や安全な取り扱いに関する知識を習得する。

原料、反応生成物等の危険物等の潜在危険性

③装置や設備・器具の選択と正しい操作方法を理解する。

目的に適正な小規模装置の選択

装置や設備・器具の正しい取扱方法

④作業環境を整備する。

作業現場の整理・整頓・清掃

有害ガスの発生：除害装置付ドラフト

爆発のおそれ：防爆壁、防爆たて

⑤緊急時の機材と避難通路を確認する。

消火器、洗顔器・シャワー、救急箱、避難通路の確認

⑥危険物等の回収と廃棄の方法を確認する。

作業後の危険物等の分別回収と適正廃棄

2）危険物等の取扱作業の実施に当たって

①適正な服装・履物を着用する。

②保護めがね、防毒マスク等を着用する。

③監督者や上司の指示に従う。

④冷静に集中して作業を行う。

⑤一人で作業を行ってはならない。

⑥事故発生時には適切に対応する。

3) 作業終了後

①後始末を実施する。

②危険物等の回収と廃棄を行う。

③作業現場の整理・整頓・清掃を実施する。

I-2 危険物等の発火・爆発危険性と安全な取り扱い

❶ はじめに

化学物質には、発火・爆発危険性、有害危険性、環境汚染性などの潜在危険性をもったものがあり、取り扱いを誤ると、それらの潜在危険性が顕在化して爆発・火災事故、健康被害や環境汚染を引き起こすことがある。そこで、ここでは爆発・火災事故を起こすおそれがある危険物等について取り上げる。

発火・爆発の潜在危険性をもつ危険物等

①	爆発性物質・自己反応性物質
⇒	熱、火災、打撃・摩擦等の機械的エネルギー、衝撃起爆などのエネルギーなどで発火・爆発、大きなエネルギーを発生する
②	発火性物質
⇒	水反応性物質（水との反応により発熱・発火する）、自然発火性物質（空気との接触により発熱・発火する）
③	酸化性物質
⇒	可燃性のガス、液体、固体との混合により燃焼・爆発を起こす
④	混触危険物質
⇒	他の物質との混合により発火・爆発を起こす

これらの危険物等を安全に取り扱うためには、事故防止のために定められた法規制を守ることは当然であるが、各危険物等の潜在危険性を十分に理解して危険性に応じた適切かつ安全な

取り扱いをしなければならない。

ここでは、危険物等の潜在危険性と安全な取り扱いについて述べる。

❷ 爆発性物質・自己反応性物質

爆発性物質・自己反応性物質は、熱、火炎、打撃・摩擦等の機械的エネルギー、衝撃起爆などのエネルギーが与えられると条件によっては発火·爆発を起こす。したがって、爆発性物質·自己反応性物質を安全に取り扱うためには、各爆発性物質・自己反応性物質の発火・爆発の起こりやすさ（感度）と、発火・爆発が起こったときの危険性の大きさ（威力）に関する知識を得ることが第一である。そして起こり得る最大の危険性を予測して、それに対する安全対策を講じておくことも大切である。

爆発のうち最も激しいものは爆ごう（デトネーション）と呼ばれる現象で、衝撃波を伴った燃焼である。高温のガスの膨張力による推進作用と衝撃波による破壊作用を伴うため極めて危険である。一方、衝撃波の発生を伴わない激しい燃焼に爆燃（デフラグレーション）と呼ばれる現象がある。これは高温のガスの膨張力による推進的な作用が主として働く。爆燃が密閉された容器内で起こると、容器を破裂させ、ガスが高速で吹き出し、物体を高速で飛翔させ、周囲に被害を与えることがある（鉄製容器を粉々に破壊することはない）。どのような物質が爆ごうを起こし、どのような物質が爆燃を起こすかは、物質の種類と物質のおかれた状態、量、与えられるエネルギーの種類によって異なる。

爆発性物質・自己反応性物質には、その化合物単独で爆発する爆発性化合物と、2種以上の化合物の混合物が爆発性を示す爆発性混合物がある。

爆発性原子団として知られるO−O結合、N−O結合、X(ハロゲン）−O結合、N−N結合等を有している物質は爆発性・自己反応性を示すことが多い（**表Ⅰ-2.2.1　爆発性原子団参照**）。硝酸エステル類、亜硝酸エステル類、ニトロ化合物、ニトロソ化合物、ニトラミン類、ニトロソアミン類、アミンの硝酸塩、アミンの亜硝酸塩、アゾ化合物、ジアゾ化合物、金属アジ化物、ヒドラジン誘導体、有機過酸化物、オゾニド等が爆発性化合物として知られている。

芳香族ニトロ化合物はニトロ基の数が増すと爆発性も大きくなり、トリニトロトルエンやピクリン酸などは条件により爆ごうを起こす。脂肪族ニトロ化合物であるニトロメタンは極性溶媒として用いられるが、強い衝撃を与えると条件により爆ごうを起こす。

有機過酸化物はROOR構造を持っており、熱、光、打撃・摩擦等により発火・爆発を起こしやすい。また、酸、金属、アミン、促進剤[*1]などとの混触により、発火・爆発を起こすものもある。エーテルなどの化合物は、空気と接触した状態で長期間放置すると、有機過酸化物をつくりやすく、打撃や摩擦等により発火・爆発を起こすことがある。

酸化エチレンやアセチレンなどは分解熱が大きく、分解ガスが高温下で膨張して大きな圧力を発生し、爆発に至ることがある。このような現象を分解爆発と言う。

モノマー類[*2]は重合反応が発熱反応であるため、その制御を誤ると反応暴走が起こり、爆発に至ることがある。

硝酸塩やオキソハロゲン酸塩などの酸化性物質はそれ自体ではなかなか分解が起こらないが、可燃性物質と混合すると、反応が起こりやすくなり、反応による熱の発生量が増大して爆発の危険性が増す。

また、アルミニウムやマグネシウムのように酸素と反応して高熱を発生するものは、金属酸化物との混合物を加熱すると爆発的に反応するため危険である。（例えば$Al+Fe_2O_3$、$Al+Na_2SO_4$, $Al+Na_2(CO_3)$など）。

＊1　促進剤：促進剤は有機過酸化物の分解を促進するために用いられる。メチルエチルケトンパーオキサイドにはコバルト塩などの促進剤が用いられることが知られている。

＊2　モノマー類：モノマーとはポリマー（重合体）の構成単位となる分子量の小さい分子のことで、単量体とも言う。

表 I −2.2.1. 爆発性化合物の構造と生成

結合	爆発性化合物	化学構造	生成反応
O−O	濃厚過酸化水素水	H_2O_2	
	有機過酸化物	$R-O-O-R'$	アルコール＋H_2O_2 ハロゲン化物＋H_2O_2 アルデヒド＋H_2O_2 ケトン＋H_2O_2 カルボン酸＋H_2O_2 エーテル＋O_2
	オゾニド	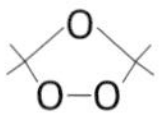	不飽和炭化水素＋O_3
N−O	硝酸エステル	$-\overset{\vert}{\underset{\vert}{C}}-ONO_2$	アルコール＋HNO_3 炭水化物＋HNO_3
	亜硝酸エステル	$-\overset{\vert}{\underset{\vert}{C}}-ONO$	アルコール＋HNO_2 ハロゲン化物＋$M'NO_2$
	ニトロ化合物	$-\overset{\vert}{\underset{\vert}{C}}-NO_2$	ハロゲン化物＋$M'NO_2$ 炭化水素，その他＋HNO_3
	アミン硝酸塩	$-\overset{\vert}{\underset{\vert}{N}}\cdot HNO_3$	アミン類＋HNO_3

結合	爆発性化合物	化学構造	生成反応
N－O	硝酸アンモニウム	NH_4NO_3	NH_3+HNO_3
	ニトラミン	$-\underset{\vert}{\overset{\vert}{C}}-\overset{\vert}{N}-NO_2$	アミン硝酸塩の脱水 アミン類$+HNO_3$
	ニトロソ化合物	$-\underset{\vert}{\overset{\vert}{N}}-NO$	フェノール類$+HNO_2$
	ケトンオキシム	$O=\overset{\vert}{C}-\cdots\cdots-\overset{\vert}{C}=NOH$	
	ヒドロキシルアミン誘導体	$\begin{matrix}R_1\\R_2\end{matrix}>N-OH$	
	雷酸塩	$M'-O-N=C$	金属硝酸塩＋硝酸＋アルコール
X－O	七酸化二塩素	ClO_7	
	アミン過塩素酸塩	$-\underset{\vert}{\overset{\vert}{N}}\cdot HClO_4$	
	過塩素酸エステル	$-\underset{\vert}{\overset{\vert}{C}}-OClO_3$	アルコール$+HClO_4$
	ペルクロリル化合物	$-\underset{\vert}{\overset{\vert}{C}}-ClO_3$	$-\underset{\vert}{\overset{\vert}{C}}-H+FClO_3$

結合	爆発性化合物	化学構造	生成反応
X－O	塩素酸	$HClO_3$	$M'ClO_3$＋酸
	二酸化塩素	ClO_2	$M'ClO_2$＋酸
	塩素酸重金属塩	$M'ClO_3$	$KClO_3$＋重金属塩，重金属，Hg，Ag，PB
	塩素酸アンモニウム	NH_4ClO_3	$M'ClO_3$＋NH_3またはアンモニウム塩
	アミン塩素酸塩	$-\overset{\vert}{\underset{\vert}{N}}\cdot HClO_3$	$M'ClO_3$＋アミン酸
	塩素酸エステル	$-\overset{\vert}{\underset{\vert}{C}}-OClO_2$	
	亜塩素酸塩	$M'ClO_2$	
	次亜塩素酸	$HClO$	
	一酸化塩素	Cl_2O	
	次亜塩素酸塩	$M'ClO$	
	次亜塩素酸エステル	$-\overset{\vert}{\underset{\vert}{C}}-OCl$	
	アミン臭素酸塩	$-\overset{\vert}{\underset{\vert}{N}}\cdot HBrO_3$	
	臭素酸アンモニウム	NH_4BrO_3	

結合	爆発性化合物	化学構造	生成反応
X－O	アミンヨウ素酸塩	$-\overset{\mid}{\underset{\mid}{N}}\cdot HIO_3$	
	ヨウ素酸アンモニウム	NH_4IO_3	
	過マンガン酸	$HMnO_4$	$M'MnO_4+H_2SO_4$
	七酸化二マンガン	Mn_2O_7	$M'MnO_4+H_2SO_4$
	過マンガン酸アンモニウム	NH_4MnO_4	$M'MnO_4$＋アンモニウム塩
	アミン過マンガン酸塩	$-\overset{\mid}{\underset{\mid}{N}}\cdot HMnO_4$	
	二クロム酸アンモニウム	$(NH_4)_2Cr_2O_7$	$M'_2Cr_2O_7$＋アンモニウム塩
	アミン二クロム酸塩	$\left(-\overset{\mid}{\underset{\mid}{N}}\cdot\right)H_2Cr_2O_7$	
N－N	アミン亜硝酸塩	$-\overset{\mid}{\underset{\mid}{N}}\cdot HNO_2$	アミン類$+HNO_2$
	亜硝酸アンモニウム	NH_4NO_2	$M'NO_2+NH_4X$
	ニトロソアミン	$-\overset{\mid}{\underset{\mid}{C}}-\overset{\mid}{N}-NO$	$-\overset{\mid}{\underset{\mid}{C}}-\overset{\mid}{\underset{H}{N}}+HNO_3$
	ジアゾニウム塩	$-\overset{\mid}{\underset{\mid}{C}}-\overset{+}{\underset{X^-}{N}}\equiv N:$	アミン類$+HNO_2+HX$

結合	爆発性化合物	化学構造	生成反応
N−N	ジアゾオキシド	$N_2=C-\cdots\cdots-C=O$	$H_2N-C-\cdots\cdots-C-OH$ $+HNO_2+HX$
	ヒドラジン誘導体	$-N-N-$	
	アジ化水素	HN_3	金属アジド＋酸
	重金属アジド	$M'N_3$	$NaNH_2$ ＋ N_2O → N_2H_4 ＋ $NaNO_2$ ＋ $RONO$ → ← NaN_3＋重金属塩
	ハロゲン化アジド	XN_3	NaN_3＋ハロゲンまたは次亜ハロゲン酸塩
	有機アジド	$-C-N_3$	ハロゲン化物＋NaN_3
	イソテトラセン誘導体		
	窒素長鎖状化合物		
N−M	ニトリド	M'_3N	
	イミド	M'_2NH	
	アミド	$M'NH_2$	

結合	爆発性化合物	化学構造	生成反応
N－M	アミン金属錯塩		$MX+xNH_3$
N－X	ハロゲン化窒素	NX_3	X_2または$M'XO+NH_3$またはアンモニウム塩
	硫化窒素	N_4S_4	SCl_2または$S_2Cl_2+NH_3$
C－C	アセチレン	$HC{\equiv}CH$	CaC_2+H_2O
	重金属アセチリド	$M'C{\equiv}CM'$	重金属塩$+C_2H_2$
	アセチレンのハロゲン誘導体	$X-C{\equiv}C-X$	
	ポリアセチレン，アセチレン誘導体などとそれらのハロゲンまたは重金属誘導体		
	シュウ酸重金属塩	$\begin{array}{l}COOM'\\ \vert \\ COOM'\end{array}$	$\begin{array}{l}COOH\\ \vert \\ COOH\end{array}$ ＋重金属塩
	エチレンオキシド	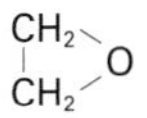	

❸ 発火性物質

発火性物質には空気中で自然に発火する自然発火性物質と水との接触により発火を起こす水反応性物質（禁水性物質）がある。また、自然発火性物質には空気中で自己発熱を起こす自己発熱性物質がある。

自然発火性物質および禁水性物質で、一定の危険性を有するものは消防法危険物第3類に該当し、また、国連危険物分類のクラス4.2およびクラス4.3に該当する。

1. 自然発火性物質

固体または液体で、混合物および溶液も含め、空気中で一定時間内に発火する物質を自然発火性物質と言う。

黄リン、金属にアルキル基が結合したアルキルリチウム、アルキルアルミニウムに代表される有機金属化合物、硫化ナトリウム、硫化鉄等の金属硫化物、リチウムエトキシド（$LiOC_2H_5$）、バリウムエトキシド（$Ba(OC_2H_5)_2$）等の金属アルコキシド、三塩化チタン、水素吸蔵合金*、水素化リチウム、水素化ナトリウム等の金属水素化物、特殊材料ガス（**Ⅰ－2.8. 特殊材料ガス参照**）等がある。

自然発火性物質を安全に取り扱うためには、以下の注意が必要である。

①空気と直接接触しないようにする。アルキルアルミニウムのように窒素等の不活性なガスの雰囲気中に貯蔵したり、黄リンのように水中に貯蔵する等の手段をとる必要がある。

②物質によっては水と反応するものがあるので、水との接触を避ける。

③貯蔵する時は他の物質と隔離する。

④反応に用いる時は系外に漏れないようにする。

⑤手などに触れると火傷を起こすので、絶対に皮膚に触れないようにする。

2. 自己発熱性物質

自然発火性物質には、室温あるいは高温の空気雰囲気下で、外部からのエネルギーの供給がなくても自己発熱し、その熱が蓄積されて温度が上昇し、ついには発火に至る自己発熱性物質がある。このような自然発火は酸化熱、分解熱、重合熱、発酵熱、吸着熱により起こる。

自己発熱性物質には下記のものが知られている。

＊水素吸蔵合金：金属の中には水素を取り吸着する性質のあるものがある。水素吸蔵合金とはこのような性質を合金化によって最適化し、水素を吸着させることを目的として開発された合金のことを言う。

自己発熱性物質

空気中で自己発熱するもの
油脂類（不飽和油脂、乾性油）、石炭、ゴム類、炭素粉、金属粉、ウレタンフォーム類
自然分解するもの
さらし粉、亜ジチオン酸ナトリウム、ニトロセルロース、セルロイド類
重合熱を発生するもの
アクリル酸エステル、メタクリル酸エステルなど
発酵熱を発生するもの
わら草等
吸着熱を発生するもの
活性炭（表面活性があり、他の物質を物理吸着、化学吸着し発熱）

自然発火を防止するためには、発生した熱の放散を妨げるような大量貯蔵や密閉空間での貯蔵を行わないこと、また雰囲気温度を高くしないようにすることが必要である。

ブレイクタイム①　保温材から火がでる

保温材に重油、潤滑油等が染み込み火災になった事故、あるいは、火災には至らなかったが保温材の温度が上昇するというトラブル事例は多い。この現象は、本文中でも述べたように、自己発熱により自然発火した事例である。

ここでは、重油の漏れたケースを考えてみることにする。重油の発火温度は約400℃で、酸化による発熱開始温度は約200℃である。例えば温度が200℃以上の重油が漏れ、保温材に染み込むと、徐々に酸化発熱が起こる。保温材のために放熱が少なく、蓄熱され温度が上昇する。温度の上昇によって、さらに酸化発熱が促進され温度はさらに上昇する。この繰り返しで約400℃以上になると、ついには発火に至ることになる。

漏れた液の性状（発火温度、酸化による発熱開始温度、自己発熱性等）と保温している装置の表面温度あるいは蒸気トレース（装置、配管に蒸気配管を抱き合わせて装置、配管内の液を加温させる）の表面温度から、発熱、蓄熱が予見される場合は、速やかに保温材を更新すべきである。更新まで時間がかかるのであれば、窒素パージなどで酸化発熱を抑える対処が必要である。

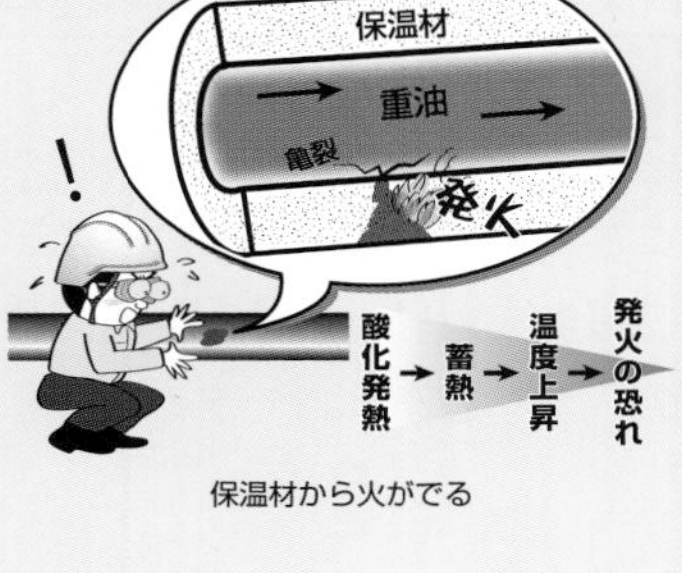

保温材から火がでる

3．水反応性物質（禁水性物質）

水との接触により、発熱・発火を起こす物質を水反応性物質（禁水性物質）と言う。

水反応性物質

水反応性物質（禁水性物質）	
アルカリ金属	水との反応により熱と水素を発生するリチウム、ナトリウム、カリウム等
アルカリ土類金属	水との反応により熱と水素を発生するカルシウム、ストロンチウム、バリウム等
アルカリ金属過酸化物	水との反応により熱と過酸化水素を発生する過酸化カリウム、過酸化ナトリウム等
金属水素化物	水との反応により熱と水素を発生する水素化リチウム、水素化ナトリウム、水素化ナトリウムアルミニウム等
金属炭化物	水との反応により熱とアセチレン等の可燃性の炭化水素を発生する炭化カルシウム、炭化アルミニウム等
金属硫化物	水との反応により熱と可燃性の硫化水素を発生する硫化ナトリウム、五硫化リン等
金属リン化物	水との反応により熱と自然発火性のホスフィンを発生するリン化アルミニウム、リン化カルシウム等
金属アミド	水との反応により熱と可燃性のアンモニアを発生するナトリウムアミド等
三塩化リン	水との反応により熱と塩化水素を発生する
塩素化ケイ素化合物等	水との反応により熱と塩化水素を発生するトリクロロシラン等

水反応性物質を安全に取り扱うためには、直接水と接触しないようにすることが必須であるが、貯蔵、輸送等に当たっても、空気中の水分との接触を避けるため、ナトリウムのように石油中に貯蔵する等の方法をとるべきである。

❹ 引火性・可燃性物質

可燃性液体や、昇華[*1]あるいは熱分解により可燃性ガスを発生している固体の表面に種火を近づけたとき、物質が炎を発して燃えはじめる現象を引火と言う。引火するためには、可燃性物質の表面に存在する可燃性ガスの濃度が関係し、燃焼する最も低い濃度である燃焼下限界以上になっていることが必要である。したがって、可燃性の液体あるいは固体であっても、その濃度に達していなければ引火することはない。室温で引火する液体あるいは固体を、引火性液体あるいは引火性固体と呼ぶことがあるが、引火性物質は可燃性物質の一部である。可燃性物質の火災・爆発危険性を**表Ⅰ-2.4.1**に示す。

＊1　昇華：昇華とはヨウ素などのように元素や化合物が液体を経ずに固体から気体。気体から固体に相転移する現象を言う。

表I－2.4.1. 可燃性物質の発火・爆発危険性

引火点：数字は原則として密閉式引火点測定装置による値であり、*印を付したものは開放式引火点測定装置によったものである。

蒸気比重：ガスまたは蒸気の密度を、それと同じ圧力の空気の密度を1として比較した値である。すなわち、蒸気比重が1より小さければガスまたは蒸気は空気より軽く、1より大きければ空気より重い。

水溶性:水溶性は、適切な消火方法を選定するのに使用される。不溶性のものは水面上に浮かぶため、水での消火は困難である。水溶性の"不"は水に対する溶解度が10g/100ml以下のもの、"難"は10～24g/100mlのもの、"溶"は25g/100ml以上のものをいう。"分解"は水と反応して分解を起こすものをいう。

消火上の注意："泡消火"は化学泡または空気泡による、"アルコール泡"は耐アルコール性の空気泡による消火、"水、泡消火による流出"は沸点が高い物質は、火災の際、液温が水の沸点より高くなり、水または泡に接すると水が急激に沸騰して可燃性液体を流出・飛散させ、火災を拡大して消火困難になることをいう。

物質名	引火点 (℃)	発火点 (℃)	爆発限界(vol%)		蒸気比重 (空気=1)	沸点 (℃)	比重 (水=1)	水溶性	消火上の注意
			下限	上限					
アクリルアルデヒド	<−26	220	2.8	31	1.9	53	0.8	溶	水無効、アルコール泡
アクリル酸エチル	10*	372	1.4	14	3.5	99	0.9	難	〃
アクリル酸メチル	−3*	468	2.8	25	3.0	80	1.0−	不	
アクリロニトリル	0*	481	3.0	17	1.8	78	0.8	溶	水無効、アルコール泡
アジピン酸	196	420	(1.6)			373	1.4	難	アルコール泡（水、泡消火による流出）
亜硝酸エチル	−35	90（分解）	4.0	50	2.6	17	0.9	不	
アセタール	−21	230	1.6	10.4	4.1	102	0.8	難	水無効、アルコール泡
アセチレン	ガス	305	2.5	100	0.9	−84		溶	元栓を閉める
アセトアニリド	169*	530	(1.0)		4.7	305	1.21	不	
アセトアルデヒド	−39	175	4.0	60	1.5	20	0.8	溶	水無効、アルコール泡

物質名	引火点 (℃)	発火点 (℃)	爆発限界(vol%) 下限	爆発限界(vol%) 上限	蒸気比重 (空気＝1)	沸点 (℃)	比重 (水＝1)	水溶性	消火上の注意
アセトニトリル	6*	524	3.0	16.0	1.4	82	0.8	溶	〃
アセトフェノン	77	570	(1.1)		4.1	202	1.0+	不	
アセトン	−20	465	2.15	13	2.0	56	0.8	溶	水無効、アルコール泡
アニリン	70	615	1.3	11	3.2	185	1.0+	難	アルコール泡
アニリン塩酸塩	193*				4.5	245	1.22	溶	
2－アミノエタノール	85	410			2.1	171	1.0+		溶アルコール泡
アリルアミン	−29	374	2.2	22	2.0	56～57	0.8	溶	水無効、アルコール泡
アリルアルコール	21	378	2.5	18.0	2.0	97	0.9	溶	〃
アルドール	66*	250	(2.0)		3.0	79～80	1.1	溶	アルコール泡
安息香酸	121	570			4.2	250	1.27	難	
安息香酸メチル	83				4.7	200	1.1	不	被覆による消火には水使用可
アントラキノン	185				7.2	380	1.44	不	
アントラセン	121	540	0.6		6.2	342	1.24	不	
アンモニア	ガス	651	16	25	0.6	−33		溶	元栓を閉める
イソブタン	ガス	460	1.8	8.4	2.0	−12		難	〃
イソブチルアルコール	28	415	1.7	10.6	2.6	108	0.8	溶	水無効、アルコール泡
イソプレン	−54	395	1.5	8.9	2.4	34	0.7	不	

物質名	引 火 点（℃）	発 火 点（℃）	爆発限界（vol%）		蒸気比重（空気＝1）	沸点（℃）	比重（水＝1）	水溶性	消火上の注意
			下限	上限					
イソペンタン	＜−51	420	1.4	7.6		28	0.6	不	
イソペンチルアルコール	43	350	1.2	9.0	3.0	132	0.8	難	アルコール泡
イソホロン	84*	460	0.8	3.8		215	0.9	難	
一酸化炭素	ガス	609	12.5	74	1.0	−192		不	元栓を閉める
エタノール	13	363	3.3	19	1.6	78	0.8	溶	水無効、アルコール泡
エタン	ガス	472	3.0	12.5	1.0	−89		不	元栓を閉める
N−エチルアニリン	85*				4.2	206	1.0−	不	
エチルアミン（70%水溶液）	＜−18	385	3.5	14.0	1.6	17	0.8	溶	水無効、アルコール泡
エチルビニルエーテル	＜−46	202	1.7	28	2.5	36	0.7	不	〃
エチルベンゼン	15	432	1.0	6.7	3.7	136	0.9	不	
エチルメチルエーテル	−37	190	(2.0)	10.1	2.1	7	0.7	溶	水無効、アルコール泡
エチルメチルケトン	−9	404	1.7	11.4	2.5	80	0.8	溶	〃
エチレン	ガス	450	2.7	36.0	1.0	−104.0		溶	元栓を閉める
エチレンオキシド	＜−18	429	3.6	100	1.5	11	0.9	溶	水無効、アルコール泡（蒸気爆発性）
エチレングリコール	111	398	3.2			198	1.1	溶	アルコール泡（水、泡消火による流出）
塩化アセチル	4	390	(5.0)		2.7	51	1.1	分解	水、泡の使用を禁止
塩化イソプロピル	−32	593	2.8	10.7	2.7	35	0.9	不	

物質名	引火点 (℃)	発火点 (℃)	爆発限界(vol%)		蒸気比重 (空気=1)	沸点 (℃)	比重 (水=1)	水溶性	消火上の注意
			下限	上限					
塩化エチル	−50	519	3.8	15.4	2.2	12	0.9	不	
塩化ビニル	ガス	472	3.6	33.0	2.2	−14		不	元栓を閉める
塩化ブチル	−9	240	1.8	10.1	3.2	79	0.9	不	
塩化プロピル	<−18	520	2.6	11.1	2.7	47	0.9	不	
塩化ベンジル	67	585	1.1		4.4	179	1.1	不	被覆による消火には水使用可
塩化ベンゾイル	72				4.9	197	1.2	分解	水と反応し分解
塩化ペンチル	13*	260	1.6	8.6	3.7	108	0.9	不	
塩化メチル	ガス	632	8.1	17.4	1.8	−24		難	元栓を閉める
1−オクタノール	81				4.5	195	0.8	不	
オクタン	13	206	1.0	6.5	3.9	126	0.7	不	
オレイン酸	189	363				286	0.9	不	水、泡消火による流出
過酸化ジアセチル	(45*)				4.1		1.2	難	熱すれば爆発
ギ酸(90%溶液)	50	434	18	57	1.6	101	1.2	溶	アルコール泡
ギ酸イソプロピル	−6	485			3.0	67	0.9	難	水無効、アルコール泡
ギ酸エチル	−20	455	2.8	16.0	2.6	54	0.9	不	〃
ギ酸プロピル	−3	455	(2.3)		3.0	82	0.9	難	〃
ギ酸メチル	−19	449	4.5	23	2.1	32	1.0−	溶	〃
o−キシレン	32	463	1.0	6.0	3.7	144	0.9	不	

物質名	引火点 (℃)	発火点 (℃)	爆発限界 (vol%)		蒸気比重 (空気=1)	沸点 (℃)	比重 (水=1)	水溶性	消火上の注意
			下限	上限					
m−キシレン	27	527	1.1	7.0	3.7	139	0.9	不	
p−キシレン	27	528	1.1	7.0	3.7	138	0.9	不	
クメン	36	424	0.9	6.5	4.1	152	0.9	不	
グリセリン	160	370				290	1.3	溶	アルコール泡（水、泡消火による流出）
o−クレゾール	81	599	1.4		3.7	191	1.1	不	被覆による消火には水使用可
m−、*p*−クレゾール	86	558	1.1	(1.4)		202〜203	1.0	不	
クロトンアルデヒド	13	232	2.1	15.5	2.4	105	0.9	難	水無効、アルコール泡
2-クロロエタノール	60	425	4.9	15.9	2.8	129	1.2	溶	アルコール泡
クロロベンゼン	29	593	1.3	9.6	3.9	132	1.1	不	水無効（被覆による消火は可）
酢酸（氷酢酸）	39	463	4.0	19.9	2.1	118	1.0+	溶	アルコール泡
酢酸イソブチル	18	421	1.3	10.5	4.0	116	0.9	不	アルコール泡
酢酸イソプロピル	2	460	1.8	8	3.5	90	0.9	難	水無効、アルコール泡
酢酸イソペンタン	32				4.5	121	0.9	難	〃
酢酸エチル	−4	426	2.0	11.5	3.0	77	0.9	難	〃
酢酸ビニル	−8	402	2.6	13.4	3.0	73	0.9	難	〃
酢酸ブチル	22	425	1.7	7.6	4.0	126	0.9	難	〃
酢酸プロピル	13	450	1.7	8	3.5	102	0.9	難	〃

物質名	引火点 (℃)	発火点 (℃)	爆発限界(vol%)		蒸気比重 (空気＝1)	沸点 (℃)	比重 (水＝1)	水溶性	消火上の注意
			下限	上限					
酢酸ベンジル	90	460				215	1.1	難	アルコール泡(水、泡消火による流出)
酢酸ベンチル	16	360	1.1	7.5	4.5	149	0.9	難	水無効、アルコール泡
酢酸メチル	−10	454	3.1	16	2.6	56	0.9	溶	〃
酸化硫化炭素(硫化カルボニル)	ガス		12	29	2.1	−50			元栓を閉める
シアンアミド	141				1.5	260(分解)	1.3	溶	
シアン化水素(96%)	−18	538	5.6	40.0	0.9	26		溶	蒸気きわめて有毒性
ジイソプロピルエーテル	−28	443	1.4	7.9	3.5	69	0.7	不	アルコール泡
ジエチルアミン	−23	312	1.8	10.1	2.5	57	0.7	溶	水無効、アルコール泡
ジエチルエーテル	−45	160	1.9	36.0	2.6	34	0.7	難	〃
1,4-ジオキサン	12	180	2.0	22	3.0	101	1.0+	不	〃
シクロブタン	ガス				1.9	12		不	元栓を閉める
シクロプロパン	ガス	498	2.4	10.4	1.5	−33		不	〃
シクロヘキサノール	68	300	(1.2)		3.5	161	1.0−	難	アルコール泡
シクロヘキサノン	44	420	1.1	9.4	3.4	156	0.9	難	〃
シクロヘキサン	−20	245	1.3	8	2.9	81	0.8	不	
シクロヘキシルアミン	31	293			3.4	135	0.9	溶	水無効、アルコール泡
1,2-ジクロロエタン	13	440	6.2	16	3.4	83	1.5	不	
ciS−1,2-ジクロロエチレン	6	460	9.7	12.8	3.4	60	1.3	不	水無効(被覆による消火は可)
1,2-ジクロロプロパン	16	557	3.4	14.5	3.9	96	1.2	不	

物質名	引火点 (℃)	発火点 (℃)	爆発限界(vol%)		蒸気比重 (空気＝1)	沸点 (℃)	比重 (水＝1)	水溶性	消火上の注意
			下限	上限					
o−ジクロロベンゼン	66	648	2.2	9.2	5.1	180	1.3	不	被覆による消火には水使用可
p−ジクロロベンゼン	66	(648)	(2.2)	(9.2)	5.1	174	1.5	不	〃
ジビニルエーテル	<−30	360	1.7	27	2.4	28	0.8	不	
ジメチルアミン	ガス	400	2.8	14.4	1.6	7		溶	元栓を閉める
ジメチルエーテル	ガス	350	3.4	27.0	1.6	−24		溶	〃
p−シメン	47	436	0.7	5.6	4.6	177	0.9	不	
臭化エチル	(<−20)	511	6.8	8.0	3.8	38	1.4	不	
臭化ブチル	18	265	2.6	6.6	4.7	101	1.3	不	水無効（被覆による消火は可）
臭化メチル	実際上不引火	537	10	15.0	3.3	4	1.7	不	
シュウ酸ジエチル	76				5.0	186	1.1	徐々に分解	
酒石酸	210*	425			5.2		1.76	溶	
硝酸エチル	10		4.0	(100)	3.1	88	1.1	不	水無効（被覆による消火は可）
d−ショウノウ	66	466	0.6	3.5	5.2	203	1.0−	不	
水素	ガス	500	4.0	75	0.1	−253		難	元栓を閉める
スチレン	32	490	1.1	6.1	3.6	145	0.9	不	
ステアリン酸	196	395				386	0.8	不	水、泡消火による流出
炭酸ジエチル	25				4.1	126	1.0−	不	
デカン	46	210	0.8	5.4	4.9	174	0.7	不	
テトラヒドロフラン	−14	321	2	11.8	2.5	66	0.9	溶	水無効、アルコール泡

物質名	引火点 (℃)	発火点 (℃)	爆発限界(vol%)		蒸気比重 (空気＝1)	沸点 (℃)	比重 (水＝1)	水溶性	消火上の注意
			下限	上限					
テトラメチル鉛	38		(1.8)		6.5	100以上分解	1.6	不	
テトラリン	71	385	0.8	5.0	4.6	208	1.0－	不	
ドデカン	74	203	0.6		5.9	216	0.8	不	
トリエチルアミン	−7*		1.2	8.0	3.5	89	0.7	不	アルコール泡
トリエチレングリコール	167*	357	0.9	9.2		288	1.1	溶	アルコール泡(水、泡消火による流出)
1,3,5-トリオキサン	45*	414	3.6	29		115(昇華)		難	アルコール泡
トリメチルアミン	ガス	190	2.0	11.6	2.0	3		溶	元栓を閉める
*o*ートルイジン	85	482		(3.7)	3.7	200	1.0－	不	
*p*ートルイジン	87	482		(3.9)	3.7	200	1.0－	不	
トルエン	4	480	1.2	7.1	3.1	111	0.9	不	
ナフタレン	79	526	0.9	5.9	4.4	218	1.1	不	
1-ナフチルアミン	157					300	1.2	不	水、泡消火による流出
2-ナフトール	153				5.0	296	1.22	不	〃
二塩化エチリデン	−6		5.6			57	1.2	難	水無効(被覆による消火は可)、アルコール泡
二塩化二硫黄	118	234				138	1.7	分解	水と反応し分解
二塩化ビニリデン	−18	570	7.3	16.0	3.4	32	1.2	不	水無効(被覆による消火は可)
ニコチン	(>104)	244	0.7	4.0	5.6	247	1.0	溶	アルコール泡(水、泡消火による流出)

物質名	引火点 (℃)	発火点 (℃)	爆発限界(vol%)		蒸気比重 (空気＝1)	沸点 (℃)	比重 (水＝1)	水溶性	消火上の注意
			下限	上限					
ニトロエタン	28	414	3.4		2.6	115	1.04	難	水無効（被覆による消火は可）、アルコール泡、加熱すると爆発
ニトログリセリン	爆発	270				261（爆発）	1.6	不	加熱すれば爆発
p−ニトロトルエン	106					238	1.3	不	水、泡消火による流出
1-ニトロナフタレン	164					304	1.3	不	〃
1-ニトロプロパン	36	421	2.2		3.1	131	1.0	難	アルコール泡、加熱すると爆発
2-ニトロプロパン	24	428	2.6	11.0	3.1	120	1.0−	難	〃
ニトロベンゼン	88	482	1.8		4.3	211	1.2	不	被覆による消火には水使用可
ニトロメタン	35	418	7.3	(100)	2.1	101	1.1	難	水無効、アルコール泡
二硫化炭素	−30	90	1.3	50.0	2.6	46	1.3	不	水無効（被覆による消火は可）
ノナン	31	205	0.8	2.9	4.4	151	0.7	不	
パラアルデヒド	36*	238	1.3		4.5	128	1.0−	難	水無効、アルコール泡
パラホルムアルデヒド	70	300	7.0	73				難	アルコール泡
ヒドラジン	38	(270)	2.9	98	1.1	113	1.0+	溶	蒸気爆発性
ヒドラキシルアミン	129（爆発）					70	1.2	溶	加熱すれば爆発
ヒドロキノン	165	516				286	1.3	不	アルコール泡（水、泡消火による流出）
ピリジン	20	482	1.8	12.4	2.7	115	1.0−	溶	水無効、アルコール泡

物質名	引 火 点 (℃)	発 火 点 (℃)	爆発限界(vol%)		蒸気比重 (空気＝1)	沸点 (℃)	比重 (水＝1)	水溶性	消火上の注意
			下限	上限					
フェノール	79	715	1.8	(3.2)	3.2	182	1.0＋	溶	アルコール泡
1,3-ブタジエン	ガス	429	2.0	12.0	1.9	11		不	元栓を閉める
1-ブタノール	29	343	1.4	11.2	2.6	117	0.8	溶	水無効、アルコール泡
2-ブタノール	24	405	1.7	9.8	2.6	94	0.8	溶	〃
フタル酸オクチル	218.3*					386		不	水、泡消火による流出
ブタン	ガス	287	1.6	(8.5)	2.0	−1		難	元栓を閉める
t−ブチルアルコール	11	478	2.4	8.0	2.6	83	0.8	溶	水無効、アルコール泡
1-ブテン	ガス	385	1.6	10.0	1.9	−6		不	元栓を閉める
2-ブテン (*ciS*)	ガス	325	1.7	9.0	1.9	4			〃
(*tranS*)	ガス	324	1.8	9.7	1.9	1		不	〃
フラン	<0		2.3	14.3	2.3	32	0.9	不	
フルフリルアルコール	75*	491	1.8	16.3	3.4	171	1.1	溶	
2-フルアルデヒド	60	316	2.1	19.3	3.3	162.0	1.2	難	アルコール泡
1-プロパノール	23	412	(2.1)	13.7	2.1	97	0.8	溶	水無効、アルコール泡
2-プロパノール	12	399	2.0	12.7	2.1	82	0.8	溶	〃
プロパン	ガス	432	2.1	9.5	1.6	−42		不	元栓を閉める
1,2-プロパンジオール	99	371	2.6	12.5		188	1.0＋	溶	アルコール泡
プロピオン酸エチル	12	440	1.9	11	3.5	99	0.9	不	
プロピオン酸メチル	−2	469	2.5	13	3.0	80	0.9	不	

物質名	引火点 (℃)	発火点 (℃)	爆発限界(vol%)		蒸気比重 (空気＝1)	沸点 (℃)	比重 (水＝1)	水溶性	消火上の注意
			下限	上限					
プロピルベンゼン	30	450	0.8	6.0	4.1	159	0.9	不	
プロピレン	ガス	455	2.0	11.1	1.5	−47		溶	元栓を閉める
プロピレンオキシド	−37	449	2.8	37.0	2.0	35	0.9	溶	水無効、アルコール泡
1-ヘキサノール	63	(293)	(1.2)		3.5	158	0.8	難	アルコール泡
ヘキサン	−22	223	1.1	7.5	3.0	69	0.7	不	
ヘプタン	−4	204	1.05	6.7	3.5	98	0.7	不	
ベンジルアルコール	93	436				205	1.0+	難	アルコール泡（水、泡消火による流出）
ベンズアルデヒド	63	192	1.4		3.7	178	1.0+	不	被覆による消火には水使用可
ベンゼン	−11	498	1.3	7.1	2.8	80	0.9	不	
1-ペンタノール	33	300	1.2	10.0	3.0	138	0.8	難	アルコール泡
ペンタン	<−40	260	1.5	7.8	2.5	36	0.6	不	
1-ペンテン	−18*	275	1.5	8.7	2.4	30	0.7		水無効
ホルムアルデヒド	ガス	424	7.0	7.3	1.0	−19		溶	元栓を閉める
ホルムアルデヒドジメチルアセタール	−18*	237			2.6	44	0.9	溶	水無効、アルコール泡
無水酢酸	49	316	(2.0)	10.3	3.5	140	1.1	溶	アルコール泡
無水フタル酸	152	570	1.7	10.5		285	1.5	不	水、泡消火による流出

物質名	引火点 (℃)	発火点 (℃)	爆発限界(vol%)		蒸気比重 (空気＝1)	沸点 (℃)	比重 (水＝1)	水溶性	消火上の注意
			下限	上限					
無水マレイン酸	102	477	1.4	7.1	2.5	202	0.9	難	アルコール泡(水、泡消火による流出)
メタノール	11	385	6.0	36	1.1	65	0.8	溶	水無効、アルコール泡
メタン	ガス	537	5.0	15.0		−162	0.6	不	元栓を閉める
メチルアミン	ガス	430	4.9	20.7	1.0	−6		溶	〃
メチルシクロヘキサン	−4	250	1.2	6.7	3.4	101	0.8	不	
酪酸エチル	24	463			4.0	122	0.9	不	アルコール泡
酪酸メチル	14				3.5	102	0.9	難	水無効、アルコール泡
硫化ジメチル	<−18	206	2.2	19.7	2.1	37	0.8	難	水無効
硫化水素	ガス	260	4.0	44.0	1.2	−61.0		溶	元栓を閉める
硫化ジエチル	104	436				分解してエチルエーテルを生じる	1.2	不 わずかに分解	アルコール泡(水、泡消火による流出)
硫化ジメチル	83*	188			4.4	188	1.3	不	被覆による消火には水使用可
リン(赤)		(260)			4.3	281	2.3	不	〃
リン酸トリ−o−トリル	225	385				410(分解)	1.2	不	水、泡消火による流出
レゾルシノール	127	608	1.4		3.80	281	1.28	溶	

引火点、発火点および爆発限界の数値は主としてNFPA　No.325　M,"Fire Hazard PropertieS of Flammable LiquidS, GaSeS and Volatile SolidS"(1977)から抜粋した。

1．可燃性ガスおよび蒸気

可燃性ガスおよび蒸気の濃度が空気中で燃焼範囲内にあれば、着火源により容易に燃焼・爆発を起こす。ただし、着火エネルギーは物質の種類や濃度によって異なるため、一定以上のエネルギーが必要となる。

これらの可燃性ガスまたは蒸気の燃焼には予混合燃焼と拡散燃焼がある。予混合燃焼は予め可燃性ガスまたは蒸気と空気とが混合しているときの燃焼であり、拡散燃焼はバーナーなどの口から可燃性ガスまたは蒸気が噴出し、それが周囲に拡散しながら空気と混合して燃焼する場合を言う。

予混合ガスの危険性が高いのは燃焼から爆ごうに転移するケースがあるためである。この時の火炎伝播速度*1は2000ms^{-1}にも達する。爆ごうは燃焼速度が大きいほど、圧力が高いほど、また、管径が小さいほど起こりやすくなる。密閉した容器の内部で予混合ガスが着火すると、燃焼波が発生し、これが急速に伝播するので、混合ガスは極めて短時間のうちに燃え尽き、このとき発生した燃焼熱のため、燃焼ガスは膨張して、濃度にもよるが最大で初圧の7～8倍までの圧力に達する。これが混合ガスの爆発で、この圧力に耐えられない容器は破裂する。爆ごうが起これば、衝撃波のためさらに高い圧力となる。

予混合ガスによる爆発は、密閉された反応容器、石油缶、ドラム缶などの中でも起こり得るもので、室内で漏れたLPガスや都市ガスが室内空気と混合して、爆発範囲にある混合気を形成

＊1　火炎伝播速度：火炎伝播速度とは燃焼室内を火炎が広がっていく速度を言う。

するときには室内全体の爆発が起こり、大きな被害が発生する。爆ごうについても、室内や屋外において大量のガスが漏れたときには発生する可能性は十分にある。爆ごう波の伝播速度は音速を超えるので、その衝撃波によって遠く離れた場所にまで被害を及ぼす。

予混合燃焼に対する安全対策としては、容器の内部に爆発性混合気をつくらないようにすることが最も重要である。また、電気火花、高温物体、静電気の発生などの着火源管理も厳重に行う必要がある。

室内に大量のガスが漏れ、滞留することは大きな危険につながるので、ガスボンベや元栓の管理も十分に行わなければならない。また、都市ガスや水素のように軽いガスは部屋の上部に、LPガスのような重いガスは床や溝に滞留すると言う基礎的な化学の知識を身に付けておくことも必要である。

拡散燃焼は、配管ノズルやベント管からガスが噴出して着火したような場合に起こる。可燃性液体や可燃性固体の火災の場合は適切な消火剤により消火することを優先させるが、ガス火災の場合はまずガスの供給を止めることが重要である。先にガス火災を消火すると可燃性ガスがそのまま放出を続け、爆発性混合気が形成され、爆発による二次災害を引き起こすことになりかねない。ガスを止めることが困難であっても、周囲の機器の冷却散水等を行うことによりその噴出火炎が他の可燃物を燃焼させない状態であれば、とくに慌てることはない。そのような場合はガスをそのまま燃焼させてしまえばよい。ガス火災の消火は元栓が確実に締められることを確認してから行うべきである。背面から火炎に沿って粉末消火剤を放射すれば容易に消火できる。

ブレイクタイム② 滞留と流通系どちらが危険？

焼却炉、酸化反応器等を停止した後に、未燃焼ガス･未反応ガスが残ったり、あるいはバルブから微量の可燃性ガスが漏れ込むことがある。ここではこのガスが爆発範囲に入ったと仮定し、炉内、器内に滞留させた場合、および流通させている場合の危険性について考えてみる。

炉壁、器壁は残熱が残っており、可燃性ガスは酸化され発熱を起こす。滞留させている方が流通系より放熱（熱の逃げ）が少ないため、蓄熱効果により温度上昇が起こりやすく、場合によっては発火温度に至り、爆発が起こる怖れがある。そのため、流れがなく滞留している方が、流通系より危険性が高いといえる。早期に窒素等のパージにより、蓄熱を防止するとともに、未燃焼の残可燃性ガス－空気混合気の爆発範囲を外す必要がある。

以上、残熱があり、流れがない状態は、危険性を増大させることになると認識すべきである。

滞留と流通系どちらが危険？

2．引火性液体・可燃性液体

液体の蒸気圧は温度に依存する。低温では発生する蒸気の濃度が薄く引火しない可燃性液体でも、温度を上げていくと蒸気の濃度が上昇し、やがてある温度で蒸気濃度が燃焼下限界を超えて引火が起こる。この引火が起こる温度を引火点と言う。引火性液体とは引火点が室温以下の可燃性液体を言う。

また、密閉容器内に可燃性液体が存在する場合、引火点を超えて温度を上げていくと、蒸気濃度が燃焼上限界を超えて引火が起こらなくなる。この燃焼上限界に対応する温度を上部引火点と言い、一方の燃焼下限界に対応する引火点を下部引火点と言う。

ガソリンはガソリンタンク内ではその蒸気濃度が燃焼上限界を超えているので、引火・爆発することはないが、ガソリンが外部に漏れると、ガソリン蒸気が拡散し、どこかで燃焼範囲内の濃度になることがある。そこに着火源があれば容易に引火する。

なお、引火という現象は可燃性液体の表面上にある蒸気が種火により発炎する現象で、液体からの蒸気の供給速度が小さい場合には表面上の可燃性蒸気が燃え尽きてしまうと消えることもある。引火した後に消えないでそのまま燃え続ける温度を、引火点とは別に燃焼点と言う。燃焼点は引火点より高い温度で、可燃性液体からの蒸気の供給速度が引火点の時よりも大きく、予め表面上に存在する可燃性蒸気が燃え尽きても、次々に可燃性液体からの蒸気が供給されるため燃え続けることができる。

高引火点の可燃性液体で、液状では着火しない場合も、これを噴霧状にすると直ちに着火することがある。また、引火点の高い液体をぼろ布などに染み込ませると、小火炎でも容易に着火する。このように小火炎のような口火がある場合には、可燃性液体そのものの引火点のみならず、物理的な状態にも留意して危険性を考えなければならない。

また、可燃性液体は特に火源がなくても、他の可燃性物質と同様に発火点以上に加熱されると発火する。発火温度の低い物質は、蒸気配管や加熱された金属表面に触れると危険である。

可燃性液体は一旦、着火するとよく燃焼する。着火すれば引火性液体も可燃性液体も同様の扱いとなる。燃焼の激しさは燃焼速度で決まる。燃焼速度とは単位時間当たりの燃焼量のことであるが、液体燃焼の場合は液面の降下速度で表すことが多い。

可燃性液体の安全な取り扱いについて述べる。

①可燃性液体、特に引火性液体は室内に必要以上持ち込まない。それ以上の可燃性液体は第四類危険物専用の危険物屋内貯蔵所に収納する。

②可燃性液体を入れるガラス瓶は1L以内に留める。それ以上の時は金属製容器（安全缶）を使用する。

③加熱にはバーナーのような裸火を使用しない。室内での取り扱い中には裸火はすべて消す。

④蒸気の発散するところでは換気に留意する。蒸気は普通空気より重いので、なるべく下方に換気口を設ける。局所換気を行う際は蒸気吸入口は取扱場所の間近におかなければ効果はない。また、このとき使用する電気機器は防爆型としなければならない。

⑤可燃性液体を容器外にこぼさないようにする。特にガラス容器の破損には気をつける。

⑥廃液は排水溝に流してはいけない。排水の流れていく途上で火災を起こす可能性がある。廃液は決められた方法で安全に処理する。

⑦可燃性液体が衣服に付いたときは、すぐに脱いで着替える。可燃性液体が付着した衣服に着火したときは、床上に転がって消す。周囲の者が水をかけるのもよいし、粉末消火剤で消すのもよい。

⑧少量の可燃性液体の火災は、二酸化炭素または粉末消火剤で消火することができる。可燃性液体の火災規模は燃焼液面の大きさに比例する[*1]。少量、特に容器内の火災は周囲の可燃物を除去してからゆっくり消火できる。消火器を有効に使用するためには普段から使用法に習熟しておく必要がある。

＊1　火災規模は燃焼液面の大きさに比例する。可燃性液体の火災規模は一定容器内の場合、その燃焼液面の大きさと燃焼速度および発生するエネルギー等による。したがって、同一の可燃性液体では燃焼速度と発生するエネルギーは同一なので、火災規模は燃焼液面の大きさに比例することになる。

ブレイクタイム ③ 引火点を知れば爆発の可能性がわかる

本文中でも述べたが、気相部が空気の密閉容器において、可燃性液体が容器内温度に見合った蒸気圧分の可燃性ガスを発生し、気相部が燃焼（爆発）範囲に入った時、燃焼（爆発）下限濃度を示す容器内の温度を下部引火点といい、燃焼（爆発）上限濃度に対応する温度を上部引火点という。なお、一般的に引火点という場合には、下部引火点を指す。

ここで、下部引火点が20℃、上部引火点が50℃の可燃性液体が、密閉状態に近い建家内で容器から漏れた場合を考えてみる。夏場で建家内の室内温度が30℃であった場合、漏れた量にもよるが、燃焼（爆発）範囲に入る可能性があり非常に危険である。着火源（静電気、直火、サーモスタッド等）があれば爆発に結び付く怖れがある。まず力を注ぐべきなのは漏らさないことだが、万一漏れても爆発につながらないように、換気および着火源除去（静電気対策、防爆対応等）の対応をとっておく必要がある。

なお建家外でも、気象条件により、無風状態になる場合があるので、引火点の低い可燃性液体を取り扱う際には、建家内と同じ危険性があると捉え、着火源除去対策をとっておいた方がいい。

まとめ

・引火点が空気温度より低い：空気温度で、燃焼（爆発）範囲に入る可能性があり爆発の危険性がある。

・引火点が空気温度より高い：空気温度では、燃焼（爆発）範囲を外れる。

引火点を知れば爆発の可能性がわかる

3．引火性固体・可燃性固体

可燃性固体は、加熱により昇華あるいは分解した結果として生成する可燃性ガスが燃焼下限界に達した時に、着火源により引火するか、あるいは発火点にまで達して燃焼する。

引火性固体は可燃性固体の一部で、引火点が40℃未満のものである。

具体的には、固形アルコール、ラッカーパテ、ゴムのり等である。固形アルコールは、メタノールまたはエタノールを凝固剤で固めたものである。ラッカーパテは、トルエン、酢酸ブチル、ブタノール等を原料としてつくられる。ゴムのりは、生ゴムを主に石油系溶剤などに溶かしてつくられる接着剤である。

消防法危険物第二類は可燃性固体であり、引火性固体も含まれるが、その他は火炎により容易に着火する、消火の困難な固体である。

可燃性固体としては、硫化リン、赤リン、硫黄、鉄粉、アルミニウム粉、亜鉛粉等の金属粉、マグネシウムがある。金属は、塊状では着火が困難（着火すれば消火は困難）であるのに対して、粉状では、重量に対する表面積の比が大きくなれば着火は容易になることから、粉状のものが消防危険物に指定されている。

その他、上記の固体と比べれば着火しがたい、あるいは消火が容易な可燃性固体は種々存在するが、そのうち火災の拡大が速やかであるか、または消火が困難なものとして、綿花類、木毛および鉋屑（かんなくず）、ぼろおよび紙くず、糸類、わら類、可燃性固体類、石炭・木炭類、木材火工品および糸くず、合成樹脂類がある。それぞれ定められた数量以上存在する場合には、指定可燃物として届出が必要である（**表Ⅰ-11.5参照**）。これらの可燃性固体については、引火点や発熱量、融点等について範囲が定められている。

引火性固体・可燃性固体は、発火点以下に物質を冷却するか、空気を遮断すれば燃焼を阻止することができる。安全に取り扱うためには覚えておきたい基礎的な知識である。

粉じんの形で空気中に分散している可燃性固体が、ある濃度範囲内にあって、そこに適当な着火源があると、着火し爆発を起こす。これを粉じん爆発と言う。粉じん爆発は粒子の大きさや形状による影響を受ける。粒子の大きいものほど着火しにくく、粒子が小さくなるとガス爆発の様子に近づく。粉じんの発生しやすい場所では、防爆型電気機器の使用が望ましい。粉じん爆発を起こす可燃性固体としては、空気中に浮遊した石炭粉（炭じん）、プラスチック粉末のような有機物の粉末、硫黄粉、アルミニウム粉、マグネシウム粉、カルシウムシリコン粉、チタン粉のような無機物の粉末が挙げられる。小麦粉、ミルク粉、ココア粉なども激しい粉じん爆発を起こす。なお、液体可燃物のミストも粉じん爆発と同様の挙動を示す。

❺ 酸化性物質

酸化性物質は化学的に活性で、可燃性物質との混合により条件によっては発火・爆発や火災の原因となる。液体や固体の酸化性物質は加熱、打撃・摩擦などによって酸素を放出しながら分解し、同時に大量の熱を発生するため、周囲に可燃物があると、その酸素による酸化反応で大量の熱を発生し、発火・爆発や火災に至るので危険である。

酸化性物質

酸化性物質	
気体物質	酸素、オゾン、フッ素、塩素等
液体物質	過酸化水素水溶液、次亜塩素酸塩水溶液、硝酸等
固体物質　オキソハロゲン酸塩	過塩素酸塩、塩素酸塩、亜塩素酸塩、次亜塩素酸塩等
固体物質　その他	金属過酸化物、有機過酸化物、硝酸塩および亜硝酸塩、過マンガン酸塩およびニクロム酸塩等

オゾンは強力な酸化剤であり、有機物と反応して条件により激しい爆発を起こすオゾニドを生成する。

フッ素は非常に反応性が大きく、室温で多くの可燃性物質と激しく反応して条件により発火を起こす。また、アンモニア、ハロゲン化炭化水素、液体の炭化水素、ハロゲン化水素との混触により爆発する。塩素はフッ素ほどではないが、化学的に活性で、金属、非金属の粉末を激しく燃焼させる。炭化水素、エーテル、アンモニアおよび水素と塩素との混合物を日光にさらすと自然発火する。アンモニアとの反応は、ガスが温められているか塩素が過剰であれば、爆発性の三塩化窒素を生成する。

特に酸化性が強いと言われるClF_3とフッ素については、可燃性ガスと混合すると自然発火することが知られている。これらのガスについて、半導体産業で用いられている代表的な可燃性ガスと混合した場合の自然発火濃度の限界を**表Ⅰ-2.5.1**および**表Ⅰ-2.5.2**に示す。ここで、表Ⅰ-2.5.1.の「ClF_3限界濃度」および「可燃性ガス限界濃度」はClF_3－可燃性ガス系混合ガスが自然発火を起こさなくなるClF_3濃度および可燃性ガス濃度を言う。同様に**表Ⅰ-2.5.2**の「F_2限界濃度」および「可燃性ガス限界濃度」もF_2－可燃性ガス系混合ガスが自然発火を起こさないF_2濃度および可燃性ガス濃度を言う。

表Ⅰ-2.5.1および表Ⅰ-2.5.2に示されるように、1vol%にも達しない希釈ガス同士であっても、接触と同時に自然発火するので、火災予防上の注意を要する。また、ClF_3は液化ガスとして使用されているが、容器中の液体が何らかの可燃物の上に漏出すると、接触した部分から直ちに発火することが知られている。さらに、ClF_3は水滴と接触しても発火することが知られている。

表Ⅰ－2.5.1. ClF_3および可燃性ガスの自然発火濃度限界

可燃性ガスの種類	ClF3限界濃度 (vol%)	可燃性ガス限界濃度 (vol%)
SiH_4	0.20	＜0.01
SiH_2Cl_2	0.3	0.3
$(C_2H_5O)_4Si$	0.6	0.2
NH_3	0.14	0.07

安全工学協会編、"半導体工業用ガス安全ハンドブック（改訂版）", 安全工学協会 (1996), p.7.

表Ⅰ－2.5.2. F_2および可燃性ガスの自然発火濃度限界

可燃性ガスの種類	F_2限界濃度 (vol%)	可燃性ガス限界濃度 (vol%)
SiH_4	0.06	＜0.01
SiH_2Cl_2	0.07	0.02
NH_3	0.1	0.1
H_2	1.8	0.6

安全工学協会編、"半導体工業用ガス安全ハンドブック（改訂版）", 安全工学協会 (1996), p.8.

酸化性物質が関与する火災は一般に消火が困難であるが、ClF_3やフッ素が関与する場合には、水や二酸化炭素での消火は、却って燃焼を煽ることになり使えないため、消火はさらに困難となる。

過酸化水素は本質的に不安定で、発熱分解して酸素を放出する。アルコール、アセトン、グリセリンなどとの混触により発火する。また、銅、鉄、クロムなどの金属が混入すると激しく分解する。

オキソハロゲン酸塩、硝酸塩、亜硝酸塩、過マンガン酸塩、ニクロム酸塩などの酸化剤を有機物、硫黄、リン、活性炭、金属粉末と混合することは危険である。硝酸は強い酸化剤であり、また強酸でもある。木材、木毛、セルロース、テレビン油、酢酸、アセトン、エタノール、アニリンなどとの混触により発火・爆発を起こす。

金属の過酸化物である過酸化ナトリウムは、有機物との混触により発火・爆発するのみならず、水との混触により発熱・発火する。超酸化カリウム（KO_2）は酸化力が最も強く、水との反応により酸素と過酸化水素を放出する。また、わずかの打撃・摩擦により分解し、アルコールや灯油のような炭化水素と混触すると激しく爆発する。

酸化性液体は消防法危険物第六類に該当し、過塩素酸、過酸化水素、硝酸、液体のハロゲン間化合物等が知られている。酸化性固体は消防法危険物第一類に該当し、塩素酸塩類、過塩素酸塩類、亜塩素酸塩類、臭素酸塩類、ヨウ素酸塩類などのオキソハロゲン酸塩、無機過酸化物、硝酸塩類、過マンガン酸塩類、ニクロム酸塩類などが知られている。

酸化性物質を安全に取り扱う際の注意事項としては以下のものが挙げられる。

①加熱、打撃・摩擦を避ける。

②有機物などの可燃物との混触を避ける。混合の必要があるときは、弱い酸化剤を用い、低い濃度、低い温度で取り扱う。

③オキソハロゲン酸塩や過マンガン酸塩は強酸との接触を避ける。

④日光の直射を避け、なるべく熱源からも離す。

⑤容器の破損に注意し、内容物を漏出させないようにする。

❻ 混触危険物質

混触危険とは、2種以上の化学物質が混合することによって、もとの状態より危険な状態になることを言う。混触により有害性や腐食性の物質を生成する等の場合もあるが、ここでは発火・爆発性を取り上げる。

化学物質の混触による発火・爆発には、研究開発等で2種以上の化学物質を混合する際に、条件により発火・爆発を起こす場合のほか、反応容器内の洗浄が十分でなく、残存していた物質が反応の発火・爆発の危険性を増大させる場合、廃液処理等における化学物質の混触により起こる場合、地震等による薬品棚の転倒、化学薬品瓶の落下等によって破損した容器から漏えいした薬品の混触による場合などが知られている。容器から漏えいし、空気や水との接触により発熱・発火を起こす自然発火性物質、水反応性物資（禁水性物質）も、広い意味での混触危険物質と言える。

また、混触後直ちに発熱・発火する場合と、直ぐには発熱・発火しないが、爆発性物質を形成する場合がある。

前者としては、過酸化ナトリウム、無水クロム酸、過マンガン酸カリウム、さらし粉などの酸化剤と可燃性物質との混触や、亜塩素酸カリウム、塩素酸カリウム、臭素酸カリウムなどのオキソハロゲン酸塩と濃硫酸などの強酸との混触が知られている。後者については特に注意が必要である。形成される爆発性物質は熱、火炎、打撃・摩擦等の刺激を与えると発火・爆発を起こすので、取り扱いを慎重に行う必要がある。

混触危険の予防のためには、いかなる化学物質の組み合わせが混触危険を起こすのかについて十分な知識を身に付け、研究開発時、製造時、廃棄処理時に化学物質の取り扱いを適切に行うことが重要である。**表Ｉ-2.6.1**に混触危険物質の組み合わせを示す。また、地震時等における化学物質の混触危険防止のため、化学物質の漏えい防止、また、万一、漏えいしても混触が起こらないような貯蔵保管の配置を考慮する必要がある。

表I－2.6.1　混触による発火・爆発危険性

本表は化学物質の混合に関する事故事例および危険反応事例をまとめたNational Fire Protection Association(NFPA),"Manual of HazardouS Chemical Reaction 491 M" (1975) をもとに、化学構造別に分類整理したものである。

1. 酸化性物質と可燃性物質		
1) 酸化性物質		
a)	オキソハロゲン酸塩	過塩素酸塩、塩素酸塩、臭素酸塩、ヨウ素酸塩、亜塩素酸塩、次亜塩素酸塩等
b)	金属過酸化物、過酸化水素	金属過酸化物：過酸化カリウム、過酸化カルシウム等
c)	過マンガン酸塩	過マンガン酸カリウム等
d)	二クロム酸塩	二クロム酸カリウム等
e)	硝酸塩類	硝酸カリウム、硝酸ナトリウム、硝酸アンモニウム等
f)	硝酸、発煙硝酸	
g)	硫酸、発煙硫酸、三酸化硫黄、クロロ硫酸	
h)	酸化クロム(Ⅲ)	
i)	過塩素酸	
j)	ペルオキソ二硫酸	
k)	塩素酸化物	二酸化塩素、一酸化塩素
l)	二酸化窒素(四酸化二窒素)	
m)	ハロゲン	フッ素、塩素、臭素、ヨウ素、三フッ化塩素、三フッ化臭素、三フッ化ヨウ素、五フッ化塩素、五フッ化臭素、五フッ化ヨウ素
n)	ハロゲン化窒素	三フッ化窒素、三塩化窒素、三臭化窒素、三ヨウ化窒素
2) 可燃性物質		
a)	非金属単体	リン、硫黄、活性炭等

b） 金属	マグネシウム、亜鉛、アルミニウム等
c） 硫化物	硫化リン、硫化アンチモン、硫化水素、二硫化炭素等
d） 水素化物	シラン、ホスフィン、ジボラン、アルシン等
e） 炭化物	炭化カルシウム等
f） 有機物	炭化水素、アルコール、ケトン、有機酸、アミン等
g） その他	金属アミド、シアン化物、ヒドロキシルアミン等
2. 過酸化水素と金属酸化物	金属酸化物：二酸化マンガン、酸化水銀等
3. 過硫化と二酸化マンガン	
4. ハロゲンとアジド	ハロゲン：フッ素、塩素、臭素、ヨウ素等 アジド：アジ化ナトリウム、アジ化銀等
5. ハロゲンとアミン	ハロゲン：フッ素、塩素、臭素、ヨウ素、三フッ化塩素、三フッ化臭素、三フッ化ヨウ素、五フッ化塩素、五フッ化臭素、五フッ化ヨウ素等 アミン：アンモニア、ヒドラジン、ヒドロキシルアミン等
6. アンモニアと金属	金属：水銀、金、銀化合物等
7. アジ化ナトリウムと金属	金属：銅、亜鉛、鉛、銀等
8. 有機ハロゲン化物と金属	金属：アルカリ金属、マグネシウム、バリウム、アルミニウム等
9. アセチレンと金属	金属：水銀、銀、銅、コバルト等
10. 強酸との混触により発火・爆発する物質	
1） オキソハロゲン酸塩	過塩素酸塩、塩素酸塩、臭素酸塩、ヨウ素酸塩、亜塩素酸塩、次亜塩素酸塩等
2） 過マンガン酸塩	過マンガン酸カリウム等
3） 有機過酸化物	過酸化ジベンゾイル等
4） ニトロソアミン	ジニトロソペンタメチレンテトラミン（DPT）等

❼ 高圧ガス

高圧ガスは常温常圧（20℃、0.1 MPa）でガス状の物質を圧縮して密度を高くしたもので、潜在的なエネルギー密度も高く、危険性も高くなっている。高圧ガスには、可燃性ガス、支燃性ガス、不活性ガスがあり、高圧のガスであるという危険性に加えて、種々の特性による危険性もある。

高圧ガス

高圧ガス	
可燃性ガス	水素、エチレン、プロパン等
支燃性ガス	酸素、空気、塩素、フッ素、亜酸化窒素等
不活性ガス	窒素、ヘリウム、二酸化炭素、水蒸気、（不燃性の）フロン等

高圧ガスの諸性質を**表Ⅰ-2.7.1**に示す。

1. 高圧ガスの危険性

容器の破裂等で高圧状態のガスが瞬時に大気に解放されると、ガスは大きな音を伴って放出され、圧力波の広がりとともに周囲に被害をもたらす。また、容器の破片などが飛散すると局所的に大きな影響を与えることもある。放出されたガスが可燃性の場合には大量のガスが周囲に拡散し、着火し爆発を起こす危険性もある。低温液化ガスが放出されると、低温液体との接触による凍傷の危険がある。毒性ガスが放出されると毒性ガスを吸入する危険性が高まるが、ガスの種類にかかわらず、酸素と空気以外のガスが大量に放出されると周囲の空気中の酸素

表 I −2.7.1. 高圧ガスの諸性質

種類	名称 () 内は容器の色[*1]	分子式	臨界温度 (℃)	臨界圧力 (atm)	沸点 (℃)	融点 (℃)	蒸気密度 (空気=1)	爆発限界 (vol%)	発火点 (℃)	許容濃度 (ppm)	腐食性	充填定数[*2]	容器試験圧力 (kgf cm^{-2})
圧縮ガス	アルゴン	Ar	-122.4	48.0	-185.7	-189.2	1.4				無		温度35℃における最高充填圧力の5/3倍
	一酸化炭素	CO	-139	34.5	-192.2	-205.0	1.0	12.5～74	609	50	無		
	一酸化窒素	NO	-93	64	-151	-163.7	1.3			25	無		
	キセノン	Xe		58.0	-108.1	-112					無		
	空気		-140.7	37.2	-191.5	-213～-225	1.0				無		
	クリプトン	Kr	-63.8	54.3	-152.9	-157.2					無		
	酸素 (黒)	O_2	-118.4	50.1	-182.9	-218	1.1				無		
	水素 (赤)	H_2	-239.9	12.8	-252	-259	0.1	4.0～75	500		無		
	窒素	N_2	-147	33.5	-195.8	-210.0	1.0				無		
	ネオン	Ne	-228.7	26.9	-245.9	-248.6					無		
	ヘリウム	He	-267.9	2.2	-268.9	-272.1	0.1				無		
	メタン	CH_4	-82.1	45.8	-161.4	-182.7	0.6	5.0～15.0	537		無		
液化ガス	アセチレン (褐色)	C_2H_2	35.5	61.6		-81.8	0.9	2.5～100	305		無		
	アンモニア (白)	NH_3	132.3	111.3	-33.4	-77.7	0.6	15～28	651	25	有	1.86	37
	イソブタン	$(CH_3)_3CH$	134.9	36.0	-11.7	-145	2.0	1.8～8.4	460		無		
	一酸化二窒素	N_2O	36.5	71.7	-88.5	-90.9	1.5				無	1.34	200
	エタン	C_2H_6	32.3	48.2	-88.6	-172	1.0	3.0～12.4	472		無	2.80	
	エチルアミン	$C_2H_5NH_2$	183	55.5	16.7	-83.3	1.6	3.5～14.0	385	10	有		
	エチレン	C_2H_4	9.2	50.0	-103.8	-169.5	1.0	2.7～36.0	450		無	3.50	225
	エチレンオキシド	C_2H_4O	195.8	7.2	10.7	-111.3	1.5	3.6～100	429	50	無	1.30	
	塩化エチル	C_2H_5Cl	187.2	52	13.1	-138.5	2.2	3.3～18.8	519	1000	有	1.25	12

種類	名称 () 内は容器の色[*1]	分子式	臨界温度 (℃)	臨界圧力 (atm)	沸点 (℃)	融点 (℃)	蒸気密度 (空気＝1)	爆発限界 (vol%)	発火点 (℃)	許容濃度 (ppm)	腐食性	充填定数[*2]	容器試験圧力 ($kgf\ cm^{-2}$)
	塩化水素	HCl	51.4	81.5	-85	-112				5	有		
	塩化ビニル	C_2H_3Cl	156.5	55.2	-18.9	-159.7	2.2	3.6～33.0	472	5	有	1.22	13
	塩化メチル	CH_3Cl	143.1	65.9	-23.9	-97.4	1.8	8.2～20.2	632	50	有	1.25	20
	塩素 (黄)	Cl_2	144.0	76.1	-34.1	-100.9	1.6			1	有	0.80	26
	クロロジフルオロメタン	$CHClF_2$	96.4	48.5	-40.8	-160	1.4				無	0.98	35
	クロロトリフルオロメタン	$CClF_3$	28.8	38.1	-81.4	-181					無		
	三塩化ホウ素	BCl_3	178.8	38.2	12.5	-107.3	1.4			1	有		
	シアン化水素	HCN	183.5	53	25.0	-13.4	0.9	5.6～40.0	538	10	無	1.57	6
	ジクロロジフルオロメタン	CCl_2F_2	112.0	40.6	-29.8	-158	4.2				無		
	シクロプロパン	$(CH_2)_3$	124.6	54.9	34.4	-126.6	1.5	2.4～10.4	498		有		
	四フッ化炭素	CF_4	-45.5	36.9	-128	-184					無		
	ジメチルアミン	$(CH_3)_2NH$	164.5	52.4	7.4	-96	1.6	2.8～14.4	400	10	有		
	ジメチルエーテル	CH_3OCH_3	126.9	53	-24.9	-140	1.6	3.4～27.0	350		無	1.67	23
	臭化水素	HBr	90.0	84.0	-67.0	-88.5	2.7			3	有		
	臭化ビニル	C_2H_3Br			15.8	-137.8				5	有	1.22	
	臭化メチル	CH_3Br	194.0	51.6	4.4	-93	3.3	10～15	537	5		0.70	
	テトラカルボニルニッケル	$Ni(CO)_4$	200	31.6	43	-25	5.9	2～		0.05	無		
	トリメチルアミン	$N(CH_3)_3$	161.1	40.2	2.8	-124	2.0	2.0～11.6	190	10	有	1.76	8
	二酸化硫黄	SO_2	157.5	77.8	-10.0	-15.5	2.3			2	有	0.80	15

種類	名称 ()内は容器の色[*1]	分子式	臨界温度 (℃)	臨界圧力 (atm)	沸点 (℃)	融点 (℃)	蒸気密度 (空気=1)	爆発限界 (vol%)	発火点 (℃)	許容濃度 (ppm)	腐食性	充填定数[*2]	容器試験圧力 (kgf cm^{-2})
	二酸化炭素(緑)	CO_2	31.0	72.8		-78	1.2			5000	無	1.34	200
	二酸化窒素	NO_2	158	100	21.3	-9.3				3	有		
	1,3-ブタジエン	C_4H_6	152	42.7	-4.4	-113	1.9	2.0～12.0	420	1000	無	1.85	
	ブタン	C_4H_{10}	152.0	37.5	0.56	-135	2.0	1.6～8.4	287		無	2.05	11
	フッ化水素	HF	230.2		19.4	-92.3	1.0			3	有		
	フッ素	F_2	155	25.0	-188	-223				1	有		
	1－ブテン	C_4H_8	146.4	39.7	-6.3	-130	1.9	1.6～10.0	385		無		
	プロパン	C_3H_8	96.8	42.0	-42.8	-189.9	1.6	2.1～9.5	432		無	2.35	30
	プロピレン	C_3H_6	91.8	45.6	-47.7	-185.2	1.5	2.0～11.1	455		無		
	ホスゲン	$COCl_2$	182	56	8.3	-104	1.4			0.1	有	0.80	
	硫化水素	H_2S	100.4	88.9	-60	-82.9	1.2	4.0～44.0	260	10	有	1.47	65
	六フッ化硫黄	SF_4	45.5	37.1	昇	-50.7				1000	無	0.91	200

*1　色を示したもの以外は容器の外面全部をねずみ色に塗り、白文字でガスの名称を記す。

*2　充填定数とは、これを*C*で表し、*G*を液化ガスの質量 (kg)、Vを容器の内容積 (*l*) としたとき、$G=V/C$で定められる数値で、容器に安全に充填できる液化ガスの量を与えるものである。

臨界温度と臨界圧力：一般にどんな気体でも、ある温度以下でないと液化しない、この限界の温度を臨界温度と言い、その温度で液化させるのに必要な圧力を臨界圧力と言う。

許容濃度：許容濃度とは、労働者が1日8時間、1週間40時間程度、肉体的に激しくない労働強度で有害物質に曝露される場合に、当該有害物質の平均曝露濃度がこの数値以下であれば、ほとんどすべての労働者に健康上の悪い影響は見られないと判断される濃度を言う。

充填定数および容器試験圧力：一般的な知識と言う観点からこれらの数値はこの表から削除する。

濃度が低下し、酸素欠乏の危険性が生じる。

2. 可燃性ガスの危険性

常温、常圧の空気中で可燃性のガスを可燃性ガスと言う。ここでは、高圧の可燃性ガスに関わる危険性を示す。

1）高圧下の爆発範囲

爆発範囲は一般に常温・常圧の空気中での値で示されるが、高圧下では一般に爆発範囲は広くなる。

天然ガスの爆発範囲（**図Ⅰ-2.7.1**）は、圧力が高くなると、爆発下限界は緩やかに低下するが、上限界は著しく上昇する。上限界付近では酸素不足で不完全燃焼となり、分解や重合等の複雑な反応が進行しているためと考えられる。

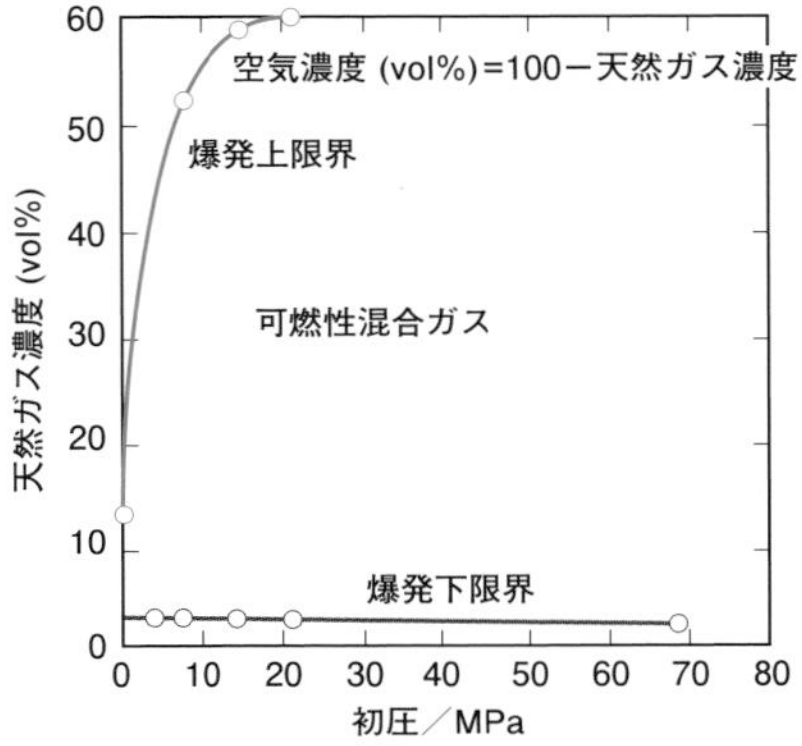

図Ⅰ-2.7.1. 天然ガスの爆発限界の圧力による影響

2) 高圧下の着火エネルギー

高圧下では着火に必要なエネルギーは低下するため、容易に着火する。そのため打撃あるいは熱を与えることがないように細心の注意が求められる。

3) 高圧下の爆発圧力と爆ごう

爆発時の爆発圧力は通常、初圧[*1]の7～8倍程度といわれている。初圧が大気圧の場合は爆発圧力は0.7～0.8MPa程度であるが、初圧が1MPaであれば7～8MPaの高圧が発生することになり、設備の耐圧強度を超えて破裂する危険がある。また、高圧下では爆燃から爆ごうに転移しやすくなることが知られている。爆ごうは火炎が音速を超える高速度で伝播する燃焼で、衝撃波の発生を伴うため、圧力、温度も増大し、被害が大きくなる。

燃焼波と爆ごう波の比較を示す（**表I -2.7.2**）。

3．支燃性ガスの危険性

支燃性ガス[*2]は高圧では酸化作用が強くなるため、危険性も増大する。高圧酸素の配管や設備において、油分やごみなどの可燃性物質が存在したため発火して事故になった例も多い。高圧酸素中で発火が起こると、ほとんどすべての金属は激しく燃焼するため、設備自体も燃焼して高圧酸素が火炎とともに噴出し、被害が拡大する。高圧空気の場合も油分やごみが原因で発

＊1　初圧：初圧とは爆発前の状態の圧力のことを言う。

＊2　支燃性ガス：支燃性ガスは可燃性物質を酸化させ燃焼させるガスのことを言う。

火･爆発することがある。高圧ボンベのバルブを急激に開くと、高圧の酸素や空気が低圧側に流れ込み、断熱圧縮により発熱する。圧力調整器やガスケットなどに燃えやすいものが使われていると発火するおそれがある。断熱圧縮による温度上昇を**表I-2.7.3**に示す。

4. 分解爆発性ガスの危険性

分解爆発性ガス[*1]は圧力が高いほど爆発を起こしやすくなり、危険性も増大する。アセチレンやテトラフルオロエチレンのように分解熱の大きなものは爆ごうを起こしやすい。アセチレンの分解爆発が配管中を伝播すると爆ごうを起こす危険性が高く、爆発による被害は大きくなる。

アセチレンの着火エネルギーは高圧になるほど低下する。また、銅や銀と接触すると、爆発性の高い金属アセチリド[*2]が生成し、その分解によりアセチレンの爆発を引き起こす危険性がある。メチルアセチレン、ビニルアセチレンについても同様の注意が必要である。

＊1　分解爆発性ガス：高圧ガスの中には酸素がなくても分解により爆発を起こすものがある。これを分解爆発性ガスと言う。エチレン、アセチレン、酸化エチレン、ゲルマン等が知られている。

＊2　金属アセチリド：金属アセチリドとは金属のアセチレン化物で、MC≡CHあるいはMC≡CM‘（M、M’：金属）の化学構造をもつ。

表Ⅰ－2.7.2.　爆燃と爆ごうの特性の比較

特性	燃焼	爆ごう
伝播速度	音速の0.0001 ～ 0.03倍	音速の4 ～ 10倍
波面圧力	最初の0.98 ～ 0.99倍	最初の10 ～ 30倍
波面温度	多くは1100 ～ 3000℃	燃焼の1.2 ～ 1.3倍
波面密度	最初の0.08 ～ 0.20倍	最初の1.5 ～ 2.3倍

疋田強，高圧ガス，15，437（1978）

爆発反応には、反応が伝わる機構、速度の違いにより爆燃と爆ごうに分けられる。爆燃とは爆発的な燃焼のことで、燃焼により発生した熱がその隣接部分を加熱して反応を開始させ、さらに次々と急速に伝播していく。その伝播速度は音速以下であり、衝撃波の発生は伴わない。

一方、爆ごうは爆発物を超音速で反応が伝わる現象で、その先端に衝撃波を形成する。衝撃波を受けた爆発物の未反応部分は急激な圧力、密度および温度の上昇を起こして反応を開始し、これが次々に伝播していく。

爆燃と爆ごうでは伝播速度が大きく異なることが特徴である。また、爆燃の場合は、反応後において温度は急上昇し、圧力はほとんど変化なく、密度は低下する。一方、爆ごうの場合は、温度、圧力、密度とも不連続的に急上昇する。

伝播速度：

燃焼により発生した熱がその隣接部分を加熱して反応を開始させ、さらに次々と急速に伝播していく。その反応の伝播する速度を言う。

波面圧力、波面温度、波面密度：

燃焼の伝播現象は幅の狭い熱パルスが空間を移動する現象とみなされるので、これを波動と見立てて燃焼波と呼ぶ。この反応により形成される燃焼波の波面の圧力、温度および密度をそれぞれ波面圧力、波面温度および波面密度と言う。

表Ⅰ－2.7.3. 断熱圧縮による温度上昇

空気，初期圧0.1MPa
初期温度288K

圧力／MPa	温度／K
1.0	554
2.0	675
5.0	877
10.0	1070
15.0	1201
20.0	1304

表の値は初期圧0.1MPa、初期温度288Kの空気の場合の断熱圧縮による温度上昇を示す。
断熱圧縮：外部に熱が逃げないように断熱して気体を圧縮すると、その気体自体の温度が上昇する現象のことを言う。
K：個々の物質の特性によらず理想気体の熱膨張から理論的に定められた温度で、物質を構成する原子・分子の運動は温度により変化し、高温になるほど激しくなるが、温度を低下させていくと、理論上分子や原子の運動が完全に停止する状態ができる。その温度を絶対零度とし、水の三重点（水蒸気、水、氷が共存する温度）を273.16度と定義し、目盛間隔をセ氏温度と同じにとったもの。ケルビン温度と言う。
MPa：Pa（パスカル）は圧力・応力の国際単位で、1Paは1平方メートルの面積につき1ニュートンの力が作用する圧力または応力と定義されている。1MPa（メガパスカル）は10_6Paである。
圧力／MPa：圧力をMPaで表していることを示す。

5. 高圧ガスの安全な取り扱い

高圧ガスは鋼鉄製容器内に保管されることが多い。容器の損傷状態を確認するとともに、貯蔵・設置場所の環境を適切な状態に維持することにより高圧ガスを安全に貯蔵・設置・運搬することが可能となる。

高圧ガスボンベは通風がよく、直射日光、風雨のあたらない場所に貯蔵する。貯蔵場所は原則として火気厳禁とする。また、地震や衝撃等によるボンベの転倒を防止するため、専用のボンベスタンドでボンベを立てて保管し、鎖等で上下2箇所をしっかり固定する等適切な転倒防止策をとる。毒性ガス、可燃性ガスのボンベはシリンダーキャビネット*1内に定置することが望ましい。可燃性ガスと支燃性ガスは別室に貯蔵する。可燃性ガスのボンベの周囲5m以内では、特別の措置をとらない限り火気を使用しないようにし、発火性のものや酸化性のものは置かないようにする。

高圧ガスを使用する場合には、当該ガスの発火･爆発危険性、有害性、物性等の情報をもとに、漏えい時に備えた対応を事前に準備しておく必要がある。ただし、大量漏えい時には、窒息、中毒および爆発により死に至ることも想定されるため、漏えい箇所から直ちに避難することを最優先する。毒性ガスを使用する場合は、ガス検知器による漏えい管理や当該ガスに適した防毒マスクを用意する。可燃性ガスを使用する場合は、ガス検知器による管理と換気によるガスの排出法についても事前に準備する。不活性ガスを使用する場合は、大量漏えいによる窒息の危険性が生じるので、酸素濃度計による酸素濃度管理を行い酸欠防止に努める。危険性が大きくないと判断できる場合は、元栓バルブを閉止して漏えいを止める措置を行う。漏えい箇所に近づく場合には、該当する検知器類を携帯し、常時危険性の有無を判断しながら対応する。これらの対応策については事前にマニュアル化するなどしてガスの使用者全員に周知徹底する。

液化窒素、液化ヘリウム等の寒剤は、少ない体積であっても気化すると膨大な体積となるため、窒息の危険性が大きく、ま

---

*1　シリンダーキャビネット：シリンダーキャビネットは特殊材料ガス等を安全に供給するために開発された設備で、主に47l以下のボンベを収納し、ガスの供給を行う装置である。

た極低温であるため、凍傷等の問題を起こすことがある。寒剤が漏えいすると、酸素濃度が低下し窒息するおそれがあるので、酸素濃度計を設置して酸欠を防ぐとともに、漏えいの疑いがある場合は危険箇所に近寄らず換気を行うことにより空気と置換させる。

ブレイクタイム ④ 高圧ガスボンベには、可溶栓が設置されていることを知っていますか？

高圧ガスボンベには、一般的に安全装置の一つとして可溶栓（可溶合金）が設置されている。異常な温度上昇やそれに伴う圧力上昇が起こると、可溶栓が溶解して高圧ガスを逃がすことで、ボンベの破裂事故を防止しているのである。高圧ガスを大気に逃がすこと自体も問題ではあるが、ボンベ破裂という最悪の事態を避けるための措置である。仮にボンベが破裂した場合には、高圧ガスの漏えいだけでなく、建物等設備の破損に限らず、人的な被害が出るおそれもある。

一般的に可溶栓は100℃以下で溶解することが求められており、可溶温度が低いものでは66～70℃程度で溶解する。高圧ガスボンベを研究室内の窓際に設置させていると、ボンベ（可溶栓）に直射日光が当たり、可溶栓が溶けて高圧ガスが噴出するという事故が起こることがある。本文中で述べたように、ボンベを直射日光が当たらず、かつ通風がよいところに保管する必要がある（高圧ガス保安法に高圧ガスボンベ（容器）の保管等の基準が定められている）。

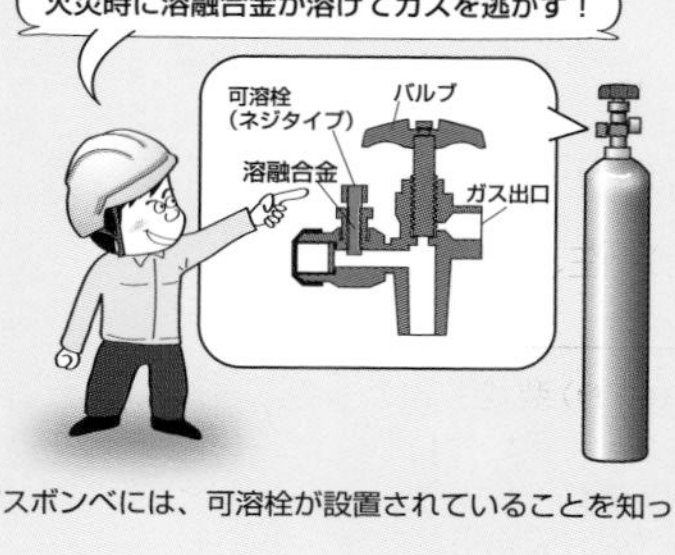

高圧ガスボンベには、可溶栓が設置されていることを知っていますか？

❽ 特殊材料ガス

特殊材料ガスは半導体、光ファイバー、ファインセラミックス等の製造産業分野で利用されている。クリーンルームの中で化学気相蒸着（CVD）装置[*1]で利用するなど、従来の化学産業とは異なる利用形態であり、ガスの爆発危険性や毒性の面で特に取り扱いに注意が必要であることから、ガスの特異性、消費分野、使用規模等を考慮して、昭和60年に39種類のガスが特殊材料ガスとして指定されている。しかし、その後も重大な事故が続いたため、平成3年に特殊材料ガスの中で特に爆発危険性の高いシラン、ジシラン、ホスフィン、アルシン、ジボラン、ゲルマン、セレン化水素の7種類のガスは特定高圧ガスに指定され、高圧ガス保安法による規制の対象となった。特殊材料ガスおよび特定高圧ガスを**表Ⅰ-2.8.1**に示す。

特殊材料ガスのうち高圧ガスに相当するものは特定高圧ガスのほかに9種類あり、五フッ化ヒ素、五フッ化リン、三フッ化窒素、三フッ化ホウ素、三フッ化リン、四フッ化硫黄、四フッ化ケイ素の7種類については、特定高圧ガスとほぼ同様の技術基準が課されている。

特殊材料ガスはすべて毒性があるが、爆発危険性の点では、可燃性、自然発火性、分解爆発性があり、それぞれ取り扱う上

＊1　化学気相蒸着（CVD）装置：化学気相蒸着（CVD）は様々な物質の薄膜を形成する蒸着法の一つで、反応管内で加熱した基板物質上に目的とする薄膜成分を含む原料ガスを供給し、基板表面あるいは気相での化学反応により基板上に膜を堆積するための方法であり、そのための装置を化学気相蒸着（CVD）装置と言う。

で注意が必要である。

表Ⅰ－2.8.1. 特殊材料ガス

(a) 特定高圧ガス（7種、一定量以上の水素や天然ガス等は除く）			
アルシン	ジシラン	ジボラン	セレン化水素
ホスフィン	モノゲルマン	モノシラン	
(b) 特殊材料ガス（32種）			
シラン	ジクロロシラン	トリクロロシラン	四塩化ケイ素
四フッ化ケイ素	ジシラン	三フッ化ヒ素	五フッ化ヒ素
三塩化ヒ素	三フッ化リン	五フッ化リン	三塩化リン
五塩化リン	オキシ塩化リン	三フッ化ホウ素	三塩化ホウ素
三臭化ホウ素	セレン化水素	ゲルマン	テルル化水素
スチビン	スタンナン	四フッ化硫黄	フッ化タングステン（Ⅵ）
フッ化モリブデン（Ⅵ）	塩化ゲルマニウム（Ⅳ）	塩化スズ（Ⅳ）	塩化アンチモン（Ⅴ）
塩化タングステン（Ⅵ）	塩化モリブデン（Ⅴ）	トリアルキルカリウム	トリアルキルインジウム

1. 発火・爆発危険性

特殊材料ガスには可燃性ガスと、常温の大気中で自然発火する自然発火性ガスがある。

可燃性ガス：SiH_4、Si_2H_6、SiH_2CL_2、$SiHCl_3$、AsH_3、PH_3、B_2H_6、H_2Se、GeH_4、H_2Te、SbH_3、SnH_4、$(CH_3)_3Ga$、$(C_2H_5)_3Ga$、$(CH_3)_3In$、$(C_2H_5)_3In$

自然発火性ガス：SiH_4、Si_2H_6、PH_3、$(CH_3)_3Ga$、$(C_2H_5)_3Ga$、$(CH_3)_3In$、$(C_2H_5)_3In$

主な特殊材料ガスの性質を**表Ⅰ-2.8.2**に示す。これらのガスは一般に炭化水素系ガスに比べて爆発範囲が広く、自然発火性を示すものもある。そうでないものも発火温度が低い。また、シランのように反応性が高く、他のガスとの混合により危険な反応を起こすものもある。さらに、燃焼速度が大きいのがこの種のガスの特徴の一つであり、これは一度発火した後の爆発の

表Ⅰ－2.8.2. 主な特殊材料ガスの性質

ガス名	化学式	爆発範囲*1 (vol%)	発火温度*2 (℃)	反応性など
シラン	SiH_4	1.37 ～ *3	室温で発火	アルカリ水溶液中加水分解して水素を発生。ハロゲンと激しく反応。
ジシラン	Si_2H_6	(0.5) ～ *3	室温で発火	アルカリ水溶液中加水分解して水素を発生。ハロゲンと激しく反応。
ホスフィン	PH_3	1.6 ～ *3	室温で発火	熱水蒸気により加水分解。ハロゲンと激しく反応。
ジボラン	B_2H_6	0.84 ～ 93.3	80	湿気により加水分解。室温で徐々に分解し高次ボランになる。
アルシン	ASH_3	5.1 ～ 78	225	水分存在下の空気中で徐々に光分解。ハロゲンと反応。
ゲルマン	GeH_4	2.28 ～ 100	90	分解爆発の危険性が高い。水やアルカリ水溶液とほとんど反応しない。
セレン化水素	H_2Se	8.84 ～ 62.4		水分存在下の空気中で徐々に分解。ハロゲンと反応。
ジクロロシラン	SiH_2Cl_2	4.7 ～ 96	44	容易に加水分解し、このとき水素を発生する。
トリクロロシラン	$SiHCl_3$	7.0～83(40℃)	182	常温で液体。容易に加水分解する。水素を発生する。

*1 室温大気圧空気中，*2 大気圧空気中，
*3 未測定。100vol%ではないがそれに近い値と推定。

激しさにつながるものである。爆発の激しさは爆発後の最高到達圧力、圧力上昇速度から知ることができる。最高到達圧力は燃焼熱、比熱等の熱力学データからおおよその値を推定することができ、圧力上昇速度は燃焼速度、燃焼熱、ガス濃度等と密接な関係がある。シラン、ジボランは燃焼熱が大きいことが知られており、最高到達圧力も大きいと思われる。

1）発火危険性

シランなどは自然発火性のガスであるが、空気中で必ずしも発火するとは限らず、発火しないでガスが流出することがある。

2）混合ガスの爆発危険性

シランなどの反応性の高いガスは、他のガスと混合すると激しい反応が起こり、場合によっては爆発を起こす。六フッ化硫黄は一般に不活性ガスと考えられているが、シランとの混合ガスは着火により爆発する。さらに、消火剤のハロン1301も、シランとの混合ガスは爆発性を示す。このようにシランは不活性ガスとの混合により爆発下限界が低くなるなど通常の可燃性ガスの挙動と異なる点がある。シランと同じような反応性を持ったガスの場合は混合による危険性について注意を要する。

特殊材料ガスのうち支燃性を持ったガスとしてはNF_3、SF_2がある。この他のフッ素系ガスに関しても酸化力の強いガスは支燃性を示す可能性があるので、可燃性ガスとの組み合わせによっては激しい反応を起こす危険性があり、取り扱いに注意が必要である。

NF_3の各種ガスとの反応性を**表Ⅰ-2.8.3**に示す。

表Ⅰ－2.8.3. NF_3の各種ガスとの反応性

常温大気圧

ガス名	反応性 数字は爆発範囲（vol%）
SiH_4	爆発0.66～95.3
CH_4	爆発1.02～83.8
CO	爆発12.5～91.0
H_2	爆発1.74～93.9
C_2F_6	爆発55.1～79.3
CCl_3F	爆発
CCl_2F_3	爆発
CO_2	爆発せず
$CClF_3$	爆発せず

表は各種ガス-NF_3系混合ガスの常温、大気中での反応性を示す。反応性は必要により各種ガスの爆発範囲で示している。

3）分解爆発危険性

一般にガス爆発は可燃性ガスと支燃性ガスとの反応によって生じるが、支燃性ガスなしの単一のガスで、着火により爆発を起こすガスを分解爆発性ガスと言う。特殊材料ガスのうち分解爆発性を持つのはゲルマン（GeH_4）、テルル化水素（H_2Te）、スチビン（SbH_3）、水素化スズ（SnH_4）である。このうち、テルル化水素、スチビン、水素化スズは常温大気圧下で熱的に安定でないため、保存が困難であり使用されていない。ゲルマンは大気圧下で着火すると以下の分解反応が進み、その反応熱が大きいため火炎を発生し、ガス中を火炎が伝播する。

$GeH_4 \rightarrow Ge + 2H_2 \ \Delta H = -90.8\ kJmol^{-1}$ *1

2. 毒性

特殊材料ガスは反応性が高く、人体に対する影響も大きい。ガスの毒性は、主として空気中に含まれる成分を吸入することで生体組織に作用するので、大気中の濃度と曝露時間との相関で危険性を考慮する。

高圧ガスの場合、許容濃度が作業環境の比較的長期にわたる環境濃度を対象としていることもあり、米国のACGIH（アメリカ政府機関産業衛生専門官会議）が提案するTLV値が標準的に用いられている。これには毎日の平均的な作業環境で影響が出ない曝露濃度限界であるTLV−TWA（時間荷重平均値）、短時間の曝露に対して影響が出ない濃度限界であるTLV−STEL（短時間曝露限界値）、および一瞬たりとも超えてはならない濃度限界であるTLV−C（天井値）が定められている。

一方、ガス漏えい時などの緊急行動に際して作業者の安全を判断する指標として急性毒性指標がある。主な指標としては、米国のNIOSH（国立労働安全衛生研究所）が発表しているIDLH（生命または健康に対する差し迫った危険）の値、および動物実験で求めたLC（致死濃度）の値がある。前者は30分以内であれば重大な影響が出ないと考えられる限界濃度であり、後者は毒性ガス

＊1　$\Delta H = -90.8\ kJmol^{-1}$：ゲルマンの分解のエンタルピー変化が$-90.8\ kJmol^{-1}$であることを示している。すなわち、ゲルマンは分解すると$90.8\ kJmol^{-1}$発熱することを示す。

に曝露された動物の致死した割合を実験的に求めた値である。LC0（0%致死濃度）、LC50（50%致死濃度）、LC100（100%致死濃度）があるが、通常はLC50が用いられる。LC値では濃度値とともに被検動物の種類および暴露時間もデータとして必要である。

特殊材料ガスについて、すべての値が得られているわけではない。データのない場合には、類似の物質の値から推定するか、あるいはTLV値を何倍かすることでIDLH値を求める等の手段で推定することになる。

参考文献

1) 吉田忠雄、田村昌三編著、「反応性化学物質と火工品の安全」、大成出版（1988）
2) 日本化学会編、「化学便覧応用化学編Ⅱ材料編」、丸善（1995）
3) 東京消防庁編、吉田忠雄、田村昌三監修、「化学薬品の混触危険ハンドブック第2版」、日刊工業新聞社（1997）
4) 田村昌三監訳、「危険物ハンドブック第5版」、丸善（1998）
（原著：P.G.Urben; Bretherick's Handbook of Reactive Chemical Hazards 5th ed,. Butterworth（1995））
5) 田村昌三、新井充、阿久津好明,「エネルギー物質と安全」、朝倉書店（1999）
6) 日本化学会編、「第4版化学実験の安全指針」、丸善（1999）
7) 田村昌三、若倉正英、熊崎美枝子編、「実験室の安全」、みみずく舎（2008）
8) 日本化学会編、「第5版実験化学講座30 化学物質の安全管理」、丸善（2006）
9) 田村昌三編、「事故例と安全」、オーム社（2013）

I-3 化学反応の発火・爆発危険性と安全な取り扱い

反応の安全を考えるにあたっては、反応に係わる反応物、生成物の危険性のほか、各単位反応における発熱量や反応混合物の物性の変化について検討する必要がある。また、多段階の反応を1つの容器で反応ごとの生成物を分離せずそのまま進める場合（One Pot）には、事前に行う単位反応がその後に行う単位反応に与える影響についても考慮しなければならない。

❶ 単位反応の潜在危険性

化学反応における発火・爆発の原因の一つに「暴走反応」がある。反応の発熱速度が系外への放熱速度を上回り、反応系の温度が上昇することで反応が加速され制御できなくなる現象である。正常な状態では、反応系の温度は目的とする反応に適した温度領域に制御されているが、暴走反応が起こると適正な温度領域から外れて上昇するため、二次反応や副反応が起こる。通常の反応温度では起こらない反応物、生成物、副反応生成物の分解が起こることもある。さらに、分解による発熱がさらなる温度上昇を促進し、分解の結果として生成した小分子の物質が気体となり、反応容器内の圧力上昇を促し、容器の破壊にも繋がることもある。環流装置[*1]の付いていない反応系で温度が上昇すれば、溶媒の蒸発による圧力上昇や溶媒がなくなることによる反応系の濃度上昇が起こり、危険性も顕在化してくる。

反応による発火・爆発の潜在危険性に影響を与える要因としては次のものがある。

1）発熱量

反応過程の発熱量が大きいと制御は困難となる。また、反応に係わる物質の分解による発熱量も制御困難につながる重要な要因である。設定温度内では目的とする反応が進行するが、何らかの理由で温度が上昇すると、反応系に存在する反応物、中間体、生成物等が発熱分解することもあり、これらの発熱が関与して最悪のシナリオに至る場合もある。

2）冷却能力

発熱が増大しても、発生した熱を十分に除去し温度制御を適切に行うことができれば暴走反応の危険を防ぐことができる。

一方、小さな発熱量でも、発生した熱の逃げ場がなければ温度上昇につながり暴走反応に至る。このように熱の逃げ場がない状態を「断熱状態」と呼ぶ。適切な冷却能力を確保することが重要である。

＊1　環流装置：還流装置は化学操作で用いる装置で、液体を加熱容器に入れて沸騰させ、発生する蒸気を冷却器により凝縮させ、液体として加熱容器に戻す操作を還流といい、そのための装置を還流装置と言う。

❷ 安全対策

化学反応における暴走反応を防止する対策としては次のものが挙げられる。

1）発熱量の抑制

暴走反応を防止するためには発熱量を低減することが重要である。反応物、目的とする生成物、予想される副反応の生成物の発熱量を調査し、その発熱量が過大となる場合は反応物、目的とする生成物の変更を検討したい。あるいは取り扱う量を減らすことにより危険を低減することもできる。反応の発熱量はエンタルピー[*1]の調査やスクリーニング試験で調べることができる。

2）十分な冷却能力の確保

冷却を十分に行うことも重要である。特に反応をスケールアップした際は注意が必要である。

冷却速度は温度の異なる物質との温度差、例えば、反応の場合、反応混合物の温度と冷却媒の温度との温度差と接触面積により決まる。

＊1　エンタルピー：エンタルピーは熱力学における示量性状態量の一つで熱含量とも言う。エネルギーの次元をもち、物質の発熱・吸熱挙動に係わる状態量である。等圧条件下で発熱して外部に熱を出せばエンタルピーは減少し、吸熱して外部から熱を受け取るとエンタルピーは増加する。

$$dQ / dt = \alpha U (To - Tb)$$

ここで、dQ / dt：冷却速度、To：反応混合物の温度、Tb：冷却媒の温度、U：接触面積、α：総括伝熱係数

冷却速度は接触面積に応じて変化するものであり、スケールアップにより二乗で増えていく。一方、反応速度は反応物の量に応じて変化し三乗で増える。したがって、反応により発生した熱が効果的に除去されるような冷却方法を考える必要がある。

攪拌は効果的な混合を行い、反応を促進するうえで不可欠な作業だが、冷却にも効果をもたらす。局所的な加熱を防ぎ、均一な冷却を行うため、攪拌は重要な対策である。停電等で攪拌が停止することがないように注意したい。

熱の伝わりやすさである総括伝熱係数αを一定に保つことも必要である。この係数に影響を及ぼすのは容器の材質の特性、析出したスケールの付着、反応混合物の粘度の変化等である。反応の進行に伴って粘度が上昇する重合反応等では、攪拌速度の低下、円滑な冷却が妨げられることがあり、熱伝導の効率が低下する。反応中は常に監視が必要である。

大量に合成を行う計画がある場合には、小スケールでの反応をよく観察し、冷却の妨げとなるような物性変化の有無を調査し、対策を立てる必要がある。

3) 容器への負荷抑制

反応混合物の温度上昇に伴う反応容器内の圧力上昇の可能

性も、事前に十分に評価しておく必要がある。容器内の圧力上昇は容器の破壊につながり、反応混合物の漏えいを起こす。

圧力上昇は気体となる小分子の発生や加熱による溶媒の蒸発が主な原因となる。したがって、単位反応を検討する場合は、溶媒の沸点や沸点の低い反応生成物、副反応生成物の生成を調査しておく必要がある。気体の発生が避けられない場合は、発生速度および圧力上昇が急激にならないように反応を制御する他、発生した気体が容器に負荷を与えないよう容器の大きさを確保するか、気体を容器外に逃がす流通経路の確保が必要であり、安全弁の設置を検討することも重要である。

4）予期しない反応への危険性評価

反応には目的とする反応のほか、条件により副反応や二次的な反応が起こる場合がある。これらの反応や反応生成物による危険性を予め予期することは困難であるが、過去の文献等の資料や、少量の試料を用いたスクリーニング試験で危険性評価を行うことで、調査できる。

その他、予期しない反応が起こるケースとして、不純物の混入がある。最も有名な事故はインドのボパールの化学工場で起こった毒ガス漏えい事故である。これはメチルイソシアネート（CH_3NCO）が40トン貯蔵されていた貯蔵タンクに配管の洗浄中の水が入ったため、メチルイソシアネートと水が反応し、ガスの発生と温度上昇が起こり、さらにはメチルイソシアネート3量体生成の暴走反応が起こり、圧力が増大して、貯蔵タンクから猛毒のメチルイソシアネートが大量漏えいした。その結果、人口80万人のボパールの1/2以上がガスの被爆による大きな被害を受けた。事故後1週間以内の死亡者は3,000～10,000人、最終的には14,410人になった。その他、国内でも反応後の洗浄時の不純物が残存し、その成分が次に行った反応で異常反応を起こしたり、反応系に不純物が混入し、異常反応を起こして事故に至った例は少なくない。

前述した通りOne Pot合成では、先に実施した単位反応の反応物、生成物等が次の単位反応に予期せぬ危険をもたらすことがある。各単位反応ごとに、反応生成物を単離、精製していく方法であれば、各反応段階が確実に進行しているかを確認できる。One Pot合成では、反応容器に順次物質を加えていくため、プロセスが簡略化され、単離・精製が省かれ、溶媒等の廃棄が不要となる等利点もあるが、数多くの成分が反応系に存在するため、種々の反応が起こる可能性もある。実施にあたっては安全性を十分検討することが重要である。

参考文献

1) 田村昌三監訳、「危険物ハンドブック第5版」、丸善（1998）
（原著：P.G.Urben; Bretherick's Handbook of Reactive Chemical Hazards 5th ed,. Butterworth (1995)）
2) 田村昌三編著、「化学プロセス安全ハンドブック」、朝倉書店（2000）
3) 日本化学会編、「第5版実験化学講座30 化学物質の安全管理」、丸善（2006）
4) 田村昌三編集代表、「化学物質・プラント事故事例ハンドブック」、丸善（2006）

Ⅰ-4 危険物等および化学反応の発火・爆発危険性評価

危険物等や化学反応に起因する爆発・火災事故を防止するためには、化学プロセス等における各危険要因に対する種々の取り扱い条件下でのリスク評価と適切な安全対策をとることが重要であるが、その基本となるのが危険物等や化学反応の発火・爆発危険性評価である。ここでは、危険物等や化学反応の発火・爆発危険性の評価法について述べる。

❶ 危険物等の発火・爆発危険性評価

危険物等の発火・爆発危険性評価を効果的に行うためには、次に示す段階的評価法を用いるのが適当であろう。

危険物等の発火・爆発危険性評価

危険物等の段階的発火・爆発危険性評価法
1）文献情報からの発火・爆発危険性推定
・危険性物質グループ　・事故事例　・危険物データシート
2）熱化学計算による発火・爆発危険性予測
・手計算　・REITP*　・CHETAH*
3）実験による発火・爆発危険性評価
・スクリーニング試験、標準試験

* 引用文献：田村昌三、新井充、阿久津好朗、「エネルギー物質と安全」 朝倉書店 (1999)

まず、文献情報からの発火・爆発危険性推定であるが、これは特別な設備を用いることなく文献等を調べることで比較的簡単に危険物等や化学反応の発火・爆発危険性に関する貴重な知見を得ることができる。まず、最初に行うべき発火・爆発危険性評価法と言えるだろう。

文献情報からの発火・爆発危険性推定

1）危険性物質グループ	
爆発性物質・自己反応性物質	爆発性化合物特有の官能基[1,3,4]
	過酸化物を生成しやすい化学構造[1]
	爆発性化合物性状表[2]
引火性物質・可燃性物質	引火点、発火点、爆発限界[2,4]
自然発火性物質	自然発火性物質表[1,3]
禁水性物質	禁水性物質表[1,3]
	酸化性物質表[1,3]
混触危険物質	混合発火・爆発性物質[4]
2）事故事例	
事故統計、事故報告書、事故事例集[5]、危険反応事例集[1]	
3）危険物データシート	
会社、協会、消防機関[6]、労働機関、輸送機関[7]	

引用文献：
1) 田村監訳、「ブレスリック危険物ハンドブック第5版」、丸善（1998）L.Bretherick, P.G.Urben, “Bretherick’ s Handbook of Reaction Chemical Hazards”, Butterworth（1995）
2) 日本化学会編、「化学便覧応用化学編第5版」、丸善（1994）
3) 吉田、田村編著、「反応性化学物質と火工品の安全」、大成出版（1988）
4) 日本化学会編、「化学実験の安全指針改訂第4版」、丸善（1999）
5) 田村昌三編集代表：「化学物質・プラント事故事例ハンドブック」、丸善（2006）
6) 吉田、田村監修、東京消防庁編、「化学薬品の混触危険ハンドブック第2版」、日刊工業（1997）
7) 田村監訳、「緊急時応急措置指針」、日本化学工業協会（2017）U.S.Department of Transportation et al, “2016 Emergency Response Guidebook.”（2016）

次に、熱化学計算による発火・爆発危険性予測であるが、これは危険物等が発火・爆発を起こしたり、反応を起こしたりした時の生成物を予測し、反応系の生成熱と生成系の生成熱との差から反応熱を算出し、その大きさから発火・爆発危険性を予測しようとするものである。

反応熱＝Σ（反応系の生成熱）－Σ（生成系の生成熱）

この熱化学計算による発火・爆発危険性予測の方法は簡単であり、手計算も可能であるが、コンピューターを用いれば短時間により多くの予測が可能である。ただし、この発火・爆発危険性予測法は、その原理からして、発火・爆発や燃焼あるいは反応時の発生エネルギーの大きさを推定することはできるが、エネルギーの発生速度やその起こりやすさを予測することはできない。

最後は実験による発火・爆発危険性評価である。実験により得られるデータは最も信頼できるものである。既に述べたように、危険物等は与えられるエネルギーの種類によりエネルギー発生挙動は異なるため、それがおかれる環境下で遭遇するエネルギーに対する感度とその威力を知る必要がある。

危険物等の発火・爆発危険性評価法を**表Ⅰ-4.1**に示す。

各試験法の特徴と限界を理解して目的に応じた適切な試験法を用いることにより、必要な条件下での発火・爆発等の起こ

表Ⅰ－4.1. 危険物等の発火・爆発危険性評価法

危険性	要因	試験法	
		感度	威力
爆発性	熱	SC-DSC（消防法）	SC-DSC（消防法）
		ARC	ARC
		BAM蓄熱貯蔵試験	
			圧力容器試験（消防法）
	火災	着火性試験（消防法）	
		時間－圧力試験	時間－圧力試験
			IMO燃速試験
			TNO爆燃試験
			燃焼試験（消防法）
	機械的打撃	落槌感度試験	
		落球感度試験（消防法）	
	衝撃起爆	MKⅢ弾動臼砲試験	MKⅢ弾動臼砲試験
			鉄管試験（消防法）
発火性			
自然発火性		自然発火性試験（消防法）	
水反応性		水反応性試験（消防法）	
酸化性			
可燃剤との混触反応性			
	熱	SC-DSC（消防法）	SC-DSC（消防法）
		ARC	ARC
		BAM蓄熱貯蔵試験	
			圧力容器試験（消防法）
	火炎	着火性試験（消防法）	
		時間－圧力試験	時間－圧力試験
			IMO燃速試験
			TNO爆燃試験
			燃焼試験（消防法）
	機械的打撃	落槌感度試験	
		落球感度試験（消防法）	
	衝撃起爆	MKⅢ弾動臼砲試験	MKⅢ弾動臼砲試験
			鉄管試験（消防法）
引火性		引火点試験（消防法）	
可燃性			
可燃性固体		着火性試験（消防法）	
可燃性粉塵		ハルトマン粉塵爆発試験	
可燃性ガス		拡散ガス燃焼試験	ガス爆発性試験

りやすさ、激しさや大きさに関する貴重な知見が得られる。

この実験による発火・爆発危険性評価についても、以下に示すように段階的に試験の規模を大きくして行うのが効率的である。

スクリーニング試験は少試料量で、安全に、しかも、簡便に行うことができるため、種々の条件下で試験することができ、多くの情報が得られる点に特徴があるが、標準試験[*1]の結果と対応関係がなければならず、最後は標準試験による確認が必要である。

標準試験は適正規模の試験であり、現在最も信頼し得る方法といえる。したがって、規則等による発火・爆発危険性の評価手段として主に用いられているのは、この標準試験法である。

危険物等がおかれる種々の環境条件下での各種危険要因に対する発火・爆発危険性評価を全て実験的に行うことは、かなりの設備、技術、労力等を必要とするであろう。一般的には、まず、文献情報を用いて関連する発火・爆発危険性や事故情報を調べ、おおよその発火・爆発危険性を推定し、また、必要に

＊1　標準試験：実験による発火・爆発危険性評価に用いる標準試験は表Ｉ－4.1危険物等の発火・爆発危険瀬評価法に示す。発火・爆発危険性、すなわち、発火・爆発の起こりやすさ（感度）と発火・爆発を起こした際のエネルギー発生量および発生速度（威力）は物質に与えられるエネルギー、例えば熱、火炎、機械的打撃、衝撃起爆等のエネルギーにより異なる。したがって、発火・爆発の危険性評価を行うためには与えられるエネルギーに対する物質の感度および威力を評価するため、多くの評価法を用いる必要がある。危険性評価を適性に行うためには一定規模のスケールで行うことが望ましく、そのため消防法や国連の危険物輸送専門家委員会による国連勧告では一定規模の評価法が採用されている、ここではその規模の試験をスクリーニング試験に対応して標準試験と言っている。

よっては熱化学計算により発火・爆発危険性の予測を試み、次いで発火・爆発の危険性が予知されるものについては標準試験と対応関係のあるスクリーニング試験により発火・爆発危険性の一次評価を行い、最後に確認のために標準試験による評価を行うのが適当であろう。

❷ 化学反応の発火・爆発危険性評価

化学反応の発火・爆発危険性評価を効果的に行うためには、危険物等の場合と同様に次に示す段階的評価法を用いるのが適当であろう。

化学反応の発火・爆発危険性評価

＜化学反応による段階的発火・爆発危険性評価法＞
1. 文献情報からの発火・爆発危険性推定
1) 反応と発火・爆発危険性[1)] 2) 事故事例 Brethericksの危険物ハンドブック[2)]
2. 熱化学計算からの発火・爆発危険性予測[3)]
反応熱：REITP、CHETAH
3. 実験による発火・爆発危険性評価[1) 3) 4)]
熱特性：DSC、スーパーCRC、C80、ARSST、ARC、RC1等

引用文献：

1) 田村昌三編著:「化学プロセス安全ハンドブック」、朝倉書店（1999）

2) 田村監訳、「ブレスリック危険物ハンドブック第5版」、丸善（1998）L.Bretherick, P.G.Urben, “Bretherick’ s Handbook of Reaction Chemical Hazards”, Butterworth（1995）

3) 田村昌三、新井充、阿久津好朗:「エネルギー物質と安全」、朝倉書店（1999）

4) 吉田、田村編著、「反応性化学物質と火工品の安全」、大成出版（1988）

参考文献

1) 吉田忠雄、田村昌三編著、「反応性化学物質と火工品の安全」、大成出版(1988)
2) 日本化学会編、「化学便覧応用化学編II材料編」、丸善(1995)
3) 田村昌三監訳、「危険物ハンドブック第5版」、丸善(1998)
(原著：P.G.Urben; Bretherick's Handbook of Reactive Chemical Hazards 5th ed,. Butterworth (1995))
4) 田村昌三、新井充、阿久津好明,「エネルギー物質と安全」、朝倉書店(1999)
5) 日本化学会編、「第4版化学実験の安全指針」、丸善(1999)
6) 田村昌三編著、「化学プロセス安全ハンドブック」、朝倉書店(2000)
7) 日本化学会編、「第5版実験化学講座30 化学物質の安全管理」、丸善(2006)
8) 田村昌三編著、「化学プラントの安全化を考える」、化学工業日報社(2014)

Ⅰ-5 化学設備と安全

化学プラントを安全に操業していくためには、その基本的な要件として、そこで使用されている化学設備の構造、材料、機能等をよく理解することが必要である。

ここでは、化学設備に用いられる材料および機能について述べる。

❶ 化学設備の材料

1. 材料の種類

化学プラントにおいて、化学設備は各種の化学物質等を高温あるいは低温下で、また圧力等種々の環境条件下で取り扱う。多種の設備は過酷な条件下で使用されることもあり、その設備の状態が事故や災害を招く可能性もある。化学設備には、材料の特性を理解した上で、使用環境からくる種々の条件等に対して十分耐え得る材料を用いなければならない。

1) 高温用材料

材料の許容応力[*1]は使用温度により大きく影響される。高温

＊1　許容応力：許容応力とは化学設備等の材料に衝撃・変形が加えられても、破壊せず安全に使用できる範囲内にある応力の限界値を言う。

下では許容応力は著しく低下するので、材料選定および強度設計の際には注意する必要がある。高温用管材料の例を**表Ⅰ-5.1**に示す。

表Ⅰ－5.1．高温用管材料の例

JIS記号		標準　成分 [%]	最高使用温度 [℃]
配　管　用	ボイラ・熱交換器用		
STPT　38	STB　35	炭素鋼	450
STPA　12	STBA　12	0.5Mo	550
23	23	1.25Cr，0.5Mo	650
24	24	2.25Cr，1Mo	650
25	25	5Cr，0.5Mo	650
26	26	9Cr，1Mo	650
SUS　304　TP	SUS　304　TB	18Cr，8Ni	800
321　TP	321　TB	18Cr，10Ni，Ti	800
347　THP	347　HTB	18Cr，10Ni，NB	800
310　STP	310　STB	25Cr，20Ni	800

2) 低温用材料

鋳鉄やガラスのように常温で脆性[*2]を示すものがある一方で、一般の金属材料は常温では十分な延性[*3]・靭性[*4]を有している。しかし、低温下では低い応力状態でも脆く破壊する性質（低温脆性）を有するものがある。低温用管材料の例を**表Ⅰ-5.2**

＊2　脆性：脆性とは材料等の脆さを表す用語で、破壊に要するエネルギーが小さいことを言う。

＊3　延性：材料等に力（荷重）を加えて伸張し続けると、材料等はついには破断する。破断するまでの歪が大きいとき延性があると言う。

＊4　靭性：靭性とは材料等において亀裂が発生しにくく、かつ、伝播しにくい性質のことを言う。材料等の粘り強さとも言い換えられる。

に示す。また、液化ガスに適用される材料の例を**表Ｉ-5.3**に示す。

表Ｉ－5.2. 低温用管材料の例

[鋼 管] JIS記号	標準 成分 [%]	使用温度 最低 [℃]	[鋼 管] JIS記号	標準 成分 [%]	使用温度 最低 [℃]
STPL 46	3.5Ni	-100	SL2N26	2.25Ni	-60
STPL 70	9Ni	-196	SL3N45	3.5Ni	-100
STBL 70	9Ni	-196	SL9N60	9Ni	-196
SUS 304 TP	18Cr, 8Ni	-196	SUS 304 CP	18Cr, 8Ni	-196
SUS 304 LTP	18Cr, 8Ni 極低C	-268	SUS 316 LCP	16Cr, 12Ni 2Mo, 極低C	-268
SUS 316 LTP	16Cr, 12Ni 2Mo, 極低C	-268	SUS 317 LCP	19Cr, 13Ni 3Mo, 極低C	-268

表Ｉ－5.3. 液化ガスに適応する材料の例

液化ガス	材 料	液化ガス	材 料
酸素 アルゴン	SUS316, SUS317, SUS321, SUS347	ネオン	AL合金 5083
		重水素	AL合金 5083
フッ素	SUS304, 309	水素	SUS304, 316 SUS347
一酸化炭素	AL（鋳物）, Ni合金		
窒素	9% Ni鋼	ヘリウム	AL鋳造品 SUS304, 316

3) その他の材料

化学プラントでは、耐食性や電気絶縁性などの理由からプラスチックライニング材や無機材料も使われている。**表Ｉ-5.4**および**表Ｉ-5.5**に化学設備で使用されるプラスチックライニング材および代表的な無機材料の特性を示す。

表I－5.4　プラスチックライニング材の最高使用温度および耐寒温度

材　料	最高使用温度℃	耐寒温度℃	特性・用途
塩化ビニル樹脂 PVC	70 硬質，45 軟質	-20	耐酸，耐アルカリ
ポリエチレン PE	70	-60	耐酸，耐アルカリ
エポキシ樹脂 EP	70，（特殊120）	-40	アセトンを除く耐有機溶剤
フラン樹脂 FR	180	-20	耐アルカリ，耐有機溶剤
耐食ポリエステル UP	100	-20	耐酸，耐アルカリ
四フッ化樹脂 PTFE	250	-80	耐薬品，機器用ライニング
三フッ化樹脂 ECTFE	150	-50	耐薬品，機器用ライニング
二フッ化樹脂 PVdF	130	-50	耐ハロゲン，強酸，強アルカリ
四・六フッ化樹脂 FEP	230	-60	耐薬品，機器用コーティング
軟質天然ゴム NR	100	-20	耐酸
硬質天然ゴム HNR	70	-40	耐薬品，耐衝撃
クロロプレン CR	65	-40	耐薬品，耐候
ブチル IIR	120	-60	耐酸（特にH_2SO_4）
クロロスルホン化ポリエチレン CSM	100	-40	耐酸（H_2SO_4，HNO_3）
ニトリルブタジエンゴム NBR	110	-20	耐油

表I－5.5　化学設備で使用される代表的な各種無機材料の例

材　料　名	溶融・分解温度［℃］	環境使用温度　最高［℃］	
		酸化性	不活性・還元
SiO_2ガラス	1710	1050	
酸化マグネシウム	2850	2300	1700
酸化アルミニウム	2050	1900	1900
炭化ケイ素	2600（分解）	1650	2300
窒化ケイ素	1900	1200	1870
窒化ホウ素	2300	1200	2200

ブレイクタイム ⑤ ステンレスの意外な弱点

ステンレスは、鉄より錆びにくいという利点があり化学設備に多く利用されている。しかし応力腐食割れ（イラストを参照）を起こすという弱点がある。塩素イオン等のハロゲンの存在と引っ張り応力の作用下でオーステナイト系ステンレス鋼にひび割れを起こすことが知られている。

ステンレスの中には成分を調整して、応力腐食割れを起こしにくいものもあるが、一般的には海洋での船舶や海水を利用した熱交換器等ではステンレスは使用されない。

応力腐食割れの事例として、設置したステンレスタンクの基礎コンクリートに海砂を使用していたために海砂中の塩素イオンによって、底板の外側から割れが発生することがある。海砂を使用せず川砂を使用すればよいのだが、最近は環境面への配慮から川砂の使用が制限されており、海砂を真水で洗浄したものを使用するか、あるいは本文中でも述べたように被覆防食を施す等の対策が必要である。

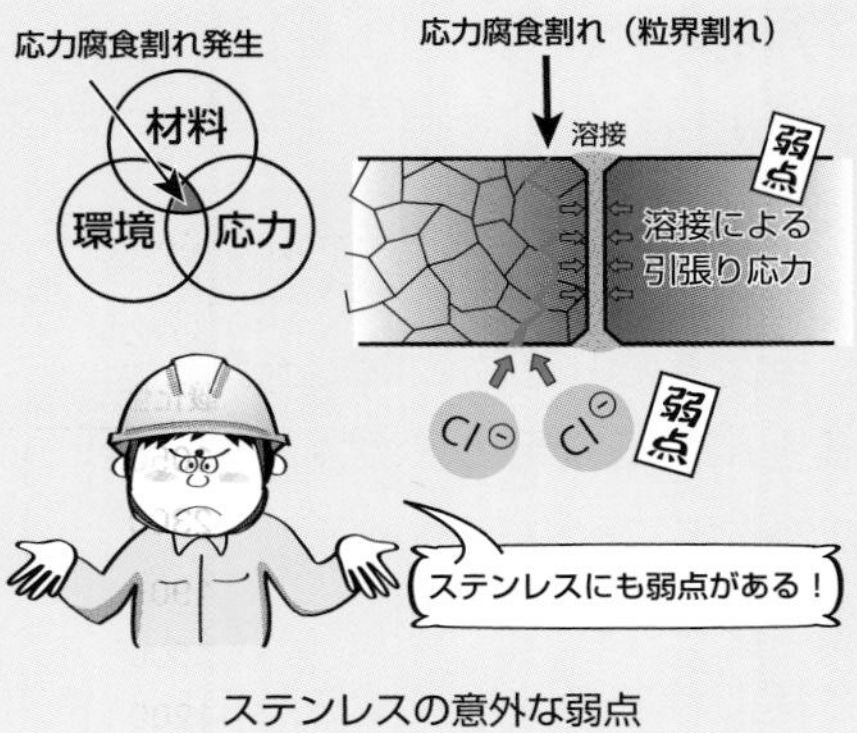

ステンレスの意外な弱点

2．材料選定上の留意点

1）材料選定手順

材料を選定する際の手順は以下の通りに行う。

a）装置、機器、構造物の使用目的と性能設計結果を確認する。

b）各部材の使用環境を明確にするとともに、法令や規格による制約の有無を確認する。

c）既存のデータに基づき数種の候補材料を以下の点に配慮して選出する。（一次選定）

・機械的性質、耐食性、加工性、熱的性質

・防食被覆、環境処理、電気防食等の防食法の適用の考慮

・応力腐食割れ、水素脆化、腐食疲労、孔食やすきま腐食等の局部腐食による損傷の可能性がある場合は一般には用いない。

・全面腐食は腐食しろを付けて対処する。

2）一次選定用耐食データ

材料の一次選定に当たり使用できる耐食データには次のものがある。

a）実験室、ベンチプラント、パイロットプラント、実験プラント、自然環境中での腐食試験結果

b）各種物質を用いる場合の広い温度、濃度域での腐食速度を示したハンドブック

c）各種設備での材料の使用実績

d）主として実設備での使用実績を基にした特定の環境中での材料の使用限界を示した二次データ

このうちc）は一次選定に当たり信頼できるデータの一つであり、使用実績を収集整理し、いつでも活用できるようにしておく必要がある。d）は最も信頼性が高く、材料の一次選定に広く活用されている。

3）防食構造

装置、機器、構造物に対して、選定された材料がそれらの使用環境下でどのような形態の腐食を起こす可能性があるかを的確に予想する。そしてそれに応じて材料を腐食から守るための防食構造を決めていくことが大切である。

3. 損傷形態

1）脆性破壊

室温付近、あるいはそれほど高くない温度で弾性限界以下の低荷重が加わったとき、塑性変形がほとんどないまま、脆く破壊する現象。

2）クリープ破壊

荷重あるいは応力を一定に保つ条件下で、時間の経過とともに永久変形が進行し、破壊につながる現象。

3）疲労

荷重や応力などを繰り返し受けることにより、材料の強度が低下する現象で、高サイクル疲労と低サイクル疲労がある。前者は変動荷重が鋼材に作用した場合、通常の引っ張り強さ、降伏点[*1]に相当する荷重よりも低い荷重で破壊する。後者は高温構造物などで繰り返し応力の数は少ないものの静的引っ張り試験の降伏点を越す荷重で問題となる。

4）腐食

腐食損傷形態としては、均一に腐食が進む全面腐食と腐食部位が限定される局部腐食（孔食、すきま腐食、応力腐食割れ等）がある。孔食は局部腐食が孔状に進行したもので、すきま腐食は金属と金属あるいは金属と非金属が接している時、その間の隙間で発生する局部腐食である。応力腐食割れは金属が引っ張り応力と腐食作用を同時に受ける場合、引っ張り強さ以下の応力で割れを生じる現象を言う。

4．防食法

防食には下記に示す方法が知られているが、各防食法の特徴、耐熱性、耐食性等の使用環境への適性を考慮して防食法を選択し、防食を行う必要がある。

1）被覆防食

腐食環境から遮断することによる防食で、下記のものがある。

①有機被覆

a.塗装による防食

b.コーティングによる防食

＊1　降伏点：材料等に力を加えていくときに、弾性限界を超えると材料等の変形が急激に増加し、もとに戻らなくなる。この現象を降伏と言い、そのときの力の大きさを降伏点と言う。

c.ライニングによる防食

一般に防食被膜の厚さは、塗装＜コーティング＜ライニングの順である。

②金属被覆

a.メッキによる防食

b.クラッド[*2]による防食

2) 電気防食

金属に電気を流すことで腐食の起こらない防食電位に変化させて腐食を防ぐ工法である。電気防食は主に海洋、水中、土壌中等の環境におかれた構造物の防食に用いられる。例えば船舶の入出荷設備である桟橋等に用いられている。

❷ 化学プラントを構成する各種設備

化学プラントは多くの場合、化学反応工程を伴い、その前後に原料調製や反応生成物の分離等の工程を有する。

ここでは静機器、動機器、管・バルブ等について概説し、計測・制御装置、電気設備の防爆化、化学設備の安全装置についても述べる。

＊2　クラッド：二種類の性質の異なる金属を張り合わせた鋼材で、圧着鋼とも呼ばれる。耐摩耗性、耐化学腐食性に優れた鋼材として広く用いられる。

1．静機器

1）反応装置

反応装置は、酸化、還元、ハロゲン化、重合等の多種多様な反応操作を行う装置である。化学反応を適切に行うため、その反応形態、反応条件等に応じて、装置の伝熱、攪拌、混合等の方法や装置の材質、型式に種々の工夫が施されている。**表Ｉ-5.6**は反応装置を操作方法により分類したものである。

表Ｉ－5.6　反応装置の操作方法による分類

操作方法（装置）		理想流れの状態	特徴
回分操作	槽	均一に混合	構造簡単，補助設備不要，比較的高価なものの少量処理，ファインケミカル用，研究用，複雑な反応工程に適する
流通操作*	管	押出し流れ	多量の反応物の処理，付帯設備は複雑だが，生産経費低減，伝熱面積をとりやすい
	槽	完全混合流れ	管型に比べ，生産速度，選択性低下，品質の均一化制御が容易
	多段槽	槽数の増加とととともに押出し流れに接近	槽型の特徴を有しているが，生産速度，選択性の低下が避けられる。操作がやや複雑
半回分操作		完全混合流れ	槽型の特徴を有しているが，反応の制御調節，逆反応の防止，選択性の向上

*連続操作ともいう。

資料出所：「化学工学便覧・改訂5版」化学工学協会編

①攪拌槽型反応装置

最も一般的な反応装置で、種々の目的に幅広く用いられている。槽の内容物を攪拌機により攪拌混合しながら反応を行わせるものである。

反応装置は液相系、気～液相系、固～液相系、気～液～固相系として用いられる。

回分式は原料Ａ、Ｂを一括して装置に仕込み反応させ、生成物を一括して取り出す方式である。半回分式は原料Ａを一括して仕込み、その後、原料Ｂを装置に適量投入しながら反応させた後、生成物を一括して取り出す方式である。連続式は原料Ａ、Ｂを混合して装置に適量投入しながら、基本的には投入量と同量の生成物を取り出す方式である（**図Ⅰ-5.1**）。回分式、半回分式では、反応1系列当たり通常1基の反応装置が用いられるが、連続式では、多数の反応装置が直列に連結して用いられる。

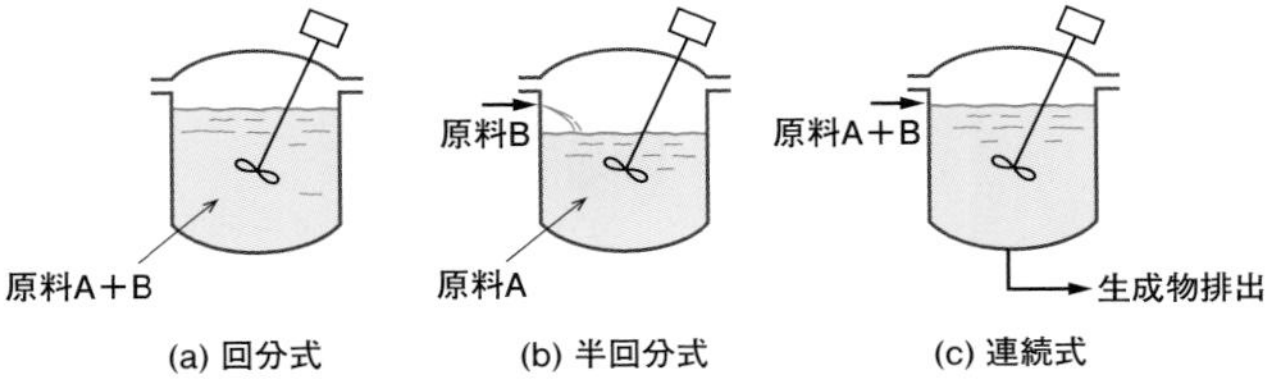

図Ⅰ-5.1（1）攪拌漕型反応装置

資料出所：「装置工学」若尾法昭

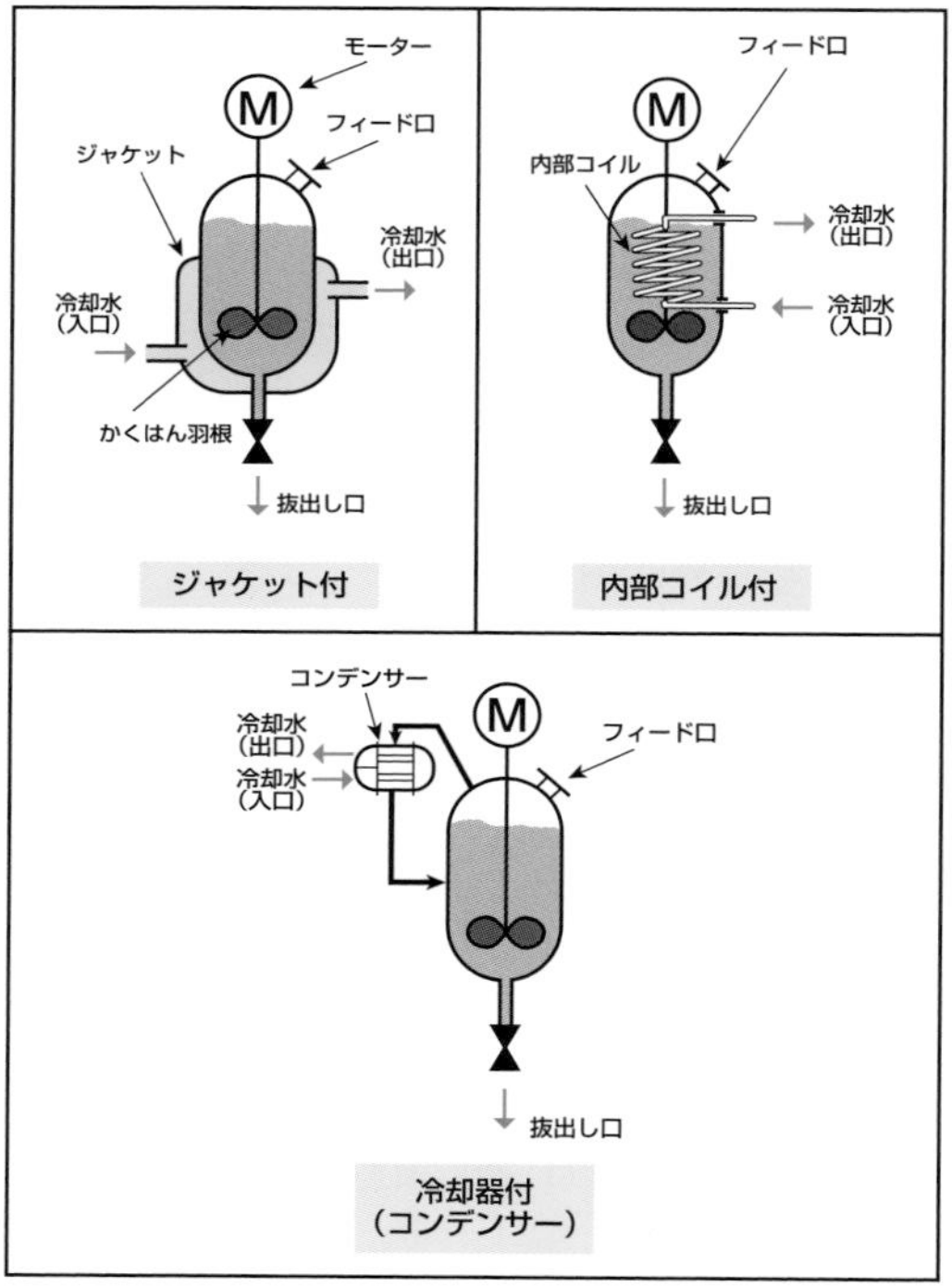

図Ⅰ-5.1(2)　かくはん槽型反応装置の例

かくはん槽を用いた反応装置で、反応熱の処理のために冷却あるいは加熱が必要である。冷却方法の例を上図に示す。

②流動層型反応装置(図Ⅰ-5.2)

固体粒子の層を気体あるいは液体の流れに対し垂直に置くと、その粒子径、重量と液体の速度により流動化現象が起こる。この現象を利用して、触媒粒子を原料の流れによって流動化させながら、反応を行わせることを原理とする。

$$\text{空気}+\text{原料ガス}\xrightarrow[\text{触媒}]{\text{酸化反応}}\text{反応生成ガス}+\text{未反応ガス}$$

（反応生成＋未反応）ガスは微量な触媒と共にサイクロンを通り、触媒を分離し次の工程へ移る。分離された触媒は触媒層へ戻る。

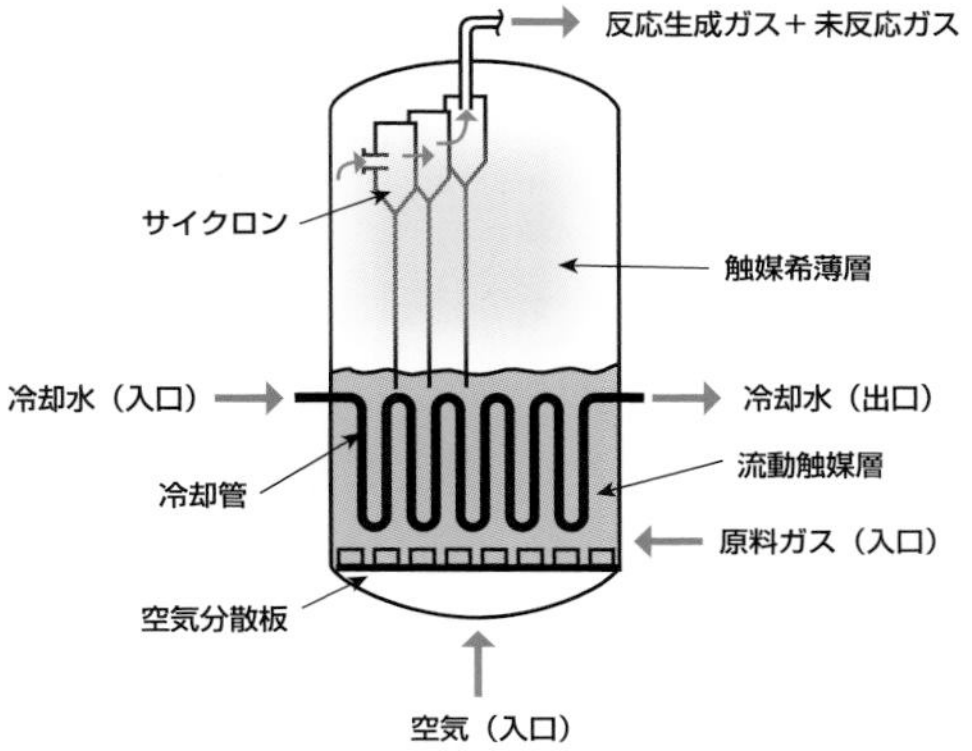

図Ⅰ-5.2　流動層型反応装置の例

③固定層型反応装置

充填された触媒の役目をする固体粒子が金網等で固定されており、そこに原料を投入して反応させる。

④その他の反応装置

気泡塔型反応装置、管型反応装置や多数の型式のものが実用化されている。

2）塔類

蒸留、吸収、抽出等の単位操作は塔の形をした設備により行われる。これら設備は目的により蒸留塔、吸収塔、抽出塔と呼ばれ、内部構造の違いにより、棚段塔、充填塔に分類される。棚の構造、充填物の種類は極めて多く、塔に要求される機能、運転条件に適した型式が選定される。

①蒸留

蒸留は液体混合物を各成分の揮発温度の差を利用して各成分に分離する操作である（**図Ⅰ-5.3**）。蒸留塔の場合、塔頂に登ってくる低沸点成分に富む蒸気を冷却、凝縮させ、この凝縮液を塔底に向かって流下させると、上昇してくる蒸気と接触する。この際、蒸気中の高沸点成分は凝縮し、低沸点成分を多く含む蒸気は塔頂に登ることになる。したがって、この操作を繰り返すと、塔頂にいくほど低沸点成分に富み、塔底にいくほど高沸点成分に富むようになる。

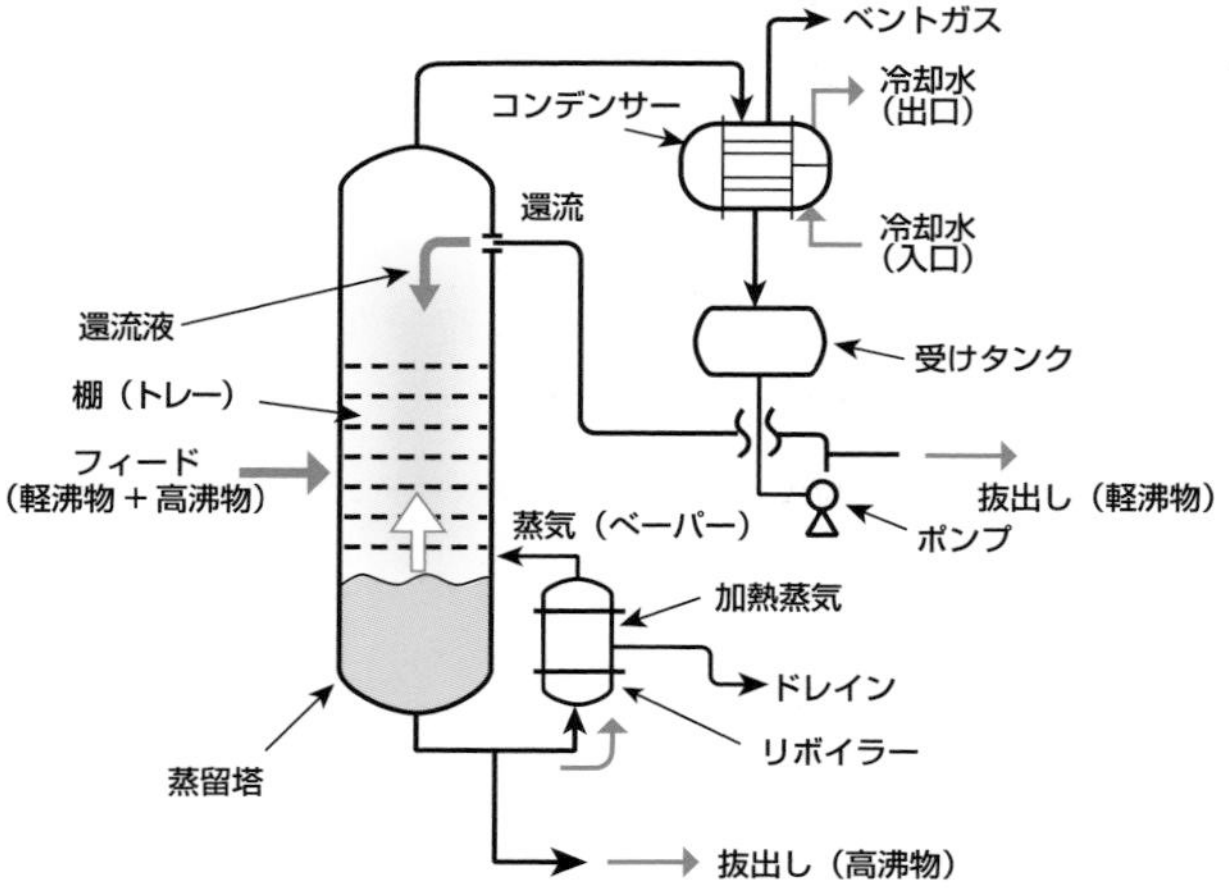

図Ⅰ-5.3　蒸留塔の例

蒸留塔による軽沸物と高沸物の分離のフロー例を示す。

また、この塔頂から出た蒸気を冷却（液化）して、その一部を蒸留塔に戻し、残りを製品として取り出す。塔に液を戻すこの操作を還流と言い、この操作がある蒸留を精留または分留と言う。塔内での気液接触を効率よく行うと、純度の高いものが得られるため、棚の構造、段数、充填物が種々工夫されている。

②吸収

吸収は混合気体を液体と接触させて、特定の成分を液体中に溶解し、吸収させる操作をいい、次の目的のために行う。

a）混合気体の分離

b）不要成分または有害成分の除去

c）有用成分の回収または溶液の製造

d）気液反応による生成物の製造

吸収塔は気液接触を効率よく行うことを目的としており、蒸留塔と同じような内部構造となっている。

③塔の形をした他の化学設備

蒸留塔、吸収塔の他の化学設備としては、放散塔（ガス）、水洗塔（ガス）、抽出塔があり、内部構造としては棚段式、充填式、スプレー式、邪魔板式、攪拌式のものがある。

3）熱交換器

高温の流体と低温の流体を隔壁を通して接触させると熱の移動が起こり、高温の流体は温度が下がり、低温の流体は温度が上がる。このように流体間の熱交換を目的とした機器が熱交換器である。

①熱交換器の種類

伝熱方式として換熱型と蓄熱型、直接接触型がある。

換熱型のうち直接式は高温流体と低温流体を隔壁を通して直接熱交換させるが、間接式は高温流体と低温流体との間に別の熱媒体を置く。両流体の直接接触による事故を防ぐ目的で用いられる。

蓄熱型は、固形物に高温流体の熱を蓄積しておき、その固形物が低温流体に接触した時、固形物の熱を低温流体に与える方式である。

直接接触型は気体～固体、気体～液体等、混合しがたい2種の流体を直接接触させて熱交換を行うものである。

なお、熱交換器は、用途により熱交換器、予熱器、加熱器、冷却器、凝縮器、再沸器、ヒートパイプ型と呼ばれる。

②熱交換器の構造

管使用熱交換器には、二重管式熱交換器、多管式熱交換器、単管式熱交換器があり、板使用熱交換器にはプレート式熱交換器、ジャケット式熱交換器、スパイラル式熱交換器があり、特殊型熱交換器としては蓄熱型熱交換器がある。

多管式熱交換器は円筒状の容器内に多数の管を設置して、一方の流体を管内に、別の流体を円筒状の容器内に流して熱交換させるもので、熱交換器の代表的なものである(**図Ⅰ-5.4**)。

二重管式熱交換器は管が内管と外管とが一体となったも

ので、内外管の流体の間で熱交換を行うものである。単管式熱交換器は一本に連結、成形したものを熱交換用に用い

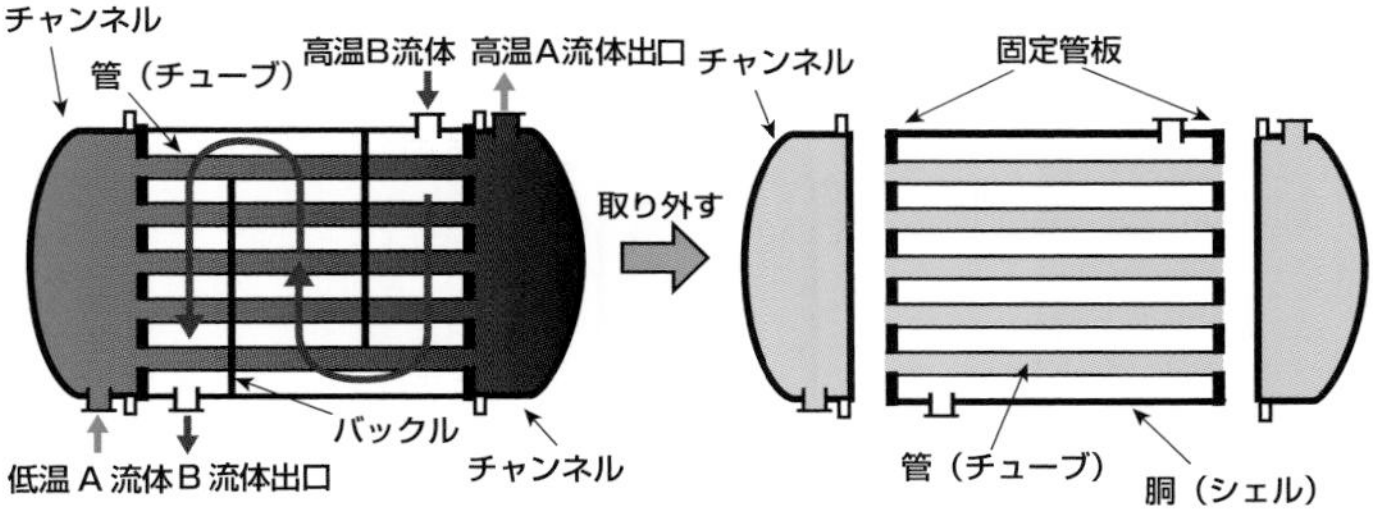

両側のチャンネルを取り外すことができる。管（チューブ）内の汚れを掃除することができる。ただし、胴（シェル）内の汚れは掃除が困難である。そのため胴（シェル）側は汚れの少ない流体に使用する。

図Ⅰ-5.4　多管式熱交換器の例

流体のフローの1例を示す。（いろいろな組み合わせがある。）

るものである。

4) 管式加熱炉

管の中を通る大量の流体を高温に加熱する場合や、熱分解する場合に用いられ、パイロットプラントから大型のプラントまで使用例は多く、種々の型式のものが実用化されている。

加熱炉内での流体への伝熱は、燃焼室内での火炎からの輻射による「輻射伝熱部」と燃焼室から出た排ガスの熱の対流による「対流伝熱部」で行われる。一般には流体は最初は対流伝熱部で加熱された後、輻射伝熱部でさらに加熱されて加熱炉を出る。（図Ⅰ-5.5）

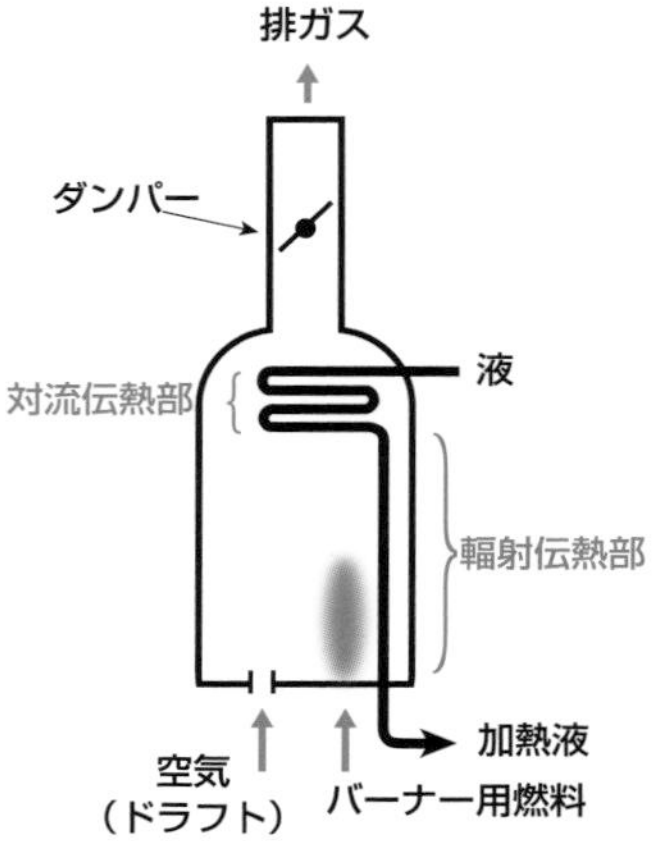

図Ⅰ-5.5　直立円筒型加熱炉の例

液の加熱時のフロー例を示す。

5）加熱装置

化学プラントでは、管式加熱炉のようにプロセス流体を火炎で直接加熱する場合の他、水蒸気、熱媒体を用いた間接加熱方式や電気加熱方式が広く用いられている。

6）乾燥装置

乾燥装置は水、溶剤等を含んだ原材料から、水、溶剤を蒸発させて固体のみを製品として取り出す装置である。乾燥装置は操作方法（真空、常圧、加圧）、加熱方法、処理する原材料の状態、製品の形状に応じる必要もあり、その種類は極めて多い。（**図Ⅰ-5.6**）

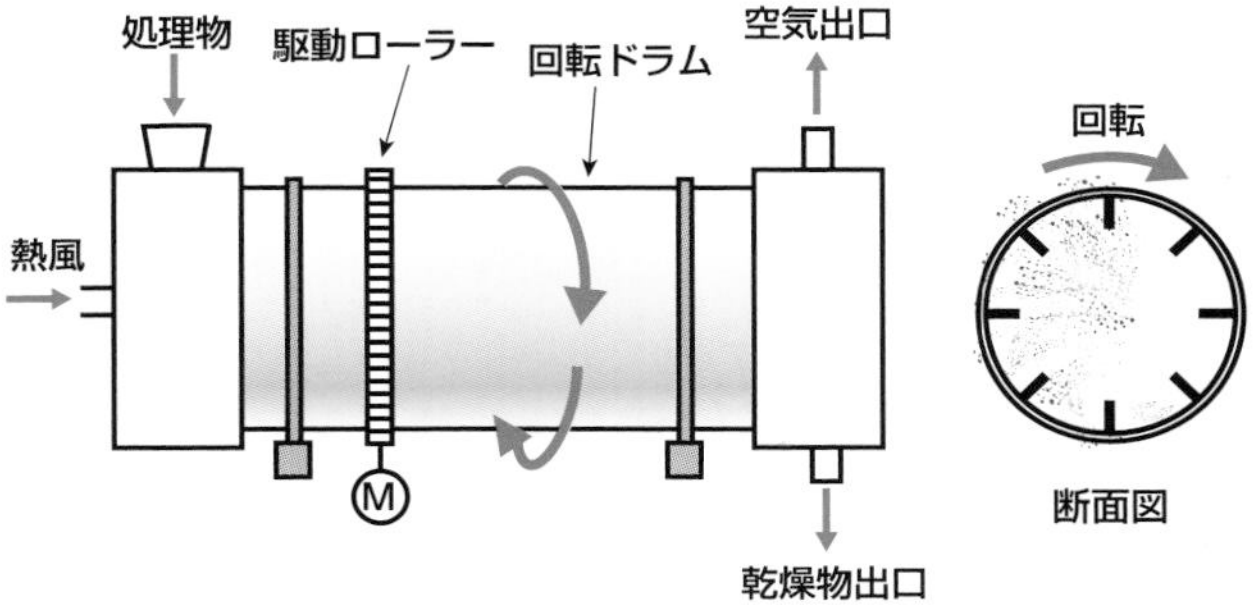

図Ⅰ-5.6　回転乾燥機の例

7) 冷却装置

反応熱の除去、蒸留塔から留出される蒸気の冷却、冷却用水の確保等、冷却操作は重要な操作である。高温流体から熱を奪いその温度を下げる熱交換であるから、熱交換器を冷却操作の目的に使用している例も多い。

熱交換器以外で冷却の目的に使用されている装置としては散水式クーラー（**図Ⅰ-5.7**）、空冷式熱交換器等がある。

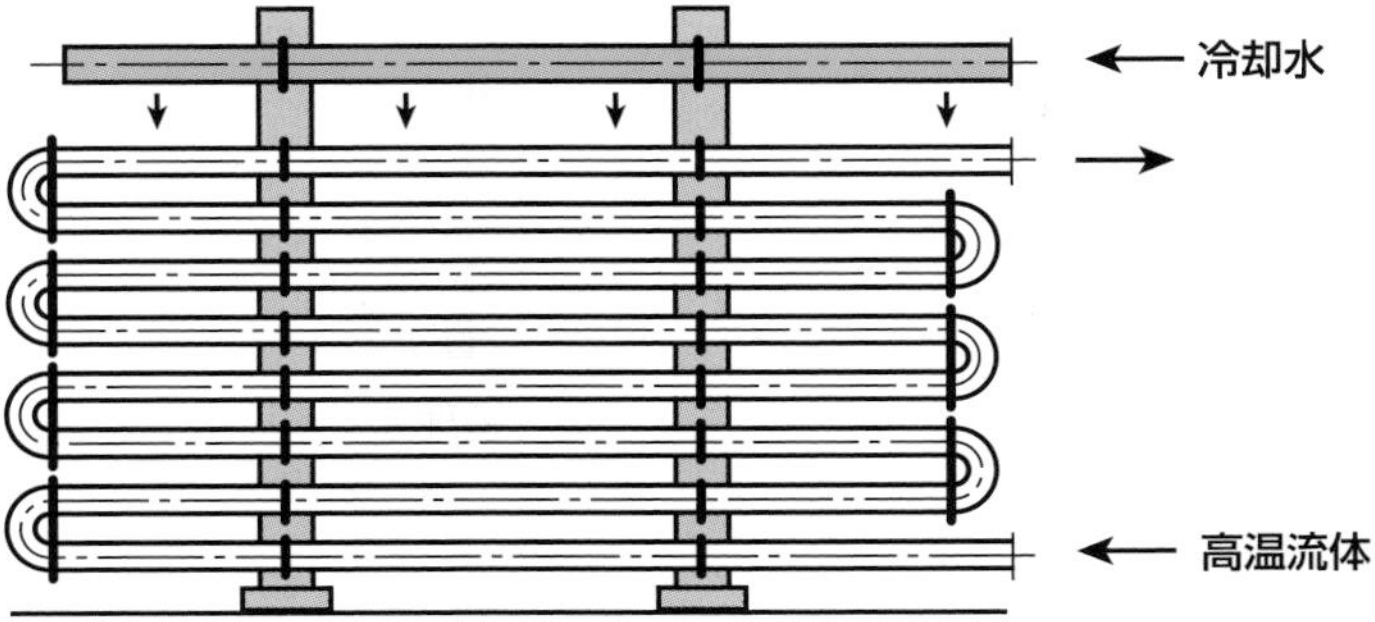

図Ⅰ-5.7　散水式クーラーの例

8) 貯槽類

化学プラントでは原料、中間製品、製品の他、燃料用重油や工業用水等を貯蔵しておくための貯槽類が多い。貯蔵しておく内容物により、原油タンク、製品タンク、また用途により中間層、中和槽、計量槽と分けていう場合もある。大型貯槽の種類と特徴を**表Ⅰ-5.7、図Ⅰ-5.8**に示す。

表Ⅰ－5.7　貯槽の用途と特徴

種類	用途	特徴
固定屋根式貯槽	・揮発性の少ない一般的な液体 ・水、軽油、重油	・建設費が安く一般的な貯槽 ・蒸発損失が大きい ・液面が空気と接触する ・最大容量は5～6万kl/基
浮屋根式貯槽	・揮発性の高い液体 ・原油、ガソリン	・貯槽本体建設費は固定屋根式貯槽より高い ・蒸発損失が少ない ・雨水の混入がある ・大容量（約15万kl/基）が可能
固定屋根付浮屋根式貯槽	・揮発性が高く雨水の混入を嫌う液体 ・空気と接触を嫌う液体 ・ジェット燃料、薬品、化学工業用原料	・貯蔵液体に空気が接触しない ・雨水の混入が少ない ・蒸発損失が少ない ・貯槽本体の建設費は高い
常圧冷凍貯槽	・液体ガスの常圧貯槽 ・ING、アンモニア、IPG、エチレン	・大容量の液化ガス貯蔵 ・冷凍設備が必要 ・運転費が大きい ・半地下式の構造もある
球形貯槽	・液体ガスの常温貯蔵 ・ガス体の高圧貯蔵	・高圧で多量の貯蔵ができる ・運転費用が少ない ・半冷凍貯槽もある

資料出所：「化学装置便覧・改訂2版」化学工業協会編

コーンルーフタンク	浮き屋根タンク	浮き蓋付き固定屋根タンク	球形タンク
大気圧または大気圧に近い微圧で貯蔵するタンク。	屋根が液面に浮いており、液面とともに上下する。液の蒸発損失が少ない。屋根上の雨水を抜き出す設備の設置が必要である。	浮き屋根タンクに固定屋根を付けたタンクであり雨水の抜き出し設備が不要である。	球形は内圧を均一に受け止める利点があり、高圧貯蔵に利用されている。

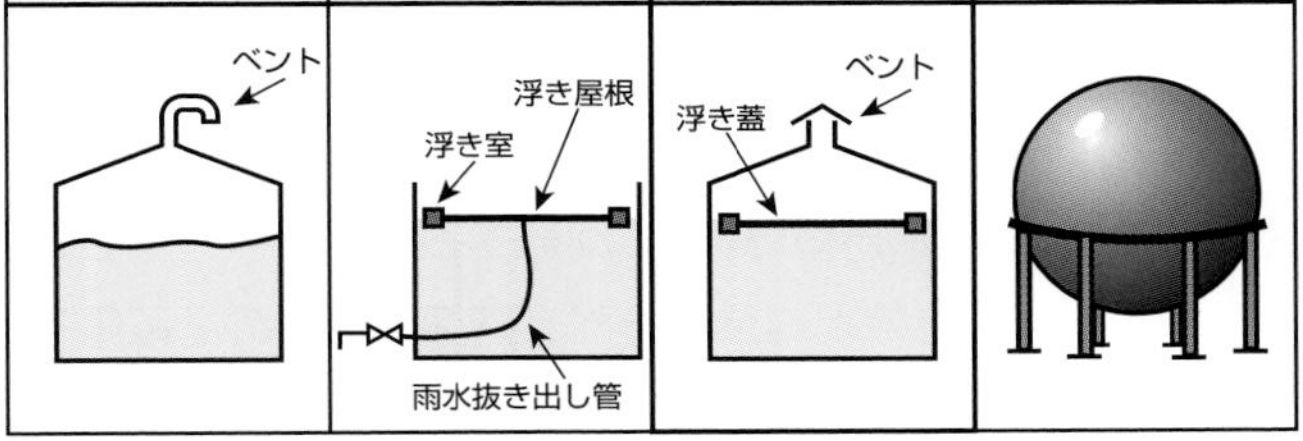

図Ⅰ-5.8　各種貯槽の例

2. 動機器

1) 攪拌機

攪拌機は反応、混合、晶析[*1]、抽出等の種々の工程で広く用いられる。その目的は2種以上の液体の混合、液体への固体の溶解等のほか、乳化、分散、懸濁などがあり、多種多様である。液体を攪拌することにより、熱移動のスピードアップを図ることもある。攪拌機は駆動部、軸封部、攪拌軸および攪拌翼から構成される。

＊1　晶析：晶析とは化学的分離操作法の一つで、溶解度の温度依存性を利用して冷却または加熱により溶液から目的成分を結晶化させ、選択的に分離する操作のことを言う。

2) 移送機、圧縮機

原料、製品等を化学装置あるいは貯槽へ送る機器としては、液体の場合はポンプ、気体の場合はファンまたはブロワー等の送風機があり、気体をさらに高圧にして送る場合には圧縮機が用いられる。このうちポンプ、ファン、ブロワー等の送風機は移送機として扱われる。

3) 遠心分離機

遠心分離機は、回転体が高速で回転することにより生じる遠心力を利用して、重液と軽液の分離、液体と固体の分離等を行うものである。分離対象物の性状により、分離機の構造に差がみられ、遠心沈降型と遠心ろ過型に大別される。

遠心沈降型は、液体中に浮遊している粒子群の重力場における沈降速度が遠心力により増大することを利用して分離の促進をはかるものである。

遠心ろ過型は比較的大きな結晶などのろ過、脱水に用いられ、ケーキ（ろ過機内の粒子の堆積物）を得ることを主な目的とした遠心機である。沈降型に比べて回転は低速である（**図Ⅰ-5.9**）。

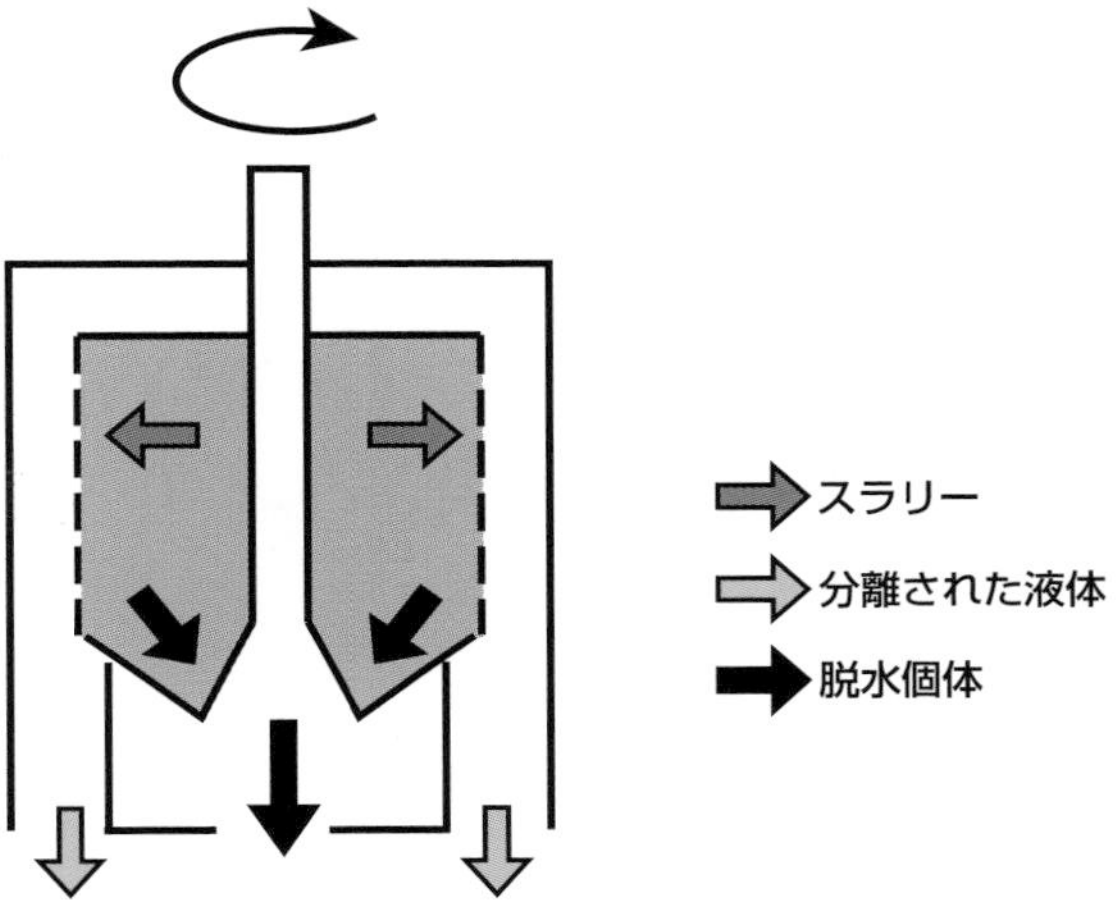

図Ⅰ-5.9　バスケット型遠心ろ過機の例

4) 粉砕機

固体を機械により細かくしていく操作を粉砕と言う。固体を細かくすることにより固体の比表面積が増大し、元の素材とは異なる種々の化学的、物理的性質を示すようになる。

粉砕機には、粗砕機（数cmまで粉砕）、中砕機（数百μmまで粉砕）、粉砕機（数百～数μmまで粉砕）、微粉砕機（数十～数μmまで粉砕）、超微粉砕機（1μm以下まで粉砕）等がある（**図Ⅰ-5.10**）。

広い意味での粉砕には破砕・粗砕・中砕も含めるが、一般にはこれらより細かい粒度のものを扱うことを指す。

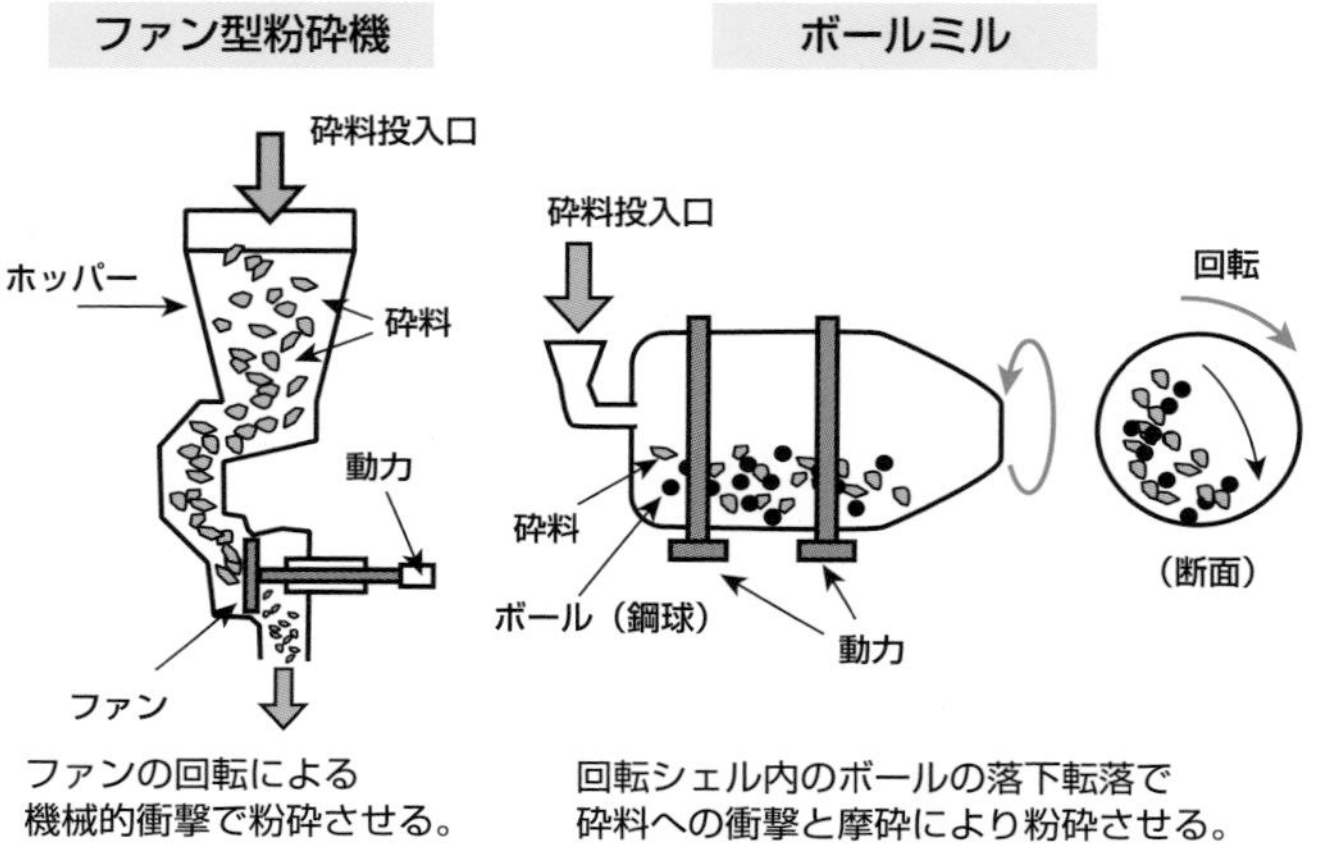

図Ⅰ-5.10　各種粉砕機の例

5）軸封装置

かくはん機、圧縮機、ポンプ、バルブ等を使用する化学装置では、回転軸、往復動軸の部分を密封して、ガス漏れ、液漏れ等を防ぐことが事故防止のために重要である。軸封装置はこの目的のために使用されるもので、動機器を構成する機械要素のうちで重要なものである。

3．管・バルブ等

化学プロセスにおける配管の目的は原料、製品等の移送のほか、水蒸気、用水、空気等のユーティリティーの供給、排ガス、廃液の排出等多様である。配管設計、施工、保全等の不良が原因でプラントの運転に重大な影響が出ることがある。

配管材料、バルブについては、JISで詳細が定められている部分が多い。配管系は管(パイプ)、バルブ、管フランジ、管継手、ストレーナー、ガスケット、ボルト･ナット、配管支持構築物、保温・保冷材、ノズル(計測器取付用、ドレン抜き用等)から構成されている。ここでは、管、バルブ、管フランジ、ガスケットについて述べる。

1) 管

管は配管系の中核となるもので、鉄鋼材料、非鉄金属材料、非金属材料のものが種々の管外形および肉厚で、用途に応じてバルブ等とともに選択されて用いられる。

2) バルブ

バルブとは、流体を通したり、止めたり、制御したりするため、通路を開閉することができる可動機構をもつ機器の総称を言う。バルブは使用目的、流体の種類により機能、構造等に数多くの種類がある。

3) 管フランジ

管フランジは管と管、管と機器、管とバルブ等の接続に使用するもので、配管、機器等の点検、掃除を必要とする個所に用いられる。フランジ材料は管材料に対応するものが選ばれる。管の端に溶接により取り付けられ、管と管、管と機器、管とバルブとの間にガスケットシール材を入れて、ボルト・ナットにより固定されるのが普通であるが、フランジと管をねじ込みで取り付ける例も多い。

4) 管継手

配管工事等で配管の流れ方向を変えたり、分岐させたりする時に、管と管を連結するために管継手を用いる。この材料には使用している管と同程度の機能を持つものが選定される。継手と管の接続にはねじ込み式か溶接式が用いられる。

5) ガスケット

ガスケットとは、配管に取り付けられたフランジをボルト・ナットにより連結するとき、フランジ部分から流体が漏れるのを防ぐために使用する密封(シール)材のことである。

これに対して、回転や往復運動等の運動部分の密封に用いられるものをパッキンと言う。ガスケットに使用される材料には金属、非鉄金属、非金属のほか、非金属と金属とを組み合わせたものなどがある。用途に応じて種々の形や材質のものが選定され、使用されている。

4. 計測・制御装置

化学設備を安全かつ安定した状態で運転するためには、その温度、圧力、流量、PH等を正確に把握(計測)し、その結果を用いて設備が所定の運転条件を維持できるように操作(制御)する必要がある。そのためには化学設備における計測・制御装置の的確な使用が望まれる。化学設備の計測・制御を一般にプロセス制御と言うが、プロセス制御をうまく使いこなすことが重要である。

1) プロセス制御システムの構成

プロセス制御システムの基本はフィードバック制御である。制御結果を調節部の方（制御原因）に戻すことをフィードバックと言い、結果に基づいて原因の修正を行うような動作をする制御をフィードバック制御と言う。**図Ｉ-5.11**にブロック線図で表されるフィードバック制御を示す。

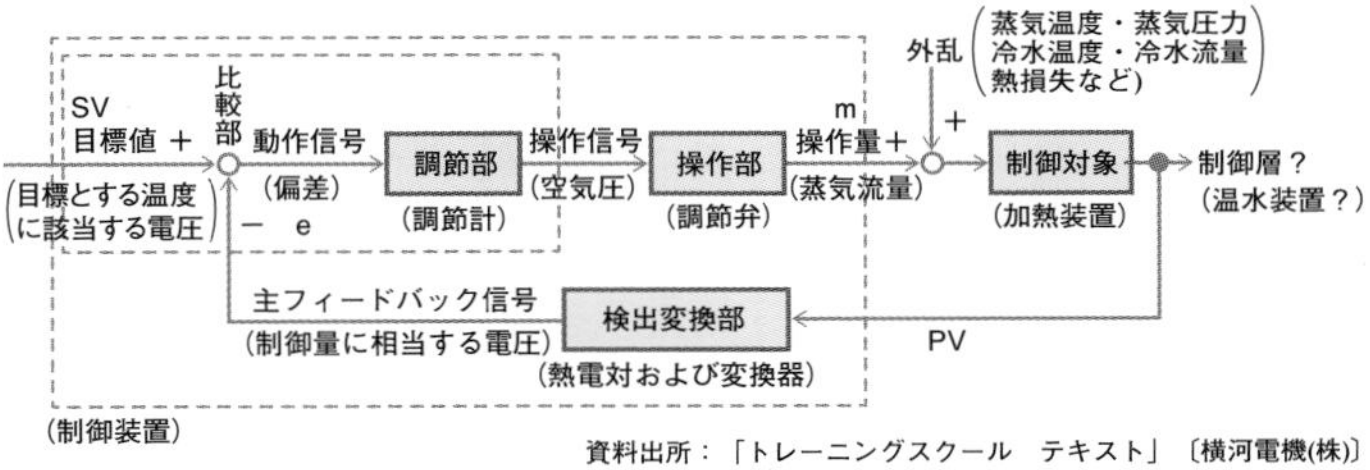

資料出所：「トレーニングスクール　テキスト」〔横河電機(株)〕

図Ｉ-5.11. ブロック線図で示すフィードバック制御

2) プロセス計測・制御機器

計測・制御装置を構成している各機器類については下記のものがある。

①検出部、②発信器・変換器、③指示計・記録計、④調節計、⑤操作部

3) ボードオペレーション、CRTオペレーション

化学設備の自動運転の形態はボード（パネル）オペレーションとCRTオペレーション（集中監視オペレーション）の2つがある。

ボードオペレーションは、指示計、調節計などを取り付けた計器盤によって、プラントを運転する方式である。これらの計

器の指示値によって、作業者（オペレーター）がプラントの現状を把握し、調節計に対して手操作で設定値の変更などを行う方式である。ここではアナログ表示が主なものとなる。なお、感度調整（P動作[*1]、I動作[*1]、D動作[*1]の定数変更）は計器担当者（場合によってはオペレーター）が行い、各計器ごとの記録を残しておく必要がある。計器の更新時、修理時に元の設定に戻すときに必要となる。

CRTオペレーションはCRTによってプラントを運転する方式である。作業者はCRTに映し出される画像（プラントの運転状況）によりプラントの現状を把握したり、CRTに設置されているキーボードにより制御条件を変更する方式である。

多数の計器を密集し装備する必要がある大規模プラントのオペレーションは、ボード・CRT混在オペレーションを経て、現在はCRTオペレーションが中心となっている。

4）計測・制御システムによるプラントの安全対策

計測・制御システムの安全性を阻害する要因としては、機器およびシステム側の要因、監視操作を行うオペレーター側の要因、キー操作、ボタン操作なども含めたマン・マシンインターフェイスに関する要因が挙げられる。

システムの安全対策とは、これらの不具合、不良等が発生し

＊1　P動作、I動作、D動作：制御動作で、P動作は比例動作と呼ばれ、目標値との差に比例した制御出力を行う動作で、I動作は積分動作と呼ばれ、比例動作で目標値とのずれが生じた場合にそのずれをなくすように出力量を調整する動作のことで、D動作は微分動作と呼ばれ、値が急激に変化した場合に即座にもとに戻すような出力量を与える動作のことを言う。

た場合に、システムの制御対象が安全側に速やかに移行できるようにすることである。

以下にその主なものを紹介する。

①冗長化

冗長化とは、既定の機能を遂行するための要素または手段を余分に追加し、その一部が故障しても全体としては故障とならない性質を言う。

②バックアップ

定常的にシステム内で使用される各計器あるいは機能単位に故障が生じた場合に、システムの運行を続行させるため、あらかじめ準備された補助機能あるいは補助機器のことを言う。

③フェール・セーフ

計測・制御システムで使用される機器が何らかの原因で故障した場合、それによってプラントが異常事態に陥らないようにすることを言う。

④フール・プルーフ

作業者が誤って機械や装置の操作順序を間違えたり、慌てて原料投入量を間違えたりするような誤操作をしても、プラントが故障したり、危険な状態に陥ったりしないようにすることを言う。

⑤自動警報装置

自動警報装置はプラントの操作条件があらかじめ設定された範囲を超えた場合に、オペレーターの視覚、聴覚に訴えてオペレーターの的確な判断、処置を促すものである。

⑥緊急遮断装置（緊急非常停止スイッチ）

緊急遮断装置は大型の反応器、塔、槽、炉、圧縮機等において、事故、漏えい、火災等の非常事態が発生した場合、その被害拡大を最小限に止めるための安全装置である。すなわち、原材料の供給を遮断、燃料供給の遮断、水蒸気、熱媒等の加熱源の遮断等の動作であり、作業者（オペレーター）が緊急非常停止スイッチを操作し、緊急遮断装置を作動させる。また、緊急事態に対応するものとしては装置内が異常に高圧になったときにバルブを開放しガスをフレアースタック等へ導く装置、あるいは不活性ガス、冷却水、反応停止剤等を送給する装置等が考えられる。

⑦インターロック機構

機器を安全に動作させたり、運転したりするために、多数の機器のうち、関連のある機器の動作を拘束し、一定の条件を満足する場合のみ動作するような条件を与えるシステムのことを言う。プラントが危険な状態になったときに、人の判断を介さず自動的に安全に緊急遮断装置を作動させたり、プラントを停止させるインターロック回路を組む際に使用される。機械式、電気式等がある。

ブレイクタイム⑥ インターロックの冗長化

高度化されたプラントオペレーションでは、危険な条件になった時に、人間の判断を介さずに自動的に安全にプラントを緊急停止させるインターロックシステム回路等を組むことが必要である。

これらのシステムは、設備が異常状態になった時には確実な作動が求められる一方で、不用意に誤作動を起こさないことも求められる。設備の特性に合わせた要因の検知、電源の種類、操作端電磁弁の励磁方式等を総合的に判断する必要がある。

特に要因を検知する計装機器の故障等でインターロックが作動すべき時に作動しなかったり、逆に作動する必要がないのに作動してしまいプラントが停止してしまったりする怖れがある。そのため要因の検知に関して冗長化を図ることが重要である。冗長化にも色々なシステムがあるので、代表例を解説する。

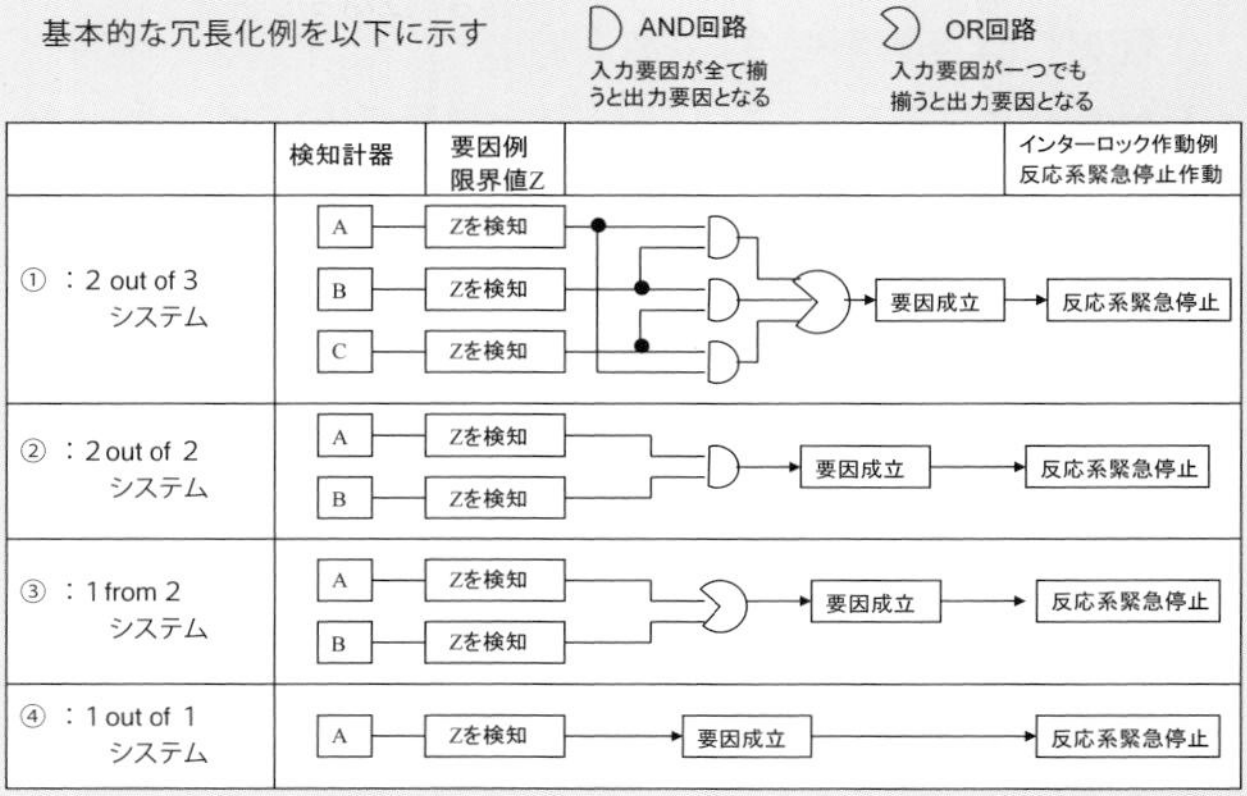

①2 out of 3システム：要因を検知する計器が3つで、2つがインターロック（安全機構）の作動要因（限界値）になった時にインターロック（安全機構）を作動させる。

図では、インターロック作動により反応系を安全に緊急停止させる例を示した。

④に比べ、停止すべき時に停止する確率は高くなる。また、誤作動で停止する確率も④より低くなる。

②～④に比較しコストアップになるが、信頼性が一番高い。

②2 out of 2システム：要因を検知する計器が2つで、2つともインターロック作動要因になった時にインターロックを作動させる。

問題として④に比べ、停止すべき時に停止しない確率が高くなることが挙げられる。ただし、誤作動で停止する確率は低くなる。

③1 from 2システム：要因を検知する計器が2つで、1つがインターロック作動要因になった時にインターロックを作動させる。

④に比べ、停止すべき時に停止する確率は高くなる。ただし、誤作動で停止する確率も④より高くなる。

④1 out of 1システム：要因を検知する計器が1つでインターロックを組む。

停止すべき時に停止しない確率は、①③より高く、誤作動で停止する確率も、①②より高くなる。

以上より、信頼性の点から、非常に重要な設備のインターロック回路には2 out of 3システムを採用することが多い。

なお、圧力計よりインターロック要因を取る場合には、圧力計の取り出し口の閉塞による誤指示も考えられるので、取り出し口の異なる圧力計を採用するとよい。

5．電気設備の防爆化

化学プラントにおいて可燃性ガス・蒸気、可燃性液体、可燃性粉じん等の危険物を取り扱う場所では、電気設備が着火源となるのを防ぐために、防爆電気設備の設置、防爆電気工事の施工が必要となる。これらについては、計画、工事、運転の各段階に応じて各種の法令あるいは基準に定められている。

1）危険箇所

防爆構造の電気設備を設置する場合は、危険箇所に応じた電気機器の設置が必要である。

①ガス

爆発性ガスと空気とが混合し、爆発範囲内に入っている場所を言う。

②粉じん

爆発を起こすのに十分な量の粉じんが空気中を浮遊し、爆発性混合気を形成するおそれがあるか、または粉じんの堆積があって浮遊するおそれがある場所を言う。爆発性粉じん危険場所と可燃性粉じん危険場所に分類される。

2）防爆電気設備

防爆電気設備は、防爆電気機器と防爆電気配線から構成される。その設備にとって最もよい方法を検討して選定する必要がある。

①ガス防爆電気機器の構造

a）耐圧防爆構造

容器内部で爆発性ガスによる爆発が起こったとしても、

容器が爆発圧力に耐え、かつ外部の爆発性雰囲気への火炎の伝播を防止するようにしたもの

b) 内圧防爆構造

容器内部に保護気体を送入または封入し、その圧力を容器外部の圧力より高く保持することにより、通電中に周囲の爆発性雰囲気が容器の内部に侵入しないようにしたもの

c) 安全増防爆構造

正常な使用状態では爆発性雰囲気の着火源となり得る電気火花、高温部を発生しない電気機器に対して、電気的、機械的および温度的にさらに安全性を高めたものを言う。

d) 本質安全防爆構造

正常状態および仮定した異常状態において、電気回路に発生する電気火花が、規定された試験条件では試験ガスに着火せず、かつ、高温により爆発性雰囲気に着火するおそれのないようにしたものを言う。

e) 油入防爆構造

容器内において電気火花を発生する部分を油中に納め、油面上および容器の外部に存在する爆発性雰囲気に着火するおそれがないようにしたものを言う。

f) 特殊防爆構造

a) ～e) 以外の方法で爆発性雰囲気の着火を防止できる構造のもの。各種の着火防止試験を実施し、確実に着火防止できることを検証する必要がある。

g) その他特定機器の防爆構造

安全増防爆構造のブラシレス周期電動機、照明器具、ヒー

ターが内蔵されているガス分析計、拡散式ガス検知部等の機器類については、それぞれ構造、試験方法等が定められている。

②粉じん防爆構造

a) 特殊粉じん防爆構造の必要条件

　粉じんが容器接合面などから容器内に侵入しないように、接合面などに防じん性能をもたせること、容器外面の堆積粉じんの発火防止のため、温度上昇が発火点を超えないようにすること等が挙げられる。

b) 普通粉じん防爆構造の必要条件

　定性的な必要条件はa）と同じであるが、構造に若干の違いがある。

③防爆電気配線の種類と考え方

a) 耐圧防爆金属配管配線

　電線管路に特別な性能を持たせ、管路内部で発生する爆発を周囲の爆発性雰囲気に波及させないようにしたものである。

b) 安全増防爆金属管配線

　絶縁電線とその接続部が絶縁体の損傷あるいは劣化、断線、接続部のゆるみ等により着火源とならないように、絶縁電線の選定、接続部の強化等機械的および電気的に安全性を高めたものである。

c) ケーブル配線

　ケーブルと接続部について、絶縁体の損傷または劣化、断線、接続部のゆるみ等により着火源とならないように、外傷保護、接続部の強化等、機械的および電気的に安全性を高めたものである。

d) 本質安全防爆回路の配線

正常状態のみならず想定した異常状態においても、電気火花または高温部が爆発性雰囲気に対して着火源とならないように、電気回路における消費エネルギーを抑制したものである。

e) 粉じん防爆配線

a) ～d) はガス防爆指針によるが、粉じん防爆配線についても同様の配慮が必要である。

6．化学設備の安全装置

化学設備の安全装置は、化学設備またはその附属設備を安全な状態に保つための装置で、具体的には安全弁、緊急遮断装置、破裂板、緊急放出装置、不活性ガス、冷却用水等の供給装置、逃がし弁等のことである。

1) 安全弁

安全弁とは反応装置、貯槽、配管等の内圧が異常に高くなり、バルブの設定圧力を超えた場合に自動的に作動してバルブを開放状態にし、内部流体を外部に放出することで内圧を下げ、装置等が破壊するのを防止する機能を有するもので、内圧が設定圧力以下に戻れば再びバルブが閉じるようになっている。流体はガス、蒸気が対象となり、プロセス上に設置する場合は密閉式を使用することが原則である。

作動機構には、ばね式（スプリング式）安全弁とおもり式（てこ式）安全弁がある。

2）破裂板（ラプチャーディスク）

破裂板はアルミニウム、ニッケル、銅等の薄い金属板で平円状、ドーム状につくられ、圧力に対して板が破裂することで内圧を低下させる目的で使用される。安全弁にかわって破裂板を使用するケースは稀で次のような場合が望ましい。

①爆燃または異常反応に類するような圧力上昇が急激な場合
②液体のわずかな漏れも許さぬ場合
③ばね式安全弁の作動を妨げるようなひどい沈殿物、固着物やごみ状のきょう着物を生じる場合

3）逃がし弁

このバルブは主として液体用として用いられる。液体の圧力が上昇すると設定圧に対応して自動的にバルブが開き、圧力を液体とともに放出する。一般にポンプや配管に用いられる。

4）通気管

通気管は大気圧または大気圧に近い状態における液体貯蔵タンク等の安全装置として用いられる。貯槽では液体の受け払い（液体の供給や排出）時や、昼夜の気温変化等により、貯槽内の空間部の圧力が負圧になったり過圧になったりするが、通気管を用いると貯槽の内外で呼吸作用が起きて貯槽内空間部の圧力が一定となり、貯槽の安全が図れるようになる。

通気管には、無弁のものと大気弁（吐出弁、吸込弁）付のもの

があり、大気弁付はブリーザー弁とも言われる。

5) フレームアレスター

可燃性の液体を貯蔵するタンクの通気装置部分に取り付ける安全装置。万一、タンクの周辺で火災が発生した場合に、通気装置から浸入した火炎をタンク内容物に引火させないように消炎する。消防法で設置基準が定められている。

6) ガス放出設備

ガス放出設備は、緊急時に製造装置の安全弁および緊急放出弁からの放出ガスを安全に大気に逃がして、系内を脱圧し（圧力を下げ）、設備の安全を確保するための設備である。また、緊急時以外の、製造装置の正常な運転開始時・停止時においても、系内排ガスの放出用として用いる。ガス放出設備は排ガスを焼却して排出するフレアスタックと、焼却しないで生ガスのまま大気中に拡散放出するベントスタックに大別される。

フレアシステムには排ガスを高所で燃焼・焼却する塔型のエレベーテッド・フレアスタック（フレアースタック）と、地上の炉で焼却するグランドフレアがある。

❸ 化学設備の点検・検査

1) 運転中検査（OSI）

近年、種々の検査技術や計測技術の進歩により、設備に関する多くの情報を運転中に得られようになり、設備の異常をいち早くつかめるようになった。その結果、開放点検の周期[*1]を延長することも可能となっている。

しかし、OSIと開放点検にはそれぞれ一長一短があり、相補う機能がある。したがって、OSIと開放点検の結果を組み合わせて総合的な判断を行うことが望ましい。

①使用される主な技術

OSIに用いられる主な技術を**表Ⅰ-5.8**および**表Ⅰ-5.9**に示す。

表Ⅰ－5.8　OSIに用いる技術－機械より発生する信号を利用

使用信号	OSI適用例
振動音響	回転機械診断
超音波	1）軸受診断 2）漏えい検出 3）割れ診断（AE法による）
圧力	1）圧力動脈による圧縮機、ポンプ等の診断 2）圧力損失による詰まりの診断
温度、熱	1）電動機コイルの監視 2）機器保温、断熱レンガ等の診断
電圧、電流	1）電動機診断 2）絶縁診断
磁気	トランス、電動機の診断
化学分析	1）潤滑油分析による機械診断 2）絶縁油分析によるトランス診断

＊1　開放点検の周期：開放点検とは化学設備等の点検・検査を化学設備等の運転を停止し、設備等を開放して行う点検・検査のことを言い、その周期が法令により定められている。

表Ⅰ－5.9　OSIに用いる技術－機械に信号を与えその反応を利用

使用信号	OSI適用例
超音波	1）肉厚測定 2）内部欠陥測定
放射線	1）内部欠陥測定 2）内部たい積測定 3）微量漏えい検出

②静機械＊2

a）腐食

塔槽、配管の外壁内側腐食の測定には、超音波による肉厚測定が最も確実で一般的である。しかし、性質上、外壁に限られ、しかも全面ではなく一部である。その他、化学分析、サンプル等による検査、放射線撮影等が用いられる。

b）漏れ

超音波による検知は、小さな隙間からガスが噴出する時に、超音波が発生するのを利用して検知する。ガス分析は、漏えいしたプロセスガスを分析することにより漏えいを検知する。

c）汚れ、詰まり

汚れ、詰まりは伝熱抵抗の増加や流体の流れの阻害等を引き起こすので、運転状態の変化から推定することができる。また、内部の堆積物を放射線撮影し、通過放射線量で推定することもできる。

＊2　静機械、動機械：プラントには大きく静機械と動機械があり、静機械は制止している機械で、タンク、配管、塔槽類等のこと、一方、動機械は動く機械で、回転機、タービン、発電機等のことを言う。

d) 割れ

鋼材中の割れの進展に伴い発生する超音波から、割れの発生、進行を発見できる（超音波探傷やアコースチックエミッション（AE法）による）。

e) 断熱、保温

内部断熱、外部保温が劣化すると、内部からの放出熱量が増加し、表面温度が上昇するので、これを測定することにより劣化を推定する。表面温度測定器、サーモグラフィー等が用いられる。

③動機械*2

a) 振動

中高速回転機械の異常のほとんどすべては軸受、ケーシング等の異常振動として現れる。

b) 騒音

動機械の異常原因によっては、振動ではなく騒音により検出されることがままある。

c) 軸受

軸受の異常時にはメタルの摩耗およびこれに伴う発熱が起こる。したがって、軸受部の温度上昇と排油中の金属粉の検査により判定できる。

④その他

化学設備はプロセスにより異なるため、異常の発見方法も一様ではない。したがって、OSIも一般的な技術をそのまま使用するのではなく、検査するプロセスに合わせて使い方を工夫する必要がある。通常使われている検査技術、運転データ、製品品質等、種々の情報を組み合わせて判定することが重要である。

OSIは運転中の設備が正常に稼働していることを確認する手段として重要であるが、必要以上の頻度で実施することは経済的とは言えない。機械の重要性、異常発生の可能性、異常発生時の状況等を考え、経常的にデータを採取する項目、日常点検での異常発生時にOSI検査を行う項目、定期修理前後のみ検査する項目等の検査頻度、他の検査との組み合わせ等を決めておく必要がある。

検査は運転中に行われるので、足場等の確保、爆発・火災等発生防止のための火気使用に準じた注意、安全監視の実施等の安全対策が重要である。

2) 定期自主検査

①目的

化学プラントでは多量の危険物や有害性物質を取り扱っており、その製造設備等の点検整備の不良、運転管理、操作の誤り等により、爆発・火災等の事故を発生させる潜在危険がある。各種の法律により規制されてはいるが、今日の急速な技術進歩等を考えると、保安の確保のためには、規制の遵守にとどまらず、個々の企業がこれまで蓄積してきた知見および最新の技術・情報に基づき定期的な自主検査を行うことが重要である。

②検査周期

検査周期は法に定められている点検期間内となるように、各機器の経年劣化等の保全データ、OSIのデータに基づいて決定する。

③検査方法

a) 内部点検

化学設備等の内部に爆発・火災の原因となる怖れのある物質や異物の有無を確認する点検で、主として肉眼検査およびガス検知により行う。

b) 欠陥検査

機器等の損傷、変形、腐食等の有無を確認する点検で、目視および非破壊検査により行う。

c) 材質検査

材質の劣化が予想される機器については、必要に応じて本体内部の組織硬度を検査する。試料を採取できる場合は、化学分析等を追加する。

d) 機能点検

バルブの開閉機能、安全弁等の作動機能、計測・制御装置の機能等を確認するための点検で、塔・槽、容器類およびバルブ等の漏えい検査等も含まれる。また、必要により分解点検も加えられる。

e) その他の点検

その他、外面、内面等の損傷、変形および腐食等を溶接補修した後の放射線透過検査、機器・配管の耐圧検査その他の回転機器および機器並びに配管の振動検査等がある。

④検査結果の判定と対策処置

損傷、腐食等のあるものについては、その進行具合等を勘案して次回の点検周期等を決定する。また、検査により異常を認めた場合は、直ちに補修等の適切な措置を講じる。

⑤検査の記録、報告および保管

定期自主検査を実施した機器については、所定の検査報告書、機器経歴書、検査サマリー等に記録し、関係者に報告する。検査補修等の記録は最低3年間保管する。

⑥検査基準、要領書等の作成および改訂

検査技術の進展および装置の特殊性等により新規基準および要領書等が必要となった場合はその都度作成するが、2年に1回程度の頻度で定期的に見直しを実施する。

⑦検査項目

化学設備等の定期自主検査で実施すべき項目、着眼点を述べる。

a) 爆発・火災の原因となるおそれのあるものの内部の検査

化学設備等は使用中または使用開始時に、内部に油類、重合生成物、爆鳴気[*3]をつくる怖れのある可燃性ガス等の可燃物、または水、金属片、さび、ぼろ等の異物を除去しなければならない。これらの物質が存在すると、異常反応、設備等の詰まり、火花の発生等により爆発・火災を引き起こす原因となることがある。

b) 内面または外面の著しい損傷、変形および腐食の有無

内面または外面の損傷には、化学プラント製造時における損傷のほか、使用開始後に発生したものがある。化学プ

＊3　爆鳴気：水素2モルと酸素1モルとの混合気体は点火すると爆発音を発して反応し、大量の熱を発生する。この混合気体を水素爆鳴気あるいは酸水素爆鳴気と言うが、一般には爆発性の混合気体を爆鳴気と言う。

ラント製造時から検査結果を確実に記録しておき、検査時の判定に資するようにしなければならない。

発生しやすい欠陥としては、外気による外面腐食、外部からの衝撃による損傷、変形等の一般的なものと、取り扱う物質による内面腐食、高圧、高低温、振動、脈動（周期的・律動的な動き）等、使用状態に起因する欠陥の発生のほか、設計ミス、制作時の工作欠陥に起因する損傷や変形等がある。

c）ふた板、フランジ、バルブ、コック等の状態

ふた板、フランジ、バルブ、コック等はいずれも接合部を有する。その接合部の摩耗、変形、ゆるみ、パッキングの脱落、締め付けボルトの欠損等による漏えい、離脱等を防止し、かつ、バルブ、コック等の作動状態を確認することが検査の目的である。

d）装置を構成する基本的設備の定期自主検査のポイント

・塔槽類

全体的な錆の発生状況、腐食生成物、重合物の堆積状況、ノズルの詰まり、トレー等内部金物の異常等の全体状況を把握することが重要である。

・熱交換器類

胴板、胴蓋、水室[*4]等の耐圧部に関する検査は塔槽類と同様である。熱交換器はその構造上、死角部への腐食生成物等の漂着・堆積による問題の発生が多く、耐圧部に限ら

＊4　水室：熱交換器において冷却等のため水を充填している室のことを言う。

ず伝熱管でも、これによる損耗は冷却水や初期凝縮部のそれに劣らず大きい。伝熱管内部は管端部や拡管部の状況から大略の損耗度合いを推測するが、最終的には渦流探傷検査、拡管破壊検査等により管内の腐食状況を確認する。

・加熱炉

最も過酷な条件下にあるので、管壁温度（局部過熱）の日常管理が重要である。検査においては、ホットスポットの発生、曲がり、たわみ等、燃焼状態における情報を得ることが極めて有益である。

・配管

高温、低温、高圧、薬品、冷却水等、流体の危険性、腐食性との関係において重点的な検査方法を選択するのが一般的である。配管の検査では、熱応力の大きい特別な箇所に対する磁気、染色浸透探傷や内部の詰まり、溶接部の欠陥探傷のための放射線検査を除けば大部分が肉厚測定検査および気密検査である。

・冷却装置

冷却機能が十分に果たせない場合には、温度上昇、反応速度の加速度的な増大（暴走反応）、異常な温度上昇、圧力上昇が起こり、設備を破壊するおそれがある。冷却器のトラブルとしては、熱交換器と同じく、チューブの腐食、拡管部のゆるみ等による流体の汚染あるいは危険の発生がある。

・かくはん装置

かくはん機能の維持の点で、シャフト、かくはん羽等の離脱防止、かくはん停止装置、シールの確保が重要である。

・移送・圧縮装置

軸封部の腐食、摩耗等により液体が漏えいすると発火・爆発を起こす。バルブの寿命、軸受部の振動、腐食性ガスによる腐食、各潤滑部分の高温発生と発熱等に注意を要する。

・計測制御装置

プロセス特性、個々の計測器特性、計測制御装置の果たしている役割等を考慮して検査項目および検査周期を個々に決めるべきである。

・安全装置

異常事態の際に、確実に作動しなければならない。したがって、定期自主検査においては、安全装置が確実に作動することを確認し、運転中は作動機能を維持管理しなければならない。

・防災装置

火災報知設備、ガス検知器（目視検査、作動検査、分解検査、機能検査、受信機関係）、消防用設備（作動点検、外観点検、機能点検、総合点検）についての点検を行う。

・予備動力源

必要時に直ちに正常に作動することが重要である。ディーゼルエンジン、スチームタービン、蓄電池、制御系等が必要である。

❹ 化学設備の運転管理

1) 安全とヒューマンファクター

化学プラントにおける事故原因としては、ヒューマンエラーに起因するところは極めて大きい。人間は判断、行動に当たり、エラーを犯すことがあると言うことを考慮して安全対策を考えなければならない。

エラー率は人間の意識に起因するところが大きく、意識レベルを5段階に分けた橋本のフェーズ理論を**表Ⅰ-5.10**に示す。うっかりミスはフェーズⅡやⅠで起こる。フェーズⅢではエラーは起こりにくいが、この緊張状態は長続きしない。日常の定常作業はほとんどフェーズⅡで処理されるので、フェーズⅡの頭でもエラーにつながらないような人間工学的な配慮が必要である。重要な作業や非定常作業にあたってはフェーズⅢに切り替える必要がある。適切な表示・標識、復唱復命、指差呼称等が有効である。

表Ⅰ－5.10　意識レベルの段階

フェーズ	意識のモード	注意の作用	生理的状態	信頼性
0	無意識，失神	ゼロ	睡眠，脳発作	ゼロ
Ⅰ	Subnormal, 意識ボケ	inactive	疲労，単調，居眠り，酒に酔う	0.9以下
Ⅱ	normal, relaxed	paSSive，心の内方に向かう	安静起居・休息時 定例作業時	0.99 ～ 0.9999
Ⅲ	normal，clear	active，前向き注意野も広い	積極活動時	0.999999 以上
Ⅳ	hypernormal, excited	一点に凝集，判断停止	緊急防衛反応，あわて→パニック	0.9以下

資料出所：橋下邦衛「安全人間工学」

人間が感覚器官に何かを感じて、それに基づいて運動器官が必要な行動をとるまでのプロセスと、留意すべき事項を以下に示す。

①作業情報の提示の段階：

作業基準の明確化と教育訓練による周知徹底

②認知・確認の段階：

復唱復命による指示命令の確認、計器の異常を認知・確認

③記憶との照合、判断の段階：

作業基準から外れた理由、影響、対処措置の記載と教育

緊急異常事態発生の兆候を見逃さず、影響の予測と速やかな対処、知識、経験と訓練が必要

④動作・操作の段階

誤操作を起こしやすいところの自動化、インターロック、フェールセーフ、フールプルーフ等を取り入れた安全化

手動操作場所の足場、作業姿勢、照明等への人間工学的配慮、指差呼称による操作確認

2) 表示・標識

現場に機器名称、内容物名、取り扱い上の注意点、パイプ内の流体の名称、流れ方向、バルブの開閉方向、開閉状態や立入り禁止等の警戒標識、消火器具等の防災標識等を表示標識しておくことは意識フェーズのアップにもつながり、操作支援に役立つ。

3) 作業規程

化学設備を安全に運転し、所期の成果を得るためには、第一線にいる管理者、監督者をはじめ、一般作業者の果たす役割と責任は極めて重大である。適当な様式の作業規定を作成し、適切な運用、管理を行わなければならない。

作業規程は作業条件、作業方法、管理方法、使用原材料、使用設備、その他の注意事項などに関する基準を規程したものであるが、監視業務もあり、異常、緊急時の判断や措置も重要であるので、操作手順を規定するのみならずプラント全体の運転状況を把握し、判断することが重要である。

作業規定の記載項目としては、下記のものが挙げられる。

①運転準備作業、②運転開始作業、③正常運転作業、④バルブ、コック等の操作、⑤運転停止準備作業、⑥運転停止作業、⑦異常時の対応作業、⑧緊急時の対応作業

4) 運転操作、日常点検一般

①運転操作

化学プロセスは一種類ないし数種類の反応操作工程と、混合、ろ過、蒸留等のような機械的操作工程から成り立っている。また、化学プロセスには連続プロセスとバッチプロセスがある（**表Ⅰ-5.11**）。

プラントを安全に運転していくためには、これらの特徴をよく理解し、作業者の構成、取り扱う化学物質のプラント内での状況と危険性、プラントの運転条件、そのプラントを構成する各種設備類特有の注意点等を十分に把握して

運転していく必要がある。

②機器の日常点検

運転部門が行う機器の日常点検は、保全部門が実施する検査機器を主体とする点検方法と異なり、主として点検者の目視または簡単な検査機器により各部の異常を調べる方法が用いられる。

漏えい管理、接合部からの漏えい防止、振動管理、潤滑油管理の点からの点検が重要である。

③緊急措置

化学プラントでは取り扱いを誤ると、危険物や有害性物質が漏えいし、爆発･火災事故や中毒事故等を引き起こす。事故に至る前にその兆候を発見し対処するのが設備管理であり、運転管理である。

下記の問題の発生要因について理解するとともに、緊急事態発生の兆候を早期に把握し、適切な対応措置を講じることが重要である。また、不幸にして緊急事態が発生した場合に備えて被害の拡大を防止するための予防措置をとっておくことも必要である。

a) 可燃性危険物の漏えい、噴出

b) 毒劇物の漏えい

c) 用役（電気、蒸気、冷却水、計装用空気等）の停止

d) 異常反応の発生

表Ⅰ－5.11　連続プロセスとバッチプロセスの比較

比較項目	連続プロセス	バッチプロセス
①プロセス		
原料製品	種類：少ない	種類：多い
工程	常に密接に連動する	用役，原料，排出物などを通じて相互に関係する
能力	ラインの通過量が支配する	各工程の所要時間が支配する
規模	量的コストメリット追求 大規模　　大容量	質的コストメリット追求 中小規模
ノウハウ	基本的なことは公知が多い	未公開部分が多い
②生産計画		
運転計画		
管理	バランス型	スケジュール型 ユーザー・ニーズ対応型
制限条件	各機器，設備の能力	各工程所要時間 反応槽，中間槽等の容量 用役，作業者数
外乱	原料組成，触媒活性 運転比率，市場動向	生産品種変更，突発的なスケジュール変更，前工程の遅れ
③運転管理		
状態	定常主体	非定常，過渡主体***
業務	計器監視，パトロール	自動化技術は連続プロセスに比べ遅れている 手作業に頼る部分も多い
情報	現状確認が主体	スタートから現在までの操作履歴をもとにした現状確認が主体，現在からの後のシーケンス
④設備検査，修理		
	定期的なSDM* OSI**	随時
その他		
運転立ち上げ	難しい	易しい
運転　停止	難しい	易しい
緊急　停止	難しい	易しい

注）*　SDM（Shut Down Maintenance）装置を計画的に、または周期的に運転停止して、各機器の開放、検査、清掃、補修、改造の各工事を実施すること。定期補修。

**　OSI（On-Stream InSpection）運転したままの状態で行う設備の点検、検査のことで、五感によるほか、測定器を携帯して行う点検、検査があり、パトロール作業の主目的である。また機器にセンサーを取り付けて、そこからの異常信号（振動、割れの進行等）を計器室でチェックする方法もある。

***　過渡主体：プロセスの運転において、定常状態と非定常状態との変化期を対象とした運転管理をいう。

5) 機器各論

①塔槽類

塔槽類のトラブルの主要なものに、機器材質の腐食、漏えいと、塔槽内部へのスラッジ類の付着、沈積がある。

②熱交換器

熱交換器運転時の点検ポイントは、機器の出入口温度、圧力分布の異常および振動、異音、漏えいの早期発見であり、これにより伝熱効率の維持を図ることにある。

③加熱炉

炉内のバーナーの燃焼状態、加熱管および支持金具の状態、耐火材の状態および炉外の燃料配管類、通風、排ガスおよび燃料油、蒸気の圧力が適正であるかどうかを点検する。

④回転機械

a) ポンプ

ポンプの故障原因としては、機械的原因、材料上の原因のほか、軸封装置の原因、性能上の原因、その他がある。日常点検の項目としては漏えい、温度、異音･振動、吸入、吐出圧力がある。

b) ブロワー

ガス体の輸送には、回転、往復、遠心、軸流圧送機の諸形式があり、風量、風圧に応じて適宜、形式を選択する。風量が大で、風圧が低い場合に使用されるターボブロワーの日常点検項目としては、各段のガスの温度、圧力、風量の監視、軸受部の温度、振動・異音、漏えいがある。

c）往復式圧縮機

圧縮機は原料用圧縮機、計装用の無給油空気圧縮機、操作、作業用の空気圧縮機等の用途に応じた各形式のものがある。往復圧縮機の日常点検項目としては、潤滑油の供給状況や液面、シリンダー油の注油状況、アフタークーラー、潤滑油クーラー、コンプレッサー、シリンダーへの冷却水の通水状況、吸入、吐出圧力の異常、温度の異常、異音、異常振動がある。

⑤配管

配管は製造プラントの各機器を連結して1つの有機体を形作るプラント配管、製品輸送および出荷用のオフサイト配管、水、空気、スチーム等を供給する用役配管、防消火設備の配管等がある。また、取り扱う液体は可燃性、毒劇性、腐食性、閉塞性を有するものもあり、使用状態も高温、高圧、真空等、各種のものがあり、それぞれに適応した材質のものが選定される。

配管は、管本体以外の附属バルブ、コック、サポート類を含めた総合的な設備として管理するのが適当で、配管のトラブルには、管内流体等による内部腐食、雨水等による外面腐食および附属バルブ、コックの破損摩耗による漏えいがある。

配管の日常点検項目としては、外面腐食、割れ、漏えい、振動、変形、曲がり等がある。

⑥バルブ

バルブには、仕切弁（ゲートバルブ）、玉形弁（グローブバルブ)、ボールバルブ、バタフライバルブ、ダイヤフラムバルブ、逆止弁(チェッキバルブ)、プラグバルブ等があり、手動バルブおよび遠隔操作弁もある。日常点検項目としては、外面腐食状態や弁棒等の摩耗状態の点検、バルブの操作性(スムーズに動かせるか)、振動や異音の有無、パイプフランジ部、バルブグランド部、バルブボンネット部の漏れ、パルブの内部リークがある。

⑦計測装置、制御装置、警報装置、CRTオペレーション

計測装置、制御装置はその種類も多いが、計測制御装置の基本構成は、検出装置—変換器—指示記録調節計—調節制御装置のようになっている。

a) 計測・制御装置

計測・制御装置の取り扱いに当たっては、零点の補正、指示の正しい表示、急激な指示の異常変動がないこと、計測制御装置の機械的な変調がないこと、計測器駆動用電力の電圧、空気圧が適性であることに留意するとともに、非常用電力の準備状態、停電等用役の停止時の制御装置の作動方向の設計についても配慮する必要がある。

b) 警報装置

警報装置の取り扱いに当たっては、プロセス目標値のずれや異常の即時警報のための作動機能のチェック、作動状態の確認、警報の頻繁な発報防止のための適正な限界値の設定、スタート時から定常になるまでの限界オーバー時期の発報を避けるための配慮、現場の表示盤に機器運転状態のランプ表示の理由の記載等があるとよい。

c) CRTオペレーション

その長所は下記のようである。

・装置からの各種情報をCRT画面で編集し、構成を表示できる
・CRTを複数台設置することにより多くの情報を同時に入手できる
・ボードマン[*1]の移動量が減り、少人数で装置全体を操作できる
・デジタルのため数値設定等シビアな制御が可能、応答も速い
・複雑な制御（フィードフォーワード制御）が簡単にでき、省エネ、品質向上に役立つ
・コントローラーにマイクロプロセッサを内蔵することにより、故障時の危険分散を図れる。また、バックアップコントローラーの付加が可能なため、コントローラーが故障しても運転を継続できる

一方、短所は下記のようである。

・プロセス全体の把握が困難。そのため異常時、故障時、緊急時においては、CRTのみでは十分な状況把握が困難であり、またプロセス全体を見ながらの多くのループ操作[*2]を同時に行うことができない。そのためCRTの台数が多くなる。

＊1　ボードマン：ボードマンは化学プラントの制御センター（計器室）内で、装置をコントロール、監視する役割をもっており、一方、フィールドマンは自分の担当エリアをもち、現場で設備を運転・管理する役割をもつ。また、直長はフィールドマンとボードマンに的確な指示を出す役割をもつ。

・ボードマンの負担が大きくなる。
・従来のアナログ計器と異なり、画面が出るまでに若干の時間を要する。瞬時変化を見たい場合にはアナログ記録計が必要である。
・CRT監視操作作業を長時間続けると、目の疲労、背骨の痛み、緊張感による精神的疲労等を訴えるようになる。

CRT導入に当たっては、リーダー専用のCRTの設置、アナログ計器表示を残しておくとか、対応の遅れという問題を生じないようにしたい。特に異常時、緊急時等において重要である。また、ボードマンは計器計装の知識、プロセスの知識を身に付ける必要があるほか、CRTオペレーションの十分な教育訓練を受ける必要がある。

⑧防災設備

防災設備は緊急時に十分な機能を発揮する必要があり、ソフト、ハード両面の体制が整備されていなければならない。ここでは主としてハード面について述べる。

火災報知設備：

常時給電により規定の電圧を維持し、所定のランプ表示、スイッチ類の位置を正常に保ち、常時作動可能体制にあることが重要である。異常がないのに報知するときは、原因を調べ、対応措置をとる。不作動状態にしてはいけない。

＊2　ループ操作：化学プロセスのオペレーションはプロセス制御により行われるが、全制御の7割以上がPI制御（比例積分制御）あるいはPID制御（比例／積分/微分制御）が用いられており、検知、制御、操作からなるループによる操作でフィードバック制御が行われている。

ガス検知器：

作動表示ランプ、警報の機能確認、検出部の詰まり等の確認、給電状態の確認が必要である。

消火器：

定位置への設置と表示、周囲に障害になるものがないこと、消火器の定期点検、機能が劣化していないことが必要である。

その他の防災器具：

防災活動に必要な機材は、防災備品倉庫に一括保管し、防災活動以外では持ち出し禁止とする。

参考文献

1) 労働省安全衛生部安全課監修、田村昌三編著、「化学工場の安全管理総覧」、中央労働災害防止協会(1992)
2) 日本化学会編、「第4版化学実験の安全指針」、丸善(1999)
3) 日本化学会編、「第5版実験化学講座30 化学物質の安全管理」、丸善(2006)
4) 田村昌三、若倉正英、熊﨑美枝子編、「実験室の安全」、みみずく舎(2008)
5) 田村昌三編、「事故例と安全」、オーム社(2013)

ブレイクタイム⑦ 検査時に危険が潜んでいる

設備を停止し、装置内の検査やバルブの分解検査などを行う時には、過去の事例などを基に事前に危険性を十分に把握し、対策をとってから実施する必要がある。

ここでは、具体的な危険性の例を2つ述べておく。

例1．槽内カラーチェックは非可燃性物の指定を！

カラーチェックとは、赤色や蛍光の浸透性のよい検査液（浸透液）を吹き付けることにより、表面の割れ、ブローホール（施工時の欠陥）などを検出する非破壊検査方法である（浸透探傷試験）。金属、非金属を問わず、表面に開口したクラック（傷）であれば検出できるため、広く利用されている。一般には検査液（浸透液）、除去液、現像剤の3液を使用する。この3液は、非危険物～危険物（第一石油類、第二石油類、第三石油類：各々水溶性、非水溶性）まで、いろいろな種類がある。また、噴霧させるためのガスにはLPガス（可燃性ガス）および不燃性ガスがある。

過去には槽内でのカラーチェックの最中に爆発事故が起こった事例がある。可燃性の噴霧ガス、あるいは引火性の強い可燃物の使用とサンダー掛け（検査面を研磨する）の火花や投光器等の熱が着火源となり爆発したものと推定される。

槽内でのカラーチェック時は、非破壊検査会社と事前によく相談しておくとよい。噴霧ガスには不燃ガスを指定し、かつカラーチェックの各液については非可燃物（非危険物）を指定するか、あるいは槽内温度が常温なら引火の心配が小さい第三石油類を組み合わせるなど、種々の方策を施した方がよい。なお、槽内でのカラーチェック作業には、酸欠、中毒の危険性もある。換気および酸素測定は入念に実施することが鉄則である。

例2．弁の内部には危険物が潜んでいる

定期修理時に弁の分解点検整備をすることがあるが、タイプによっては構造上、弁にガス、液が残存している怖れがあるので留意が必要である。

例えば、ダイアフラム部にテフロンを使用したダイアフラム弁は、ダイアフラム自体がシールも兼ねているが、テフロンはガスを透過させるので、ガスがダイアフラムの裏側に残留していることがある。塩素系の液で使用されたダイアフラム弁の場合には、ダイアフラムの裏側に塩素ガスが透過し残留していることもある。分解整備する場合は、裏側に溜まった塩素ガスが出てくる怖れがあるので、防毒マスクを着用しなければならない。

ボール弁も、全閉のまま取り外すとボール内空間部にガス・液が溜まっているので注意する。全開でライン洗浄した場合でも、シール部の中に入り込んだボール部は洗浄できていないので、ガス、液が微量残存している怖れがある。ボール弁の洗浄をより確実にするのであれば、小開にして洗浄するのがよい。ただし、抜けが出る可能性もあるので、適切な保護具を着用してボール弁を分解整備する必要がある。

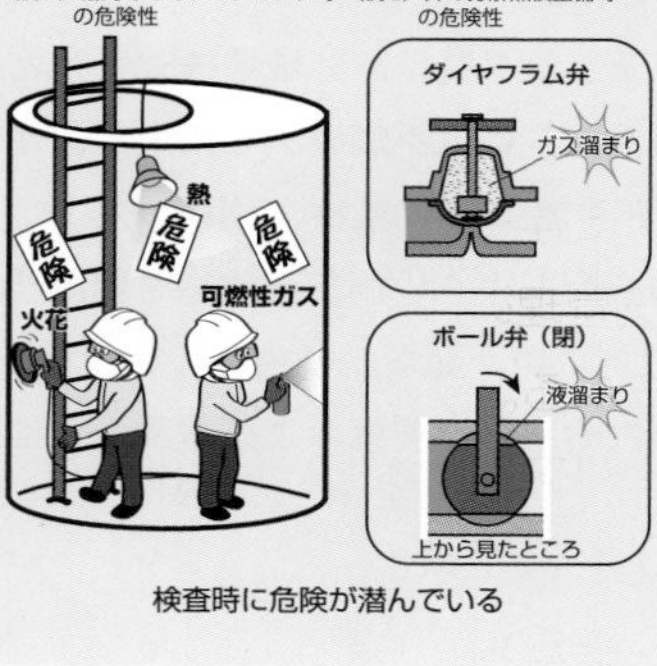

検査時に危険が潜んでいる

I-6 防火と消火

化学プラントにおいては製造設備、貯槽・タンク等で危険物等を取り扱うため、火災や爆発が起こるおそれがある。そのため、危険物等の特性を理解し適切に取り扱うことにより火災や爆発の発生を予防することが重要である。

また、万一、発災した時には、早期に発見・検知し、事故災害の鎮圧および拡大防止を図らなければならない。

ここでは、火災・爆発等を予防するための火気管理について述べるとともに、被害の拡大を防止するための防災設備について述べる。

❶ 火気管理

1）火気管理の基本

燃焼の3要素には酸素供給源、可燃性物質および着火源がある。3要素が同時に存在する場合に燃焼が起こる（**図Ⅰ-6.1**）。したがって、火気管理のポイントは燃焼の3要素が共存しないようにすることである。すなわち、下記の対応をとる。

①火気、空気より可燃物を遮断する。

②可燃物と火気を遮断する。

③可燃物と火気を着火の危険のない安全なところにまで十分

に離す。

また、発火のおそれのある物質については下記のように保管を厳重にすることである。

①空気との接触を断つ。
②雨水等、水の浸入を防ぐ。
③蓄熱を避け、熱を放散させる。
④低温で保管する。
⑤直射日光を避ける。

さらに、混触により発熱や発火のおそれのある物質は接触を避ける。

資料出所：「火災爆発の科学」内藤道夫

図Ⅰ-6.1. 燃焼の3要素

2) 火気の種類と火気管理

a) 裸火等

喫煙場所を指定し、引火性液体、可燃物等を取り扱う危険場所へのたばこ、ライター等の持ち込みを禁止する。また、輻射加熱式暖房器具については使用場所を指定し、壁体から十分に離し、安全な取り扱いに留意する。

b) 高熱物、高熱面、高温気体

可燃性ガスや引火性液体が溶接火花などの高熱物に接触して発火することはよく知られている。高熱面としては、高圧蒸気配管の露出部、ガソリンエンジンの筐体、シース型電熱器[*1]の伝熱面等がある。高温の気流も可燃物に接触すると着火を引き起こす。保温等の十分な遮蔽工事、可燃物からの遮断、漏えい防止等の設備面での配慮も必要である。

c) 電気機器、配線

変圧器、遮断機、電動機、開閉器、電灯等の電気機器や配線における問題から火気が生じ、火災の原因となることがある。これらの原因としては、機器そのものの欠陥、工事上の欠陥、雷による異常電圧、過負荷運転、保全不良、劣化等が挙げられる。設備段階から安全を確保するようにし、運転においては定期検査、日常点検等を慎重に行う必要がある。

d) 静電気火花

静電気が火災・爆発の原因とされる事例は極めて多い。静電気による火災・爆発は、静電気が帯電面から放電する際の火花が可燃性ガスあるいは可燃物へ着火することにより起こる。

＊1　シース型電熱器：シースヒーターは金属の保護管の中に発熱体（ニッケルクロム線）を保持し、その隙間を熱伝導のよい高純度の無機絶縁物の粉末を強固に充填しており、発熱体は空気やガスから完全に遮断されているので、酸化や腐食もなく裸線に比べて寿命が長く、熱効率も高い。そのシースヒーターを用いた電熱器をシース型電熱器と言う。

静電気による火災・爆発を防止するためには、静電気発生場所、帯電量等を把握し、静電気発生環境に置かれている可燃物についての危険性を調べるとともに、必要により設備、運転方法、環境等に応じた対策を講じることが重要である。

対策例として設備の設置（アース）、人体の帯電防止、湿度管理等がある。

e）衝撃、摩擦等による火花

グラインダーの火花、鋼製工具を落としたときの衝撃火花等に起因する着火事故は多い。安全工具の使用や適切な使用方法が望まれる。また、動力伝達機構中における摩擦熱発生箇所で起こる火災も少なくない。異物の混入、粉じんの処理や清掃の他、定期点検、検査が必要である。

f）断熱圧縮

気体を急速に圧縮すると、断熱圧縮により熱が発生し、潤滑油等の有機物があると発火することがある。冷却設備の設置、適切な潤滑油、ガスケット、パッキン等の選定を行うとともに、日常点検、定期点検等の検査が重要である。

g）自然発火

動植物油脂類は酸化反応による熱で、ニトロセルロース等は分解反応による熱により自然発火することがある。多量に蓄積しないこと、直射日光を避けること、換気の悪い高温多湿な場所に保管しないことが重要である。

h）光線、放射線

紫外線や放射線は化学反応を促進し、赤外線は温度を上昇させる。危険物等は直射日光や放射線を受けない場所に貯蔵する必要がある。

ⅰ）雷

落雷時に発生する瞬間的な大電流は膨大な熱を発生し、急激な温度の上昇をもたらし、可燃物の発火の原因となる。適切な避雷設備の設置、接地抵抗の維持、避雷導線の点検（断線のまま放置されることのないよう）が必要である。

❷ 防災設備

防災設備には、防消火設備、火災報知設備、漏えいガス・油検知警報設備、スチームカーテン、ウォーターカーテン、防液堤、防油堤、流出油等防止堤、避雷設備などがある。

1）防消火設備

防消火設備は工場内で万一火災が発生した場合、初期消火の段階、またはそれを越えた段階において、火災を有効に消火・制圧し、類焼を防止する機能をもつものである。

①防火設備

防火設備は製造装置および貯槽の防火のために設置するものである。隣接火災からの放射熱による機器や貯槽の内圧上昇を防ぐとともに、それ自体を防護する水噴霧設備、散水設備、放水設備等がある。

②消火設備

消火設備は火災時に水やその他の消火薬剤を用いて消火を行う設備である。屋内·屋外消火栓設備、スプリンクラー設備、水蒸気消火設備、水噴霧消火設備、泡消火設備、ガス系消火設備等の固定式設備と消防車、消火器等の移動式のものがある。

対象物と消火設備の対応を**表Ⅰ-6.1**に示す。

2）火災報知設備

火災報知設備は火災の発生を防火対象物の関係者または消防機関に報告する設備で、感知器、発信機、中継器、受信機等から構成される。

感知器は火災によって生じた熱、煙または炎から自動的に火災の発生を感知し、それを受信機に発信するものであり、発信機は火災発生時に手動で受信機に発信するものである。必要に応じて中継器を経由した通信を行う。

3）漏えいガス・油検知警報設備

漏えいガス・油検知警報設備は、可燃性ガス、有害性ガス、酸素または油が製造設備、タンク等から漏えいした場合に、それを早期に検知して迅速に防災措置をとり、災害の発生、拡大を防止するために設置する設備である。

①漏えいガス検知警報設備

漏えいガス検知警報設備は、検知部が種々の原理で漏えいガスの濃度を認識し、それを電気信号に換えて指示・警報部に送り、警報、表示を行うものである。

②漏油検知警報設備

漏油検知警報設備には、（タンクおよびその附属設備からの漏油を廃水ピット防油堤内等で検知する）ポイント検知機能のものと、

表Ｉ－6.1　対象物に適応する消火設備

			対象物の区分											
			建築物その他の工作物	電気設備	第一類の危険物		第二類の危険物			第三類の危険物		第四類の危険物	第五類の危険物	第六類の危険物
					アルカリ金属を過酸化物またはこれを含有するもの	その他の第一類の危険物	鉄粉、金属粉もしくはマグネシウムまたはこれらのいずれかを含有するもの	引火性固体	その他の第二類の危険物	禁水性物品	その他の第三類の危険物			
第一種	屋内消火栓設備または屋外消火栓設備		○			○		○	○		○		○	○
第二種	スプリンクラー設備		○			○		○	○		○		○	○
第三種	水蒸気消火設備または水噴霧消火設備		○	○		○		○	○		○	○	○	○
	泡消火設備		○			○		○	○		○	○	○	○
	二酸化炭素消火設備			○				○				○		
	ハロゲン化物消火設備			○				○				○		
	粉末消火設備	リン酸塩類等を使用するもの	○	○		○		○	○			○		○
		炭酸水素塩類等を使用するもの		○	○		○	○		○		○		
		その他のもの			○		○			○				
第四種または第五種	棒状の水を放射する消火器		○			○		○	○		○		○	○
	霧状の水を放射する消火器		○	○		○		○	○		○		○	○
	棒状の強化液を放射する消火器		○			○		○	○		○		○	○

			対象物の区分											
			建築物その他の工作物	電気設備	第一類の危険物		第二類の危険物			第三類の危険物		第四類の危険物	第五類の危険物	第六類の危険物
					アルカリ金属を過酸化物またはこれを含有するもの	その他の第一類の危険物	鉄粉、金属粉もしくはマグネシウムまたはこれらのいずれかを含有するもの	引火性固体	その他の第二類の危険物	禁水性物品	その他の第三類の危険物			
	霧状の強化液を放射する消火器		○	○		○		○	○		○	○	○	○
	泡を放射する消火器		○			○		○	○		○	○	○	○
	二酸化炭素を放射する消火器			○				○				○		
	ハロゲン化物を放射する消火器			○				○				○		
	消火粉末を放射する消火器	リン酸塩類等を使用するもの	○	○		○		○	○			○		○
		炭酸水素塩類等を使用するもの		○	○		○	○		○		○		
		その他のもの			○		○			○				
第五種	水バケツまたは水槽		○			○		○	○		○		○	○
	乾燥砂				○	○	○	○	○	○	○	○	○	○
	膨張ひる石または膨張真珠岩				○	○	○	○	○	○	○	○	○	○

注）
1. ○印は対象物の区分の欄に掲げる建築物その他の工作物、電気設備および第一類から第六類までの危険物に、当該各項に掲げる第一種から第五種までの消火設備がそれぞれ適応するもの。
2. 消火器は第四種の消火設備については大型のもの、第五種の消火設備については小型ものを示す。
3. リン酸塩類等とは、リン酸塩類、硫酸塩類その他防炎性を有する薬剤。
4. 炭酸水素塩類等とは、炭酸水素塩類および炭酸水素塩類と尿素との反応生成物。

(移送配管およびタンク底部からの漏油のように外観確認が困難な検知対象を線状に連続で検知する) 連続検知機能のものとがある。

4) スチームカーテン、ウォーターカーテン

いずれの設備も一連の噴射口から液体を噴出し、噴出流体の幕を形成して防火に役立てる設備である。一般にスチームカーテンは爆発・火災を予防するために、ウォーターカーテンは火災の被害を軽減するために用いられる。

5) 防液堤、防油堤等

防液堤、防油堤、流出油防止堤は、いずれも貯槽・タンクから液体が漏れた場合に、限られた範囲以外へ流出が拡大しないように防止するのが目的である。防液堤は液化ガスおよび毒劇物の貯槽を囲み、防油堤は危険物のタンクを囲み、防止堤は大型タンクの周囲を取り囲み、危険物の二次的な流出拡大を防止する。

6) 避雷設備

避雷設備は雷撃によって生ずる火災、破損、人畜への傷害を防止するために設ける設備である。

参考文献

1) 労働省安全衛生部安全課監修、田村編著、「化学工場の安全管理総覧」、中央労働災害防止協会(1992)
2) 日本化学会編、「第4版化学実験の安全指針」、丸善(1999)
3) 日本化学会編、「第5版実験化学講座30 化学物質の安全管理」、丸善(2006)
4) 田村昌三、若倉正英、熊崎美枝子編、「実験室の安全」、みみずく舎(2008)
5) 田村昌三編、「事故例と安全」、オーム社(2013)

I-7 危険物等の安全な廃棄

❶ はじめに

製造プラントから排出される廃棄物は、生産工程で排出されるもので、純品に近い状態のものもあれば、一部あるいはかなりの部分が他の化学物質との混合物となっているものもある。少量のケースもあれば多量のケースもあり、また、多種類にわたるのが特徴である。

これらの廃棄物には、発火･爆発の潜在危険性を持ったもの、自然発火性や禁水性の潜在危険性を持ったもの、有機溶剤等のように引火性を持ったもの、有害性を持ったもののほか、混合の組み合わせによっては発火・爆発を起こしたり有害性物質を生成したりする混触危険性を有するものもある。したがって、廃棄物の取り扱いや廃棄処理に当たっては、廃棄物の内容に関する情報を有する排出現場において、それらの特性に配慮して分別貯留し、可能であれば処理まで実施したいところである。特に、混触危険を起こす怖れのある場合については、混触危険に関する知識をもとに、排出現場での分別・貯留を心掛けなければならない。

廃棄物の最終処理は廃棄物処理施設に依頼することになるが、廃棄物には通常、種々の化学物質が混入しており、それらが処理時に発火や爆発等の問題を引き起こすこともある。処理時の災害を未然に防ぐためにも、これらの廃棄物については、主要な化学物質名のみならず混入物に関する情報を有している排出現場において、可能な限りの原点処理を心掛ける必要がある。また、廃棄物処理施設に処理を依頼する際には、その処理法に関する知識を身に付けた上で、廃棄物等についての（主要な化学物質のみならず混入物についても）情報を提供しなければならない。

廃棄物の取り扱いや処理においては、これまでに種々の事故が発生している。その原因としては、廃棄物の取り扱いや処理について安全面の検討が不十分となりがちであることが挙げられる。廃棄物はそれを排出しようとする人にとっては不要物であり、廃棄物の取り扱いや処理の危険性に関する意識が希薄となりがちなのである。

廃棄物を長く貯留していると容器のラベルが剥がれたり、内容物がわからなくなってしまうこともある。これを他の廃棄物と混ぜたときに混触発火を起こしたり、有害性物質を発生させてしまう事故も少なくない。また、廃棄物の貯留に当たっては不特定多数の人が一つの容器を利用することが多く、混触による発火や有害性物質の発生といった問題を起こしやすいという面もある。その意味においても廃棄物の取り扱いや処理の潜在危険は極めて大きいと言える。

ここでは、廃棄物の発火・爆発危険性と、取り扱いおよび処理する際の安全について述べる。

❷ 廃棄物の発火・爆発危険性と安全な取り扱い

1）引火

廃棄物のうち、引火性物質、油類、溶剤類は特に引火に注意し、火気から離れた冷暗所での保管を心掛ける必要がある。引火性・可燃性物質と引火点等の燃焼危険性については「**Ⅰ—2.4 引火性物質・可燃性物質**」を参照してほしい。

これらの物質のほとんどは廃棄物の処理及び清掃に関する法律（廃掃法）における産業廃棄物に該当するので、排水として流すことはできず、廃棄物として分別収集しなければならない。また、これらは消防法で決められた危険物であり、保管は一定の数量以下で行う必要がある。

廃溶剤を通常の廃棄物用燃焼炉で処理することは安全面から困難であるので、専門家に相談することが望ましい。

2）自然発火

廃棄物の中には、消防法危険物である自然発火性物質や禁水性物質、あるいはそれらを含む（それらの物質が染み込んだ）紙・布類等がある場合もある。

黄リンやアルキルアルミニウムなどの自然発火性物質は空気中の酸素との接触により発熱や発火を起こし、またニトロセルロースなどの硝酸エステル、アマニ油やキリ油、活性炭、枯れ草、酢酸ビニルモノマー等の自己発熱性物質は分解熱、酸化熱、吸着熱、発酵熱、重合熱などにより発熱や発火を起こし、爆発・火災に至る場合もある。

金属ナトリウムのような禁水性物質は水との接触により条件により発火・爆発を起こす。

どのような物質が自然発火性、自己発熱性、禁水性を示すかについては、「**Ⅰ—2.3発火性物質**」を参照してほしい。いずれにしてもこれらの物質を含む廃棄物については、それらの性質をよく理解し、潜在危険性が顕在化しないように、安全に取り扱わなければならない。

3) 発火・爆発

廃棄物の中には、熱や打撃・摩擦を与えると、条件により発火・爆発を起こす爆発性物質・自己反応性物質や、また、それらを含むものがある。

爆発性物質・自己反応性物質については、芳香族ニトロ化合物、ニトロメタンなどのニトロ化合物、硝酸エステル、有機過酸化物、アゾ化合物、ジアゾ化合物、ヒドラジン誘導体などが知られている。「**Ⅰ－2.2爆発性物質・自己反応性物質**」を参照してほしい。

ジエチルエーテル、イソプロピルエーテル、テトラヒドロフラン、ジオキサンなどは引火点が低く、空気中の酸素と反応して爆発性の過酸化物をつくりやすい。

また、硝酸塩やオキソハロゲン酸塩などの酸化剤はそれ自体ではなかなか分解を起こさないが、可燃物と混合すると反応温度が低下し、発熱量は増大して爆発危険性が増大する。

4）酸化性物質・可燃性物質

酸化性物質は単独ではそれほど発火・爆発の危険性はないが、可燃性物質と混合すると、熱や打撃・摩擦等により発火・爆発を起こすことがある。酸化性物質、可燃性物質については、「**Ⅰ－2.5酸化性物質**」、「**Ⅰ－2.4引火性・可燃性物質**」に説明されているので、参照してほしい。

廃棄物中に酸化性物質や可燃性物質が存在しているかを調べ、もし、それらが共存している場合には、それらの潜在危険性を理解するとともに、安全な取り扱いに努める必要がある。

5）混触危険

単独の場合には特に危険性はないが、混合すると発火・爆発の危険性を示すものがある。廃棄物には、主たる物質に他の物質が混入していたり、廃棄の段階で種々の物質を混合したりすることがあるので、どの物質とどの物質との混合が発火・爆発を起こす潜在危険性があるかを理解し、混触発火を起こさないよう安全な取り扱いをしなければならない。

混触危険の潜在危険性をもった物質の組み合わせは「**Ⅰ－2.6混触危険性物質**」を参照してほしい。また、酸化性物質と可燃性物質との混合は条件により発火・爆発を起こすが、酸化性物質および可燃性物質については「**Ⅰ－2.5酸化性物質**」および「**Ⅰ－2.4引火性・可燃性物質**」を参照してほしい。

❸ 廃棄物の安全な処理

廃棄物は各製造現場から排出され、最終的には廃棄物処理施設において処理されることになる。廃棄物処理施設において、種々の潜在危険性をもった廃棄物を安全に処理するためには、排出される廃棄物の種々の情報を基に処理方法を検討し、適切に処理を実施する必要がある。

そのためには各製造現場から排出される廃棄物について、全事業所で廃棄物排出ルールを標準化し、それぞれの管理責任者の責任と権限を明確にしておくことが重要である。廃棄物の内容についてよくわかっている排出現場が、廃棄物の発火・爆発危険性や有害性に関する調査を十分行った上で処理手順書を作成するようにすべきであろう。

研究開発は製造プロセスとは異なり非定常業務であり、取り扱う化学物質は少量ではあるが多種であり、さらに生成される物質や副生する物質等の特性は未知のものもある。したがって、安定して定常的な生産をしているプラントから排出される廃棄物とそのまま混合して処理するのは危険である。研究開発部門から排出される廃棄物については、別の廃棄物処理手順書を作成し、研究員に遵守するよう教育することが重要である。

廃棄物処理を外部に委託する場合においても、排出者には、処理業者に廃棄物の発火・爆発危険性、有害性に係る知識を提供するとともに、廃棄物が確実に処分されるまでの過程を確認する責任がある。

ここでは、廃棄物の処理方法についての安全上の留意点を述べる。

1) 排水、汚泥

排出源の各プロセスごとに予備処理を行い、粗大固形物等を分離し、プロセスごとに物理的処理、化学的処理、生物学的処理等を行い、安全に無害化する。

混合により著しく発熱し、爆発したり、有害性ガスを発生したりすることもあるので、混触危険の調査を行い、混合時には少量ずつ行う等の注意が必要である。

2) 廃酸・廃アルカリ

有害性物質が含まれている廃酸・廃アルカリは、有害性物質の無害化処理方法に則って処理する。ここでは有害性物質を含まない場合の廃酸、廃アルカリを処理する際の注意すべき事項を述べる。

①強酸は金属を侵して水素を発生する。硫化ソーダ等は酸で中和すると硫化水素を発生する。可燃性ガスの危険性、中毒に注意する。

②中和反応は発熱反応である。少量ずつ時間をかけて処理する。

③希釈したものでも未処理のまま公共河川に放出することは公害問題を起こすおそれがある。

3) 廃油

廃油の無害化処理方法における注意点は下記のようである。

①廃油は劣化により引火点や発火点が低下する。火気に注意

する。

②廃油のほとんどは消防法の危険物である。

③廃油に金属粉が混入していると、酸化速度が増大するので、除去しておく。

④長期間密閉した状態で放置すると、嫌気性発酵によりメタンガスが発生する。火気に注意する。

⑤乾性油*1等の不飽和結合をもつ油類の浸みたぼろ布等は自然発火のおそれがある。長期間の放置は避けるべきである。

4) 廃プラスチック

廃プラスチックの無害化処理方法における注意点は下記のようである。

①処理方法は焼却処理が主であるが、腐食性ガスや有害性ガスの発生を伴い、二次災害の原因となる。

②不飽和結合を有するものもあるので、自然発火の怖れがある。長期間の放置は避けるべきである。

5) 無機、有機系廃棄物

無機、有機系廃棄物の無害化処理方法における注意点は下記のようである。

①発火・爆発危険性、有害性のある無機、有機系廃棄物は排出源で無害化するのが第一である。

＊1　乾性油：乾性油にはアマニ油、キリ油、けし油、しそ油、くるみ油等が知られている。

②収集貯槽容器は、破損、腐食しにくい材質のもので、転倒しても漏えいしないような措置を講じる。そして内容成分、発生履歴等の発火・爆発危険性、・有害性の表示を付けておく。

発火点、自然発火の可能性、混触危険性等に関する情報や、燃焼処理により生成するガスの性状や残渣等に関する情報が表示されていれば二次災害の防止につながる。

③混触による発火・爆発危険性に関する情報を調査し、混合操作を慎重に行う。

④有機物、錯イオン、キレート剤等が共存すると処理しにくい場合があるので、予め障害成分を分解除去しておくことが望ましい。

⑤一つの廃液貯槽に種々の有機系廃液を混合しておくと、発熱反応を起こしたり、重合したりして固定物が沈殿することがあるので注意する。

⑥酸性の強い有機廃液はアミンなどのアルカリ性の有機廃液などで中和することが望ましい。

参考文献

1) 労働省安全衛生部安全課監修、田村昌三編著、「化学工場の安全管理総覧」、中央労働災害防止協会(1992)
2) 日本化学会編、「第4版化学実験の安全指針」、丸善(1999)
3) 日本化学会編、「第5版実験化学講座30 化学物質の安全管理」、丸善(2006)
4) 田村昌三、若倉正英、熊﨑美枝子編、「実験室の安全」、みみずく舎(2008)
5) 田村昌三編、「事故例と安全」、オーム社(2013)

I-8 予防と救急

危険物等化学物質による健康傷害を予防するためには、環境管理、作業管理および健康管理を適切に行うことが重要である。この3つの管理を総合的に衛生管理として、組織をつくり実施し、化学物質取扱者の健康を保持しなければならない。

化学物質の取り扱い現場における衛生対策として、保護具の着用が挙げられる。作業環境と関連して保護具の種類と数量を決め、日頃の点検を行う必要がある。保護具は保護する部位および保護具の性能を勘案した上で適切なものを用いなければならない。

作業中に事故に遭遇した場合は、病院に連絡し状況を説明するとともに、医師の指示に従って適切な対応をとる必要がある。また、関係者に事故報告をしなければならない。

作業中にけがをしたり、化学物質による傷害を受けたりした場合には、状況に応じて適切な応急処置を講じなければならない。化学物質による傷害の場合は、化学物質により応急処置の方法は異なるので、よく理解して対応する必要がある。

ここでは、化学物質による健康障害を予防するための保護具について述べるとともに、一般的な応急処置について概説する。

❶ 保護具

危険な化学物質はその刺激および腐食性により、作業中に皮膚および粘膜に傷害を起こすことがある。ここでは、化学物質の取り扱い現場における作業者の予防対策としての保護具について述べる。保護具使用に関する一般的な注意事項としては下記のものが挙げられる。

①保護具の使用について作業者が熟知し、必要に応じて適切に使用できるよう教育・訓練をしておく。

②保護具は常に最適な状態で使用できるよう、常に整備しておく。また、使用後の消毒による清潔維持にも十分注意する。そのためには保護具の保守点検のための組織を作ることが大切である。

③作業者専用の保護具の保管・管理については、各人の利用しやすい場所を規定して保管し、作業者にその場所を知らせておく。

保護具には、作業者が常時着用する保護衣、保護眼鏡、保護手袋、安全靴や、作業の性質に応じて使用する防じんマスク、防毒マスク、顔面シールド、緊急時に使用する自給式呼吸器などがある。

1）眼および顔の保護

作業現場等では眼に対する危険性が高く、視力障害や失明を起こすおそれがある。したがって、眼の保護のため適当な眼鏡を着用することが望ましい。特に薬品が飛散し眼鏡の隙間から入り込む可能性がある場合には、隙間のない一眼ゴーグルを使用する。

コンタクトレンズの使用は作業現場内では避けるべきである。これは化学物質が眼に入った場合にはコンタクトレンズの取り出しが困難になり、眼を損傷することがあるほか、化学物質がコンタクトレンズの内側に入り込んで除去が困難となり、眼に対する刺激と腐食作用がより強くなることがあるためである。

顔面も同時に保護する必要がある場合には、フェースガード付きの強化ガラスや硬質プラスチックの眼鏡を使用する。

2）身体および手足の保護

身体および手足の傷害を防ぐためには保護衣、保護手袋、安全帽および安全靴などを着用する必要がある。

①保護衣

腐食性物質から身体や衣服を保護するために白衣、作業衣、エプロン、ズボンなどの保護衣が用いられる。合成繊維でできた衣服は腐食性物質には非常に強いが、熱に弱い欠点がある。機械的な危険を伴う作業では、ゴムまたは皮革製のものがよい。その他、鉱・植物油や溶剤を使用する場合は、それぞれに適した保護衣を選択して使用することが重要である。ただし、合成繊維製の衣服は静電気が発生しやすいので、引火性の液体や可燃性のガスを取り扱う際には避けた方がよい。なお、高温の液体や固体を取り扱う場合は放射熱や火花などで火傷するおそれがあるので、耐熱保護衣を着用する。

②保護手袋

研磨作業、高温物体の取り扱い、腐食性溶液の取り扱いなどでは耐熱性や耐食性等の手袋を用いる。軍手、ゴム手袋、各種プラスチック製手袋などがあり、必要に応じて選択する。細かい指先の作業が要求される場合は手術用の薄い天然ゴム製手袋を用いるとよい。

なお、ボール盤等の回転する刃物に手袋を巻き込まれると重篤な傷害になることがあるため、このような場合は手袋を使用しない。

③安全帽（ヘルメット）

中間規模の製造設備や工場での作業で、作業中にものが落下したり、転倒・衝突などで頭部を傷つけるおそれのある場合には安全帽（ヘルメット）を着用する。

④安全靴

重量物を取り扱ったり、その他足に危険を伴うような作業を行う場合には、足指部に硬い鋼板を挿入した皮革またはゴム製の安全靴を用いるとよい。安全靴の底はすべて合成ゴムを使用しており、特に耐熱性の高いものもある。一般には皮革製の安全靴でよいが、水や薬品が多量にある場合はゴム製安全靴がよい。

⑤静電気帯電防止用の静電靴と静電服

人体に帯電した静電気により事故が発生するおそれのある作業では、静電気帯電防止用の静電靴と静電服を着用する。なお、安全靴に静電気帯電防止を備えた静電安全靴もある。

ブレイクタイム ⑧ 人体への帯電の危険性

人体への帯電を測定した結果は多く公表されている。例えば、一般靴を着用した場合と静電靴（JIST8103）を着用した場合のシーツ交換作業時の帯電電位の結果は、以下の通りである。

一般靴：瞬時に約10KVに帯電し、その後自然放電により作業後約1分で約2KVに落ち着いた。

静電靴：約2KVに帯電したが、作業終了後には瞬時に0Vになった。

一般靴の着用時は、常に2KV程度以上に帯電していると思われる。下記計算結果に示すように、放電した場合のエネルギーは、十分に水素ガス、エチレンガスなどを着火させるエネルギー量である。

人の平均的電気容量C：200×1 ／ 10^{12}F（ファラデ）

上記テスト帯電電位V：2000V（ボルト）

電気量Q＝C×V

＝4×1 ／ 10^{7}C（クーロン）

放電エネルギー＝1 ／ 2QV

＝0.0004J（ジュール）

水素の最小着火エネルギー：0.000019J（ジュール）

エチレンの最小着火エネルギー：0.000096J（ジュール）

また、簡単な作業でも瞬時に10KV程度に帯電するということは、除電棒で除電しても数歩程度歩くと同程度帯電してしまうということである。プラント内には、除電棒を設置しているケースがあるが、除電したと過信してはいけない。除電の基本は静電用の安全靴＋静電服の着用である。

ここで、注意点を述べる。可燃性液・ガスの荷役の作業を担っているローリー等の乗務員が静電用の安全靴ではなく、運動靴を履いているケースを時折見かけることがある。足を捻挫したため、重たい静電用の安全靴ではなく運動靴を履いてきた等の理由があるようだが、静電気の観点からすると、これは非常に危険なことである。チェックリスト等に「静電用の安全靴＋静電服の着用」を記載しておくとともに、理由も明記し、乗務員の方が危険性を理解できるようにすることが大切である。

人体への帯電の危険性

3) 呼吸保護具

呼吸保護具は、有害な粉じんやガスの発生する作業や、有害ガス、煙、または酸素欠乏など直接生命に危険のある場所への進入や脱出時に使用するものである。防じんマスク、防毒マスク、送気マスク、自給式呼吸器、酸素発生式呼吸器などがある。

①防じんマスク

発生する粒じんやヒュームの吸入により、人体に有害な影響を生じる場合に使用する。防じんマスクは国家検定に合格したものを使用することが大切である。

②送気マスク

給気源から、ホースまたはエアライン、吸気管に通して空気を着用者に送るもので、ホースマスクとエアラインマスクの2種類がある。ホースマスクはホースの先端を新鮮な空気のあるところに固定し、この空気を着用者に送るもので、吸引式と送風機式のものとがある。

エアラインマスクは圧縮した空気を着用者に送るもので、一定流用式、デマンド式および複合式のものがある。なお、エアラインマスク用に使用する圧縮機は、無給油式を採用する。給油式の圧縮機ではエア中にオイルミストが含まれるおそれがある。

送気マスクは、新鮮な空気を直接呼吸できる点で防じんマスクや防毒マスクより有効であり、マンホールやタンク内作業、酸素欠乏状態（酸素18容量%以下）の作業などに適しているが、長いホースを使用しているため、動き回る必要のある作業には不向きである。

③防毒マスク

空気中に含まれる有害ガスを吸収剤に吸着させて除き、無毒化した空気を吸入させる保護具である。防毒マスクは吸収缶と顔面を覆う面体とからなり、吸収缶と面体が一体化したものを直結式防毒マスク、連結管があるものを隔離式防毒マスクと言う。

防毒マスクは、吸着除去する有害ガスにより吸収缶の種類が異なる。防毒マスクのうち、ハロゲンガス用、一酸化炭素用、有機ガス用、アンモニア用、亜硫酸ガス・硫黄用の5種類は国家検定があり、これに合格したものを用いなければならない。

使用に際して注意すべき点は、酸素欠乏空気（酸素18容量%以下）中では使用してはならないこと、防毒マスクの装着に際しては十分に機密性が保たれていることを確認することが挙げられる。

④自給式呼吸器（酸素呼吸器と空気呼吸器）

高圧酸素容器または高圧空気容器から呼吸に必要な量の酸素または空気を呼吸管内に減圧放出し、面体を通して吸入する方式のものである。酸素呼吸器には開放式酸素呼吸器と循環式酸素呼吸器がある。いずれも容器および酸素または空気の点検・保守が必要で、使用時間を厳守しなければならない。

自給式呼吸器の使用は、空気中酸素が18容量%以下または酸素欠乏状態の程度が不明な場合、有害ガスや粉じんの種類と濃度とが不明であるか、または著しく高濃度の場合、2種類以上の有害ガスやその他の有害物が混在している場合などである。これらは送気マスクでも代替えできるが、行動の自由と遠距離の行動が必要な場合には自給式呼吸器が不可欠である。

⑤酸素発生式呼吸器

自給式呼吸器の一種であるが、本器は含酸素化合物を使用して化学反応によって酸素を発生させ、これを呼吸する形式のものである。現在使用されている含酸素化合物は過酸化アルカリ剤と塩素酸カリウム剤である。

酸素発生式呼吸器を含めた自給式呼吸器は極めて危険な状態下で使用されるので、使用法を誤ったり、使用中に漏気または故障を生ずれば生命の危険を招く。日常の整備と使用者の教育・訓練が必要である。

❷ 一般的な応急処置

化学物質等を吸入した場合の生体への影響と応急処置については化学物質等の種類により異なる。ここでは、化学物質を吸入した場合、化学物質に接触した場合、および化学物質を飲み込んだ場合についての一般的な応急処置について述べる。詳細については専門書を参照されたい。

1) 吸入中毒

化学物質を吸入した場合は、新鮮な空気のところに被害者を移し、酸素吸入をする。

一酸化炭素中毒の時のように100容量%酸素の吸入を必要

とする場合には、人工呼吸器など特別な器具や器械が必要である。

呼吸をしていない場合には人工呼吸をするが、硫化水素やシアン化水素のように毒性の高いガスの場合には口移し人工呼吸をしてはいけない。救助者が中毒を起こすことになる。

呼吸はしているが意識がない場合には、横向きに寝かせ、万一、吐いても吐物により窒息しないようにする。

クロロピクリンや臭化メチル中毒の場合には、衣類や呼気から気化したガスによって、処置をする人が中毒することがあるので注意する。危険が予想される場合には防毒マスクを用意しておく。

2）経皮中毒

多くの物質は皮膚からも吸収されるので、取り扱う物質の性質を予め知っておく必要がある。皮膚が水に濡れていたり、脂溶性物質の場合に油で濡らしていたりすると、吸収が促進される。経皮吸収される物質による中毒の患者の処置をするときには手袋をはめる。汚染された皮膚はまず流水で、次いでせっけんで洗い、最後に、また水で洗う。必要なら毛髪も洗う。爪の間もブラシを使ってよく洗う。汚染された衣類や靴はすべて脱がせるが、自宅に持ち帰ってはいけない。気化しやすい物質の場合にはプラスチックの袋に入れ密封する。経皮中毒を起こしやすい物質の場合には焼却する。

3) 経口中毒

毒物を飲んだ時の最善の応急処置は、現場で一刻も速く吐かせることである。のどの奥に指を突っ込んで刺激して吐かせる。胃が空だと吐きにくいので、コップ1杯の水または牛乳を飲ませて吐かせる（ただし、脂溶性物質の場合には牛乳を飲ませると毒物の吸収を促進することがある）。吐いた後は口をよくすすぎ、吐物からの毒物の吸収を防ぐ。吐かせてはならないのは、意識混濁があるとき、強酸・強アルカリや一部の腐食性物質を飲んだとき、けいれんを起こしているとき等である。

参考文献

1) 日本化学会編、「第4版化学実験の安全指針」、丸善（1999）
2) 日本化学会編、「第5版実験化学講座30 化学物質の安全管理」、丸善（2006）
3) 田村昌三、若倉正英、熊﨑美枝子編、「実験室の安全」、みみずく舎（2008）
4) 田村昌三編、「事故例と安全」、オーム社（2013）
5) 大塚敏文監訳、「救急措置マニュアル」、南江堂（1997）
6) 中央労働災害防止協会編、「化学物質の危険・有害便覧」、中央労働災害防止協会（1994）
7) 産業医学振興財団、「化学物質取り扱い業務の健康管理」、産業医学振興財団（1993）

ブレイクタイム⑨ 安全データーシート（SDS）は、労働者がいつでも見られる場所に保管を

特定の危険性または有害性を有する物質については、労働安全衛生法等において、製造、輸入する事業者が安全データーシートを作成し提供することが義務化されている。また、安全データーシートの提供を受けた事業者は、労働者がいつでも見られるようにしておくことが義務付けられている。

つまり、プラントでは、計器室等に保管し、ローリー等の乗務員には該当する安全データーシートを持たせること等が必要である。

安全データーシート（SDS）は、労働者がいつでも見られる場所に保管を

I-9 地震対策

地震が起こると、地震動により危険物等の保管容器が転倒したり、衝撃等により破損したりして、危険物等が漏えいすることがある。

爆発性物質・自己反応性物質は容器の落下衝撃により発火・爆発を起こすおそれがあるし、自然発火性物質と禁水性物質は、それぞれ漏えいすると空気あるいは水との接触により発火するおそれがある。また、混触危険物質は、漏えいした危険物等が混ざると組み合わせによっては発火や爆発を起こすおそれがある。引火性物質が漏えいした場合には、その蒸気が空気と混合すると爆発性混合気をつくり、周囲に火源があると爆発するおそれがある。多くの場合、周囲に引火性物質や可燃性物質が存在するため、ひとたび発火や爆発が起こると、火災に発展してしまう。

したがって、地震による発火・爆発を防止するためには、以下の対策が必要である。爆発性物質·自己反応性物質の場合は、地震動による容器の転倒等に起因する衝撃を防止する。自然発火性物質、禁水性物質、混触危険物質の場合は、容器からの漏えい防止を図る。万が一のことを想定し、禁水性物質の場合は漏えいしても水との接触を防ぐ位置での保管を心掛ける。同時に混触危険物質の場合も漏えいしても混触発火を防止するための保管配置を考える。

ここでは、地震による危険物等の発火・爆発を防止するための安全対策について述べる。

❶ 地震による危険物等の発火・爆発危険性と安全対策

1）危険物等の漏えい防止

自然発火性物質、禁水性物質、引火性物質・可燃性物質は既に述べたように漏えいすると発火・爆発や燃焼・火災の危険性が大きいので、漏えい防止が重要である。

自然発火性物質、禁水性物質については、「**Ⅰ－2.3発火性物質**」、引火性・可燃性物質については「**Ⅰ－2.4引火性・可燃性物質**」をそれぞれ参照してほしい。

2）爆発性物質・自己反応性物質の衝撃防止

爆発性物質・自己反応性物質は既に述べたように地震動により衝撃を受けると、発火・爆発を起こすので、衝撃防止対策が重要である。

爆発性物質・自己反応性物質については「**Ⅰ－2.2爆発性物質・自己反応性物質**」を参照してほしい。

3）適性保管配置

酸化性物質と可燃性物質が混触したり、混触危険物質が混触すると発火・爆発を起こすおそれがあるので、万一、漏えいが起こってもそれらが混触しないような保管配置を考える必要がある。

酸化性物質については「**I －2.5酸化性物質**」、可燃性物質については「**I －2.4引火性・可燃性物質**」、混触危険性物質については「**I －2.6混触危険性物質**」をそれぞれ参照してほしい。

参考文献

1) 東京消防庁編、吉田忠雄、田村昌三監修、「化学薬品の混触危険ハンドブック第2版」、日刊工業新聞社（1997）
2) 田村昌三、新井充、阿久津好明,「エネルギー物質と安全」、朝倉書店（1999）
3) 日本化学会編、「第4版化学実験の安全指針」、丸善（1999）
4) 日本化学会編、「第5版実験化学講座30 化学物質の安全管理」、丸善（2006）
5) 田村昌三、若倉正英、熊﨑美枝子編、「実験室の安全」、みみずく舎（2008）
6) 田村昌三編、「事故例と安全」、オーム社（2013）

I-10 事故例と教訓

❶ はじめに

危険物等の事故情報は、危険物等を取り扱うプロセスにおいて、条件によってはそのような事故が起こり得るという貴重な知見である。危険物等の取り扱い時に実際に起こった事故についての情報は、事故の再発防止を考える上でも教訓となる。

したがって、危険物の事故情報を種々の視点から解析することにより、事故再発防止のための貴重な知識や教訓を得られるとともに、それらを体系的に整理すれば安全教育にも活用できる。危険物等を取り扱うプロセス現場の技術者のための一般的な安全教育としてだけでなく、プロセス固有の安全教育としても重宝される。

ここでは、(独) 科学技術振興機構 (JST) の支援を得て筆者らが行った化学産業分野の失敗知識データベースについて紹介し、化学産業分野の失敗知識の体系化について述べるとともに、安全教育への活用についても触れる。

❷ 化学産業分野の失敗知識データベース

失敗知識の活用については、平成12年6月の21世紀の科学技術懇談会報告の中で、失敗等の活用と安全技術体系の構築の必要性が提案された。平成12年7月には当時の科学技術庁（現文部科学省）に失敗知識研究会が発足し、平成13年度からJSTに失敗知識データベース推進委員会（委員長：畑村洋太郎工学院大学教授）が設置された。機械、材料、化学物質・プラントおよび建設の4分野で失敗知識が収集・解析され、失敗知識データベースが構築されている。

筆者は化学物質・プラント分野を担当した。大学関係および当時の国立研究機関の専門家とともに、消防法危険物、労安法危険物、高圧ガス、火薬類等について、研究開発から、製造、輸送、貯蔵、使用、廃棄に至る化学物質の全ライフサイクルにおける爆発事故、爆発·火災事故、火災事故、破裂漏えい事故、漏えい事故等のうち、1951年～2003年の情報量の多い主要な事故事例を収集・解析し、約330からなる事故事例データベースを構築し、事故発生過程の体系化および事故要因の体系化を試みた。『化学物質·プラント事故事例ハンドブック』には、事故事例データベース、および解析結果を紹介した。また、製造工程の一つである蒸留・蒸発工程における事故事例データベースの一例を**図Ⅰ-10.1**に示す。

これまで化学物質の事故事例を収集したものは種々あったが、従来のものは事故概要、事故発生過程、事故原因、再発防止対策を主とするものであった。これに対して、本データベースでは事故原因の本質に多少でも迫るため、事故経過と事故の因果関係を表すシナリオと教訓の知識化に努めるとともに、後日談、よもやま話等を収載し事故周辺や背景情報についても蓄積し、活用を試みている。

化学物質による事故の種類（爆発・火災事故等）とライフサイクル（研究開発、製造、貯蔵、使用、廃棄）との関係については、おおよそ次のような傾向がみられる（製造プロセスについては、製造ユニットプロセスごとに特徴がある）。

爆発・火災等の事故は、いずれも製造プロセスでの事故が最も多く、次いで、貯蔵プロセス、使用プロセスでの事故が多い。また、事故の種類に関しては、火災事故が最も多く、次いで、爆発事故、爆発・火災事故が多い。製造ユニットプロセスとしては、反応工程での事故が最も多く、次いで、設備保全工程、蒸留·蒸発工程、仕込工程、移送工程での事故が比較的多い。また、反応工程では、爆発事故、爆発・火災事故、火災事故が多く、破裂·漏えい事故、漏えい事故もある程度発生しているが、設備保全工程では火災事故が比較的多いという特徴がある。

図Ⅰ－10.1　化学物質・プラント事故事例ハンドブック記載例（1）

MDi－109	高濃度のヒドロキシルアミンの 再蒸留中の爆発火災		
登録の動機	米国でも類似の事故あり、また、これを契機に消防法が改正され、当該物質が危険物として規制された事故例		
事例発生日	2000年6月10日	事例発生地	群馬県　尾島町
事例発生場所	化学工場	プロセス	製造
単位工程	蒸留・蒸発	単位工程フロー	
物質	ヒドロキシルアミン（hydroxylamine）、化学式：NH_2OH		
事故の種類	爆発・火災		
死者数	4名	負傷者数	58名
物的被害	工場内建物：全焼4、全壊9、半壊2、工場外建物：全壊2、半壊5、一部損壊286など 車両・工作物損壊は全55件、高圧線断線、電話回線ケーブル損傷		
社会への影響	半径1.5KMに爆風被害、尾島町役場で窓ガラス、建具等に被害		
事象	ヒドロキシルアミン製造工場の再蒸留設備において、高濃度ヒドロキシルアミン水溶液（80％以上の濃度であった）の爆ごう（デトネーション）が起こった。生じた爆風により工場および周辺建物、住民を巻き込む大事故となって、死傷者が多数出た。		
経過	ヒドロキシルアミン製造装置の再蒸留塔が、運転中突然、爆ごうを起こした。火災になり、大量のガス、煙を生じた。これによって周辺施設、周辺民家に大きな被害が出た。 1. 高濃度ヒドロキシルアミン水溶液は、それ自身あるいは鉄イオンと反応して分解爆発を起こす。 2. 再蒸留塔塔底部は80～85％に濃縮されて循環され、その循環液中に粗ヒドロキシルアミンの50％溶液と供給し、精製ヒドロキシルアミンの80％蒸気を塔頂に、80％濃度の液を塔底に落す。フィード中に約50PPB入っている鉄イオンを製品中に1PPB以下にするため、塔底から循環液の一部を抜出ししている。 3. 緊急時に塔内液を抜出しするため、塔底液循環線から緊急用抜出しし線が設けられており、主管の下側から配管が出ており、少し離れた場所に仕切り弁が設けられ、主管から仕切り弁までが動きのない部分（行き止まり配管）になっていた。主管で循環している液から僅かずつ鉄イオンが行き止まり配管部に蓄積し、それが原因でヒドロキシルアミンの分解反応が起こり、蒸留塔下部から順次爆ごうが伝播していったとの説が有力である。		

図Ⅰ－10.1　化学物質・プラント事故事例ハンドブック記載例 (2)

事故基本要因 **(事故の背景など)**	ヒドロキシルアミンが危険なことは分かっており、事業所でも緊急用の全量抜出しができる地下水槽、配管を付け対策はとっていた。しかし、このような危険な物質を安易に扱っていた。(法律上の規制が十分でなかったため、事業所も余り配慮しなかった可能性もある)。具体的事例は、 1) 事故例を参考にしていない。20年間に11件の事故報告があった。 2) 行き止まり配管の怖さについては十分認識されていなかった。 3) 爆発危険性、爆発威力について十分な検討がなされていない。 まとめて考えると、ヒドロキシルアミンの危険性を軽く見た経営判断のミスであろう。
対策	工場は閉鎖された。もし再建あるいは新設するならば、知識化欄に示すような高濃度のヒドロキシルアミンの危険性に十分留意した設備や取り扱い方にしなければならない。
総括	1. ヒドロキシルアミン50%水溶液の再蒸留塔 (減圧蒸留、操業温度50℃) が爆発、火災となった。再蒸留塔は跡形もなく吹き飛び、周囲半径1.5kmの住宅等に爆風の被害があった。工場内の施設のうち全焼4棟、全壊9棟、半壊2棟などの被害が出た。工場外の建物全壊2棟、半壊5棟、一部損壊286棟など、また、車両･工作物損壊は全部で55件となった。また、高圧線が火災により断線し周辺の249世帯停電、電話回線ケーブル損傷のため47回線が一時不通となった。また、周辺の国道が火災から生じた煙や有害性ガスのために一時ストップした。 2. 再蒸留塔塔底部で80～85%に濃縮され、そのボトム部からの緊急抜出し線に滞留したヒドロキシルアミンが鉄イオンとの反応で分解した。
知識化	1. 高濃度ヒドロキシルアミンは極めて危険なので、薄めて使用 (運搬) する。15%以下の濃度にすれば消防法上の危険物としての危険性は無くなる。 2. 製造においても危険な施設は作らない。作る場合は、火薬並みの規制 (防護壁、保安距離、空地等) を行い、安全な場所で行うべきである。

図Ｉ－10.1　化学物質・プラント事故事例ハンドブック記載例 (3)

よもやま話	1. 米国でもヒドロキシルアミンの爆発事故があり (1999年2月)、死者5人を出したが、その情報が生かされたかどうかは疑問である。他岸の火事としないで徹底的な装置の点検をしていれば防げたかもしれない。ただし、外国の情報は、なかなか入手しにくいのは事実である。 2. ヒドロキシルアミンは、ナイロンの原料として使われているが、鉄イオンの少ない本品は、半導体産業で使われており，IT産業の発展、環境問題でフロンが使用できないため、急激に需要が増加した。その結果、週末も運転が行われていた。これも事故を起こす遠因となった可能性がある。
情報源	・危険物保安技術協会、群馬県の化学工場において発生したヒドロキシルアミン爆発火災事故調査報告書 (2001) ・田村昌三、危険物事故事例セミナー、1-17 (2001) ・加島栄、危険物事故事例セミナー、19-39 (2001) ・小川輝繁、三宅淳巳、細谷文夫、波多野日出男、瀧下幸雄、災害の研究、32、233-242 (2001)
当事者ヒアリング	有
備考	本火災は、消防法別表の改正に繋がった (ヒドロキシルアミンを危険物に指定)。また、国連危険物油槽勧告書では、腐食性物質 (クラス8) とされているが、今後、可燃性固体 (クラス4. 1) へ改正する必要がある。
データ作成者	古積博、田村昌三

❸ 失敗情報の体系化

多くの事故に関する情報が得られたので、それらを有効に活用するため、事故情報の体系化を試みた。具体的には、事故に至る過程の体系化と、事故要因の体系化である。ここでは、両者について解説するとともに、事故には至っていないが、事故解析において貴重な知見と教訓を与えてくれるヒヤリハットの解析と活用についても述べる。

1．事故発生過程の体系化

化学物質取扱プロセスにおける事故では、まず何らかの原因等が関与して事故のトリガーとなる起因事象が発生する。次いで、いくつかの段階（事象）を経て事故に至るのが一般的である。一つの失敗が致命的な事故に直結する場合もあるが、失敗の積み重ねにより事故に至る場合が多い。

したがって、事故の発生を防止するためには、事故の発生要因を把握するとともに、起因事象から事故に至る過程を把握することが重要である。すなわち、事故要因および事故発生過程について、有効な知識と教訓を体系的に整理しておきたい。

化学物質取扱プロセスにおいて、起因事象から事故に至る過程は、プロセス固有の問題もあり、各プロセスや各ユニットプロセスで異なることが考えられる。したがって、事故に至る過程を体系化する際は、化学物質の研究開発、製造、貯蔵、使用、廃棄の各プロセスごとに体系化する必要がある。特に製造プロセスについては多くのユニットプロセスがあるため、ユニットプロセスごとに行った。ここでは、その一例として、製造プロセスにおける例を**図Ⅰ-10.2**に、また、製造プロセスの代表例として反応工程における事故発生フローを**図Ⅰ-10.3**に示す。

図Ⅰ-10.2に示すように、製造プロセスは一般的に、企画に始まり、研究開発を経て、設計、建設に至り、運転が始まる。そして、事故予防および問題発生時の対処のため適宜、保全を行い、また運転を行う。失敗が顕在化するのは製造プロセスのうちの特定のプロセスに限らない。研究開発、建設、運転、保全等の各プロセスにおいて、失敗が顕在化することがある。失敗が顕在化したプロセスに問題があった場合もあるが、多くはそのプロセスに関係するプロセスも含めて問題があった可能性がある。したがって、失敗の原因を究明するに当たっては、そのことに配慮する必要がある。

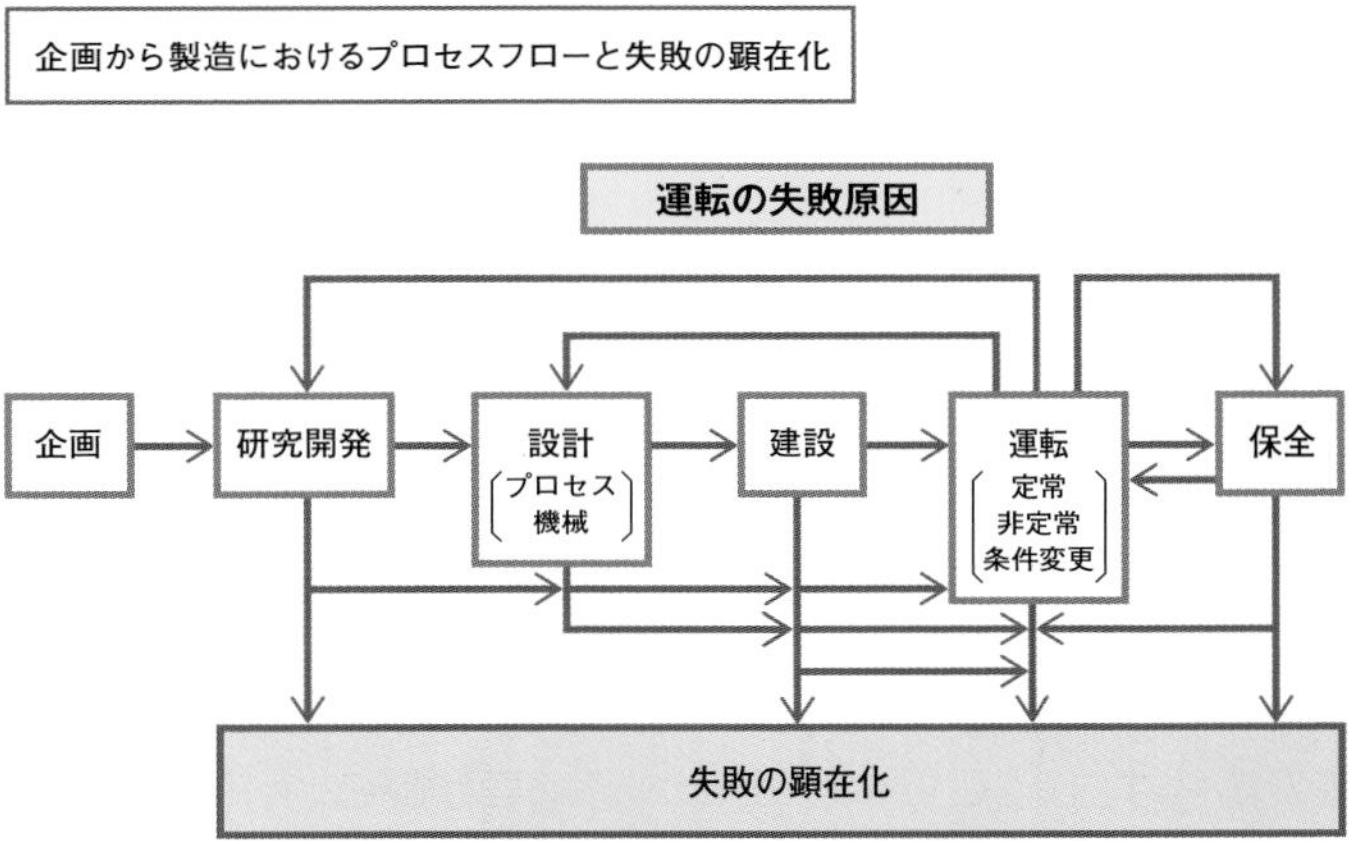

図Ⅰ-10.2. 各工程における事故事例

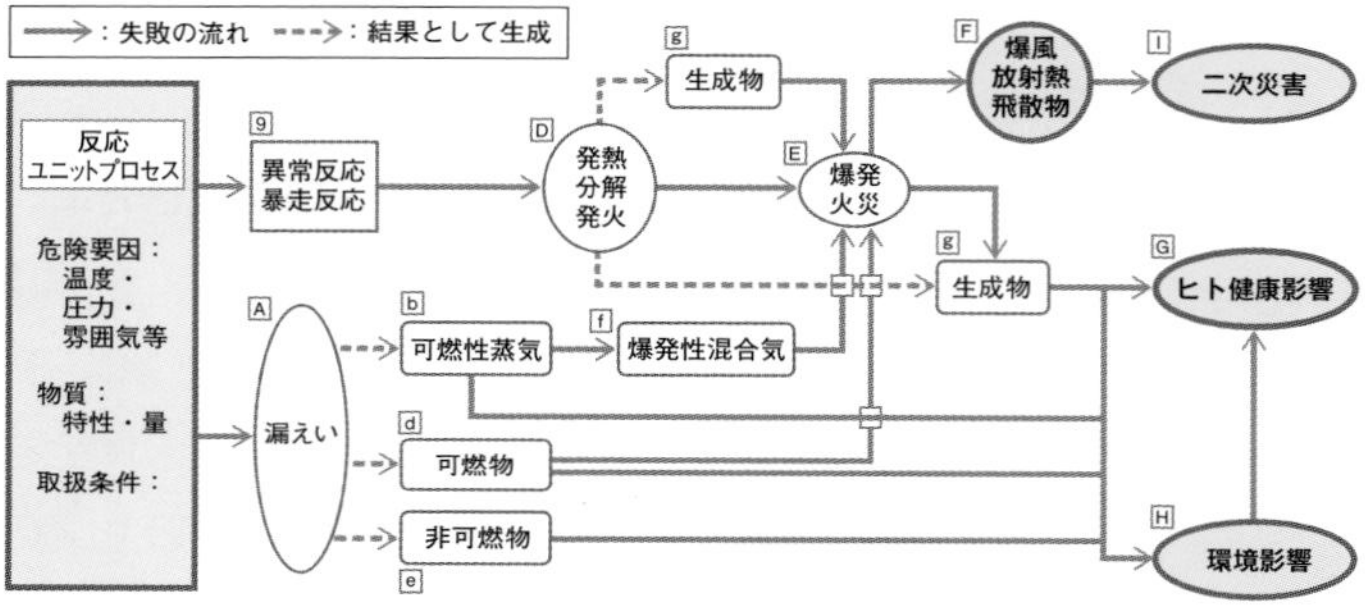

図Ⅰ-10.3. 反応ユニットプロセスにおける事故発生フロー

反応工程における事故に至る過程は、反応の種類により異なると思われるが、事故例を検討すると、主要な事故シナリオとしては、図Ⅰ-10.3に示したようなものが考えられる。

すなわち、何らかの失敗により異常反応や暴走反応が起こり、その制御を誤るとそれが発熱・分解・発火を引き起こす。その結果として、漏えいした生成物に対する対応を誤ると、ヒト健康や環境に悪影響を及ぼす。環境影響の結果がヒト健康に影響を及ぼすことがある。一方、発熱・分解・発火の制御を誤ると、それは爆発・火災へと拡大し、その結果、爆風・輻射熱・飛散物等を発生し被害を与えるとともに、さらに二次災害へと拡大する。また、爆発・火災により発生し、漏えいした生成物に対しても適切な対応が求められる。

また、反応時に漏えいの発生等が起こり、可燃性蒸気、液体や固体の可燃物、非可燃物等を発生することがある。可燃性蒸気の場合は、対応を誤ると空気と混合して爆発性混合気となり、着火源があれば爆発・火災へと拡大する。その後のシナリオは、すでに述べた通りである。可燃物の場合は、周囲に着火源等が存在すると爆発・火災へと拡大する可能性がある。また、可燃物であっても非可燃物であっても、対応によってはヒト健康影響や環境影響を引き起こす可能性がある。

すなわち、爆発・火災被害、ヒト健康影響や環境影響は、いくつかのステップにおける失敗に起因するということである。

プロセス、ユニットプロセスごとに事故に至る過程を整理してみると、いくつかのパターンがあることが分かる。事故の発生を防止するためには、事故に至る過程をどこかで防御する、それもできるだけ早期の過程で防御することが重要である。

2. 事故発生要因の体系化

事故情報と事故要因の観点から体系化する試みを行った（**図Ⅰ-10.4**）。事故の要因としては、事故発生現場におけるミスなど（直接要因）のほかに、事業所等における安全教育体系の問題など（間接要因）や、さらには事業所、企業等では容易に対応できないような背後要因も存在すると考えられる。

事故が発生すると、直接要因は必ず存在する。したがって、事故要因を究明するため、まず直接要因を明らかにする必要がある。直接要因としては、安全知識・技術等とそれらの共有化に関わる情報要因、安全意識の低下、危険に対する感性の低下、安全倫理の希薄化等の人的要因あるいは設備・機器・システムの劣化、損傷等の要因などが挙げられる。事故要因を深く掘り下げていくと、直接要因のみならず、その背後に、企業や事業所の体質、運営、組織、管理、教育、安全文化等の間接要因も

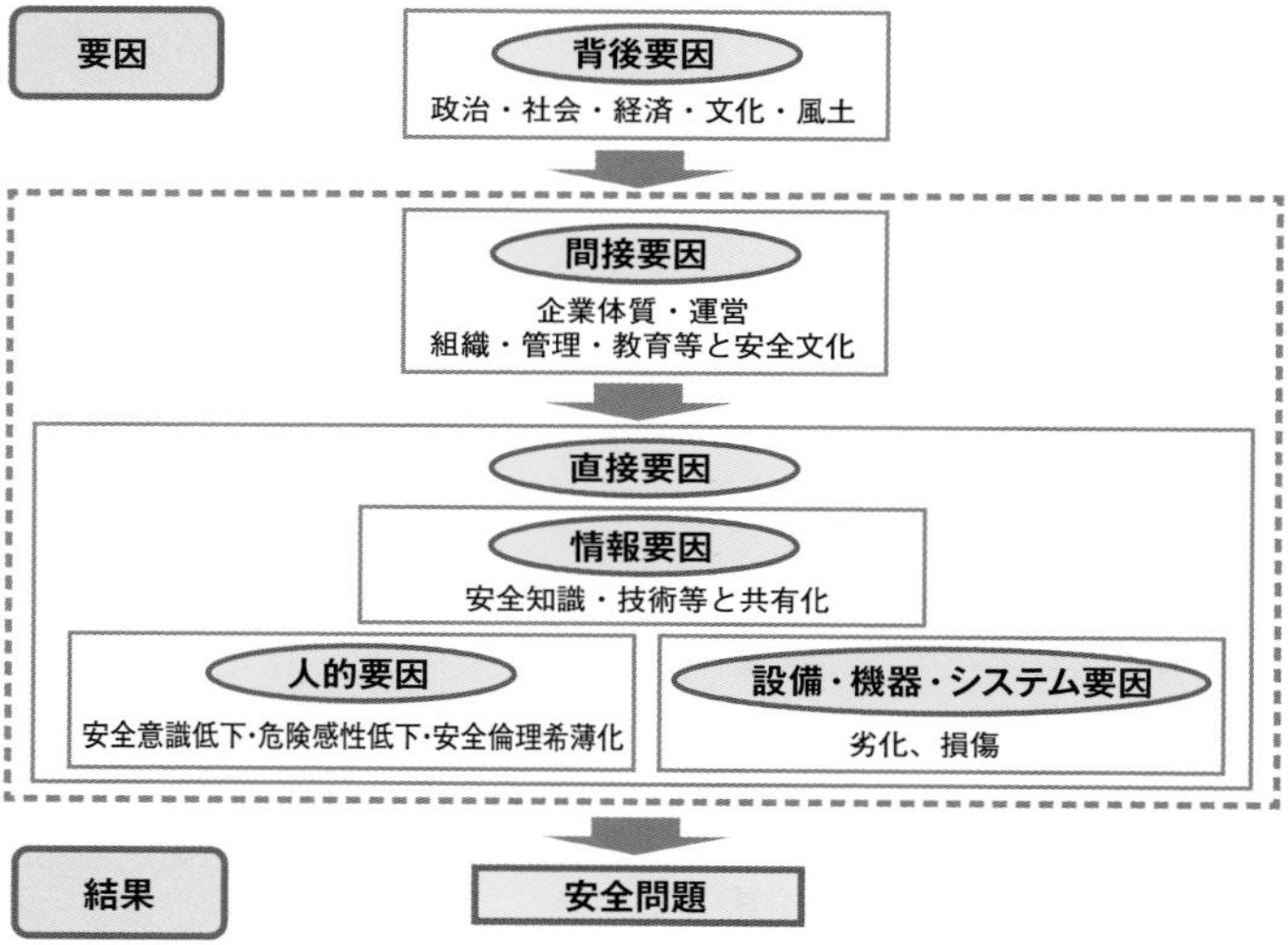

図Ⅰ-10.4. 最近の産業安全問題の要因の整理

関わっていることが少なくない。直接要因に対する対策を施せば、現場の問題として留めることができ、一見、問題は容易に解決したように見えるが、間接要因を放っておいては本質的な問題の解決につながらないため、また類似事故が再発してしまう。事故の発生時には、間接要因の可能性についても十分な検討が必要である。

事故要因を究明していると、事業所、企業だけでは容易に対応できないような政治、経済、社会、文化、風土等の背後要因が存在する場合もある。これらは社会全体として考えなければならない問題であり、容易に解決できるものではないが、これらの問題を継続的に提起していくことにより、対応するための社会体制の実現につながる可能性もある。特に安全に関する教育・啓発に関しては、産業界は一人ひとりの安全意識や安全知識の向上を目指して、種々の努力を行っているが、一企業、一事業所の努力には限界がある。例えば安全の基本である『リスクは必ず存在する』という認識、だから自分の身は自分で守るということ、そのためには危険に対する感性を持つということ、また、ものごとにはリスクもあればベネフィットもあることを理解し、それらを基に科学的議論ができ、デシジョンができる環境づくり等である。後に述べるように、家庭教育、初等・中等教育等における長期的視点に立った国としての教育・啓発のための施策が必要であろう。

事故防止のためには、事故の発端となった直接要因を理解し、その対策を講じることは必須であるが、直接要因のみならず、間接要因、背後要因まで含めて体系的に検討する必要があろう。

3. ヒヤリハットの解析と活用

もう一つ、事故情報解析で重要なことは、ヒヤリハットを有効に活用することである。ヒヤリハットとは、例えば化学物質取扱プロセスの作業において「ヒヤリ」としたり、「ハッ」としたことを言う。すなわち、幸いにして事故には至らなかったが、状況によっては事故に至ったかもしれないようなケースのことである。特にプロセスに関連したヒヤリハットは、事故に至る過程で、ハード面あるいはソフト面での何らかの対策等が機能したために途中で防御でき、事故に至らなかったと言うケースがほとんどである。

ヒヤリハットは、職場における潜在危険の発見や作業者の危険に対する感性を高めるための活動として広く機能している。ハインリッヒによると、1つの重大事故の背後には、重大事故に至らなかった29件の軽微な事故が隠れており、さらにその背後には事故寸前だった300件の異常、いわゆるヒヤリハットが隠れていると言うことである。ヒヤリハット事例には、失敗に関する多くの貴重な知識や教訓が内在していると考えられる。

また、考えようによってはヒヤリハットは事故には至らなかった成功例ととらえることもできる。すなわち、起因事象は発生したが、事故の発生までには至らず途中の事象で止めることができた例である。何故途中で止めることができたかを検討することにより、さらにはそれらの知識、教訓を体系化することによって、事故防止のために有効活用ができるようになる。

ヒヤリハットの対応の仕方で、運命が決まる！？

その意味において、ヒヤリハット事例の解析による知識化は今後一層重要となろう。

図Ⅰ-10.5にヒヤリハットおよび事故の発生フローを示す。まず、何らかの要因により、ヒヤリハットあるいは事故の起因事象が発生する。ここで、その起因事象の拡大要因がなければヒヤリハットでとどまる。また、拡大要因があっても、起因事象が事故に至るのを防止できる拡大防止対策が有効に機能すれば事故には至らずヒヤリハットにとどめることができる。逆に拡大防止対策が有効に機能しない場合は事故の発生に至ってしまう。

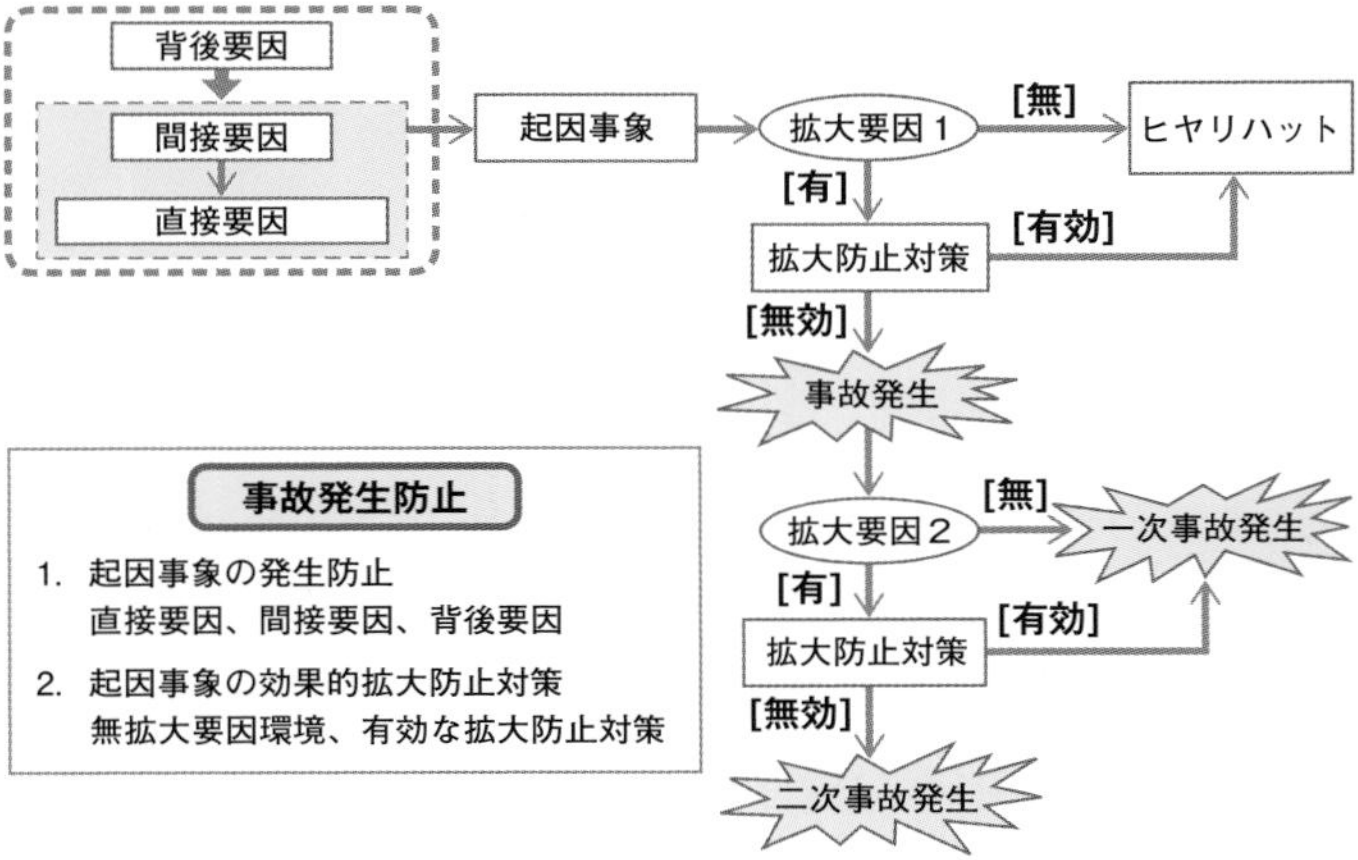

図Ⅰ-10.5. ヒヤリハットと事故発生フロー

図に示されるように、ヒヤリハットと事故は同じフローとしてとらえることができる。したがって、ヒヤリハットの場合も、起因事象の発生要因について、事故の場合と同様に（既に述べたように直接要因のみならず、間接要因、背後要因について）解析することにより、事故防止のための貴重な知識や教訓を得ることができる。また、ヒヤリハットの場合は、事故発生過程において、拡大要因がない、拡大防止対策が有効に機能したなどにより事故を防止できた成功例であり、その内容を解析することにより、事故に至るのを防ぐためにはどうすればよいかといった貴重な知識や教訓が得られる。

ヒヤリハットはその事例数が多いことから、事故要因に関する知識と教訓の宝庫と言えよう。

しかしながら、ヒヤリハットは事故の場合と異なり、社外的な報告義務がない。また、ヒヤリハット経験は本人の安全に対する意識、知識、姿勢が不十分であり、恥ずべきことであるとの思いから、公表をしたがらない傾向もある。公開することによりノウハウ部分も暴露されると言う懸念もある。このような事情から、ヒヤリハットは安全化に資する貴重な知識と教訓の宝庫であるにもかかわらず、あまり公開されないのが現状である。種々工夫することにより、ヒヤリハットの解析から得られる知識と教訓は可能な限り共有化するべきであろう。ヒヤリハットを提出しやすい職場や事業所の環境、仕組みを作り上げることも重要であろう。

事故をゼロにすることは極めて困難である。しかし、事故のトリガーとなる起因事象の発生数を減少させ、発生した起因事象の拡大を防止することは可能である。そのためにもヒヤリハットから得られる知識や教訓を体系化し、事故の再発防止に努めることは重要であろう。

ヒヤリハットの知識・教訓の体系化と共有化を進めれば、安全のレベルアップに大きく貢献できる可能性がある。

4. 失敗知識の安全教育への活用

事故情報の貴重な知識・教訓を体系的に整備すれば、化学安全教育に活用することができる。JSTの支援を得て開発したのが、化学安全工学教育のための化学安全WEBである。化学安全教育の基本プログラムに事故事例の解析から得られた知識や教訓を加え、さらに、必要により事故事例と関連づけることもできる。単に知識を習得するだけのプログラムではなく、事故体験的な要素を取り入れているため、生きた安全教育プログラムと言える。

5. 今後の展望

事故事例やヒヤリハットは危険物等を取り扱うプロセスに存在する潜在危険が顕在化したもの、あるいは一部顕在化したものである。したがって、事故事例やヒヤリハットについてその現象を種々解析することにより得られる知見を、教訓として安全対策に生かすことは安全確保の上で重要と言える。

しかしながら、事故事例やヒヤリハットからプロセスに存在する潜在危険のすべてをとらえられるわけではない（**図Ⅰ-10.6**）。したがって、プロセスの安全確保をさらに推進していくためには、プロセスに存在するできるだけ多く（願わくばすべて）の潜在危険を抽出し、リスク評価し、安全対策を講じることが望ましい。

そのためには、科学的知識をさらに深めるとともに、情報共有化により潜在危険抽出の高度化を図る必要があろう。

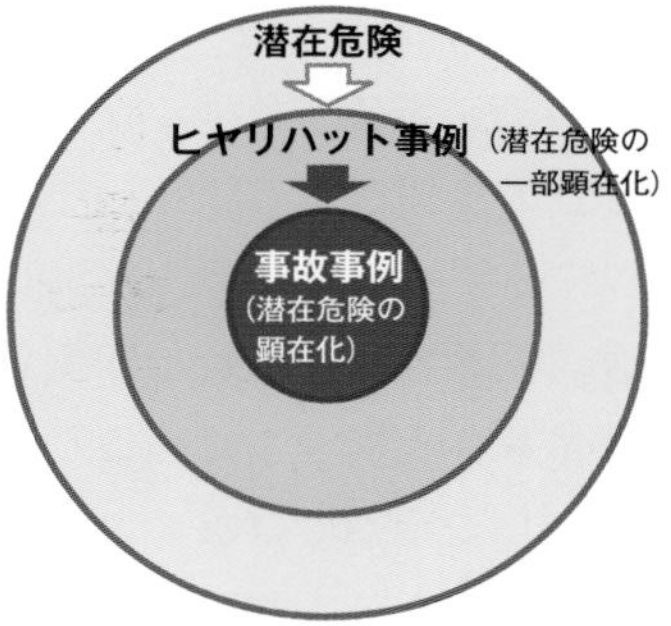

製造プロセス：潜在危険とリスク
設備・機器・システム：危険要因
物質・反応：潜在危険性
プロセス条件：リスク（発生確率、影響度）

製造プロセスの安全化：
製造プロセスの潜在危険の把握
製造プロセスの危険事象進展の制御

製造プロセスの潜在危険の把握
1. 文献情報
  1）物質・反応の潜在危険性
  2）製造プロセス設備等における危険要因
  3）製造プロセスのハザードシナリオとリスク
2. 事故事例・ヒヤリハット事例
3. 事故要因分析（チェックリスト、What if、特性要因図、FTA、ETA、FMEA、HAZOP等）
4. 各種安全活動（5S、相互注意、パトロール、KY、HH、ニアミス、運転トラブル等）
5. 第三者評価（他課、他事務所、本社、社外）
6. その他

図Ⅰ-10.6. 製造プロセスの潜在危険の顕在化の過程と安全化

参考文献

1）田村昌三監訳、「危険物ハンドブック第5版」、丸善（1998）
（原著：P.G.Urben; Bretherick's Handbook of Reactive Chemical Hazards 5th ed,.Butterworth（1995））
2）田村昌三、新井充、阿久津好明,「エネルギー物質と安全」、朝倉書店（1999）
3）日本化学会編、「第4版化学実験の安全指針」、丸善（1999）
4）日本化学会編、「第5版実験化学講座30 化学物質の安全管理」、丸善（2006）
5）田村昌三編集代表、「化学物質・プラント事故事例ハンドブック」、丸善（2006）
6）田村昌三編、「事故例と安全」、オーム社（2013）
7）田村昌三編著、「産業安全論」、化学工業日報者（2017）

I-11 法規制による危険物

❶ はじめに

化学物質は発火・爆発危険性、有害危険性、環境汚染性の潜在危険性を持ったものもあり、それらに関する正しい知識を得て、適切な取り扱いをしないと、潜在危険性が顕在化して爆発・火災災害、健康障害、環境汚染等を引き起こす。

これらの化学物質による災害を防止するため、法規が定められている。これらの法規は関係省庁が潜在危険性を有する化学物質について、事故防止のために守るべき最低限の事項を定めたものであり、法規を遵守しただけでは十分な安全確保にはならない。

これら化学物質による災害を防止するためには、化学物質の発火・爆発危険性、有害危険性、環境汚染性に関する十分な知識を得て、適切に取り扱うことが重要である。

ここでは、消防法における危険物、労働安全衛生法における危険物、高圧ガス保安法による高圧ガスについて紹介する。

❷ 消防法における危険物

消防法は「火災を予防し、警戒しおよび鎮圧し、国民の生命、身体および財産を火災から保護するとともに、火災又は地震等の災害による被害を軽減し、もって安寧秩序を保持し、社会公共の福祉の増進に資すること」を目的としており、危険物は「法別表の品名欄に掲げる物品で、表に定める区分に応じ表の性質欄に掲げる性状を有するもの」と定義している。そして、その判定・区分のために試験法を定めている。また、危険性の程度により指定数量を定め、その量に応じて貯蔵、取り扱いを規制している。

ここでは、法別表、判定・区分のための試験法、指定数量等について**表Ⅰ-11.1**～**表Ⅰ-11.5**に示す。

❸ 労働安全衛生法における危険物

労働安全衛生法（安衛法）は我が国における労働安全衛生の基本法とも言うべき法律で、労働災害の防止など職場における労働者の安全と健康の確保とともに、さらに積極的に快適な職場環境の形成を促進することを目的としている。安衛法では爆発性の物、発火性の物、酸化性の物、引火性の物、可燃性ガスによる危険に対処することの必要性について述べている。**表Ⅰ-11.6**にこれら危険物を示す。

❹ 高圧ガス

高圧ガス保安法は高圧ガスによる災害を防止するため、高圧ガスの製造、貯蔵、移動、消費、販売、その他に関して規制し、公共の安全を確保することを目的としている。高圧ガスには可燃性ガス、毒性ガス、特殊高圧ガス、不活性ガスがある。

高圧ガスの性状については**表Ⅰ-2.7.1**に、特殊材料ガスとその性状について**表Ⅰ-2.8.1**および**表Ⅰ-2.8.2**に示してある。

参考文献

1) 日本化学会編、「第4版化学実験の安全指針」、丸善(1999)
2) 日本化学会編、「第5版実験化学講座30 化学物質の安全管理」、丸善(2006)

表Ⅰ－11.1．消防法　危険物

第1類　酸化性固体
1．塩素酸塩類
2．過塩素酸塩類
3．無機過酸化物
4．亜塩素酸塩類
5．臭素酸塩類
6．硝酸塩類
7．ヨウ素酸塩類
8．過マンガン酸塩類
9．重クロム酸塩類
10．その他のもので政令で定めるもの
11．前各号に掲げるもののいずれかを含有するもの
第2類　可燃性固体
1．硫化リン
2．赤リン
3．硫黄
4．鉄粉
5．金属粉
6．マグネシウム
7．その他のもので政令で定めるもの
8．前各号に掲げるもののいずれかを含有するもの
9．引火性固体
第3類　自然発火性物質及び禁水性物質
1．カリウム
2．ナトリウム
3．アルキルアルミニウム
4．アルキルリチウム
5．黄リン
6．アルカリ金属（カリウム及びナトリウムを除く）及びアルカリ土類金属
7．有機金属化合物（アルキルアルミニウム及びアルキルリチウムを除く）
8．金属の水素化物
9．金属のリン化物
10．カルシウム及びアルミニウムの炭化物
11．その他のもので政令で定めるもの
12．前各号に掲げるもののいずれかを含有するもの
8．金属の水素化物
9．金属のリン化物
10．カルシウム及びアルミニウムの炭化物
11．その他のもので政令で定めるもの
12．前各号に掲げるもののいずれかを含有するもの
第4類　引火性液体
1．特殊引火物
2．第一石油類
3．アルコール類
4．第二石油類
5．第三石油類
6．第四石油類
7．動植物油類
第5類　自己反応性物質
1．有機過酸化物
2．硝酸エステル類
3．ニトロ化合物
4．ニトロソ化合物
5．アゾ化合物
6．ジアゾ化合物
7．ヒドラジンの誘導体
8．その他のもので政令で定めるもの
9．前各号に掲げるもののいずれかを含有するもの
第6類　酸化性液体
1．過塩素酸
2．過酸化水素
3．硝酸
4．その他のもので政令で定めるもの
5．前各号に掲げるもののいずれかを含有するもの

(1)　酸化性固体とは、固体（液体（1気圧において、温度20度で液体であるもの、または温度20度を超え40度以下の間において液状となるもの。以下同）または気体（1気圧において、温度20度で気体状であるもの。以下同）以外のもの）であって、酸化力の潜在的な危険性を判断するための政令で定める試験において政令で定める性状を示すもの。
(2)　可燃性固体とは、固体であって、火炎による着火の危険性を判断するための政令で定める試験において政令で定める性状を示すもの、または引火の危険性を判断するための政令で定める試験において引火性を示すもの
(3)　鉄粉とは、鉄の粉で、粒度などを勘案して自治省令で定めるものを除く。
(4)　硫化リン、赤リン、硫黄及び鉄粉は、(2)に規定する性状を示すもの
(5)　金属粉とは、アルカリ金属、アルカリ土類金属、鉄及びマグネシウム以外の金属の粉であり、粒度などを勘案して自治省令で定めるものを除く。
(6)　マグネシウム及び第2類の項第8号の物品のうちマグネシウムを含有するものにあっては形状などを勘案して自治省令で定めるものを除く。
(7)　引火性固体とは、固形アルコールその他1気圧において引火点が40度未満のもの。
(8)　自然発火性物質及び禁水性物質とは、固体または液体であって、空気中での発火の危険性を判断するための政令で定める試験において政令で定める性状を示すもの。または水と接触して発火し、もしくは可燃性ガスを発生する危険性を判断するための政令で定める試験において政令で定める性状を示すもの。
(9)　カリウム、ナトリウム、アルキルアルミニウム、アルキルリチウム及び黄リンは、前号で規定する性状を示すものとみなす。
(10)　引火性液体とは、液体（第三石油類、第四石油類および動植物油類にあっては1気圧において温度20度で液状であるものに限る）であって、引火の危険性を判断するための政令で定める試験において引火性を示すもの。
(11)　特殊引火物とは、ジエチルエーテル、二酸化炭素そのた1気圧において、発火点が100度以下のもの、または引火点が零下20度以下で沸点が40度以下のもの。
(12)　第一石油類とは、アセトン、ガソリンその他1気圧において引火点が21度未満のもの。
(13)　アルコール類とは、1分子を構成する炭素の原子の数が1個から3個までの飽和一価アルコール（変性アルコールを含む）を指し、組成などを勘案して自治省令で定めるものを除く。
(14)　第二石油類とは、灯油、軽油その他1気圧において引火点が21度以上70度未満のものであり、塗料類その他の物品であって、組成などを勘案して自治省令で定めるものを除く。
(15)　第三石油類とは、重油、クレオソート油その他1気圧において引火点が70度以上200度未満のものであり、塗料類その他の物品であって、組成を勘案して自治省令で定めるものを除く。
(16)　第四石油類とは、ギア油、シリンダ油その他1気圧において引火点が200度以上のものであり、塗料類その他の物品であって、組成を勘案して自治省令で定めるものを除く。
(17)　動植物油類とは、動物の脂肉などまたは植物の種子もしくは果肉から抽出したもので、自治省令で定めるところにより貯蔵保管されるものを除く。
(18)　自己反応性物質とは、固体または液体であって、爆発の危険性を判断するための政令で定める試験において政令で定める性状を示す、または加熱分解の激しさを判断す

るための政令で定める試験において政令で定める性状を示すもの。
(19)　第5類の項第9号の物品にあっては、有機過酸化物を含有するもののうち不活性の固体を含有するもので、自治省令で定めるものを除く。
(20)　酸化性液体とは、液体であって酸化力の潜在的な危険性を判断するための政令で定める試験において政令で定める性状を示すもの。
(21)　この表の性質欄に掲げる性状の2つ以上を有する物品の属する品名は自治省令で定める。

表Ⅰ－11.2　消防法　政令で指定するもの

種別	物　品　名
第1類	過ヨウ素酸塩類、過ヨウ素酸、クロム・鉛またはヨウ素の酸化物、亜硝酸塩類、次亜塩素酸塩類、塩素化イソシアヌル酸、ペルオキソ二硫酸塩類、ペルオキソホウ酸塩類
第3類	塩素化ケイ素化合物
第5類	金属のアジ化物、硝酸グアニジン
第6類	ハロゲン間化合物

表Ⅰ－11.3　消防法　危険物の試験方法

種別	試験	対象	測定される危険物	方法の概要	判定基準
第1類	落球式打撃感度試験	固体（粉粒状のもの）	衝撃に対する敏感性	①標準物質（硫酸カリウム）と可燃性物質（赤リン）を用いて作成した標準試料に鋼球落下打撃を与えて、標準試料の50%爆点（50%の確率で爆となる高さ）を求める。 ②試験物品と可燃性物質を用いて作成した試験試料に①50%爆点からの鋼球落下打撃を与えて、50%以上の確率で爆となるか否かを観察する。	試験試料が50%以上の確率で爆となること
	燃焼試験	固体（粉粒状のもの）	酸化力の潜在的な危険性	①標準物質（過塩素酸カリウム）と可燃性物質（木粉）との混合比が1：1の標準混合試料の燃焼時間を測定する。 ②試験物品と可燃性物質との混合比が8：2及び1：1の試験混合試料の燃焼時間を測定する。	試験混合試料の燃焼時間が標準混合試料の燃焼時間と等しいか又は短いこと
	大量燃焼試験	固体（粉粒状以外のもの）	酸化力の潜在的な危険性	①標準物質（過塩素酸カリウム）と可燃性物質（木粉）との混合比が4：6の標準混合試料の燃焼時間を測定する。 ②試験物品と可燃性物質との混合比が1：1の試験混合試料の燃焼時間を測定する。	試験混合試料の燃焼時間が標準混合試料の燃焼時間と等しいか又は短いこと

種別	試験	対象	測定される危険物	方法の概要	判定基準
第1類	鉄管試験	固体（粉粒状以外のもの）	衝撃に対する敏感性	①試験物品と可燃性物質（セルロース粉）との混合物を鉄管に充てんして雷管で起爆し、鉄管の破裂の程度を観察する。	鉄管が完爆すること
第2類	小ガス炎着火試験	固体	火炎による着火の危険性	①試験物品に小さな炎を接触させ、着火するまでの時間を測定し、燃焼を継続するか否か観察する。	10秒以内に着火し、燃焼を継続すること
	引火点測定試験	固体	引火の危険性	①試験物品の引火点をセタ密閉式引火点測定器を用いて測定する。	引火点が測定されること
第3類	自然発火性試験	固体又は液体	空気中での発火の危険性	（固体の場合） ①試験物品をろ紙の上に置き、10分以内に発火するか否かを観察する。 ②粉末の場合、試験物品を落下させ、10分以内に発火するか否か観察する。	（固体の場合） 発火すること
	自然発火性試験	固体又は液体	空気中での発火の危険性	（液体の場合） ①試験物品を磁製の器に滴下して、10分以内に発火するか否かを観察する。 ②試験物品をろ紙に滴下して、10分以内に発火するか否か、ろ紙を焦がすか否か観察する。	（液体の場合） 発火し、又はろ紙を焦がすこと

種別	試験	対象	測定される危険物	方法の概要	判定基準
第3類	水との反応性試験	固体又は液体	水と接触して発火し、又は可燃性ガスを発生する危険性	①試験物品を純水を湿らせたろ紙に置き、10分以内に発火するか否か、火炎により着火するか否か観察する。 ②試験物品を純水に入れ、可燃性ガスが発生するか否かを観察し、ガスの発生量を測定する。	発火し、若しくは着火し、又は可燃性ガスが発生し、その量が200ℓ/Kg·Hr以上であること
第4類	引火点測定試験	液体	引火の危険性	①試験物品の引火点をタグ密閉式引火点測定器により測定する。 ②①の引火点が80℃を超える場合、クリーブランド開放式引火点測定器により試験物品の引火点を測定する。	引火点が測定されること
	引火点測定試験	液体	引火の危険性	③①の引火点が0℃以上80℃未満で、当該温度における試験物品の粘度が10cSt以上の場合、試験物品の引火点をセタ密閉式引火点測定器により測定する。	引火点が測定されること

種別	試験	対象	測定される危険物	方法の概要	判定基準
第5類	熱分析試験	固体又は液体	爆発の危険性	①標準物質（ジベンゾイルパーオキサイド、ジニトロトルエン）の発熱開始温度及び発熱量を熱分析装置により測定する。 ②試験物品の発熱開始温度及び発熱量を①で用いた装置により測定する。	発熱開始温度及び発熱量が標準物質から求められた危険性の基準以上であること
	圧力容器試験	固体又は液体	加熱分解の激しさ	①試験物品を1.0mmのオリフィス板を取り付けた圧力容器に入れて加熱し、破裂板が破裂するか否かを観察する。	50%以上の確率で破裂すること
第6類	燃焼試験	液体	酸化力の潜在的な危険性	①標準物質（90%硝酸）と可燃性物質（木粉）との混合比が1：1の標準混合試料の燃焼時間を測定する。 ②試験物品と可燃性物質との混合比が8：2及び1：1の試験混合試料の燃焼時間を測定する。	試験混合試料の燃焼時間が標準混合試料の燃焼時間と等しいか又は短いこと

表I－11.4　消防法　指定数量

種別（性質）品名	分類・指定数量
第1類　（酸化性固体）	
1. 塩素酸塩類	
2. 過塩素酸塩類	
3. 無機過酸化物	
4. 亜塩素酸塩類	第1種酸化性
5. 臭素酸塩類	固体　50kg
6. 硝酸塩類	第2種酸化性
7. ヨウ素酸塩類	固体　300
8. 過マンガン酸塩類	第3種酸化性
9. 重クロム酸塩類	固体　1000
10. その他のもので政令で定めるもの	
11. 前各号に掲げるもののいずれかを含有するもの	
第2類　（可燃性固体）	
1. 硫化リン	100kg
2. 赤リン	100
3. 硫黄	100
4. 鉄粉	500
5. 金属粉	第1種可燃性
6. マグネシウム	固体　100
7. その他のもので政令で定めるもの	第2種可燃性
8. 前各号に掲げるもののいずれかを含有するもの	固体　500
9. 引火性固体	1000
第3類　（自然発火性物質及び禁水性物質）	
1. カリウム	10kg
2. ナトリウム	10
3. アルキルアルミニウム	10
4. アルキルリチウム	
5. 黄リン	10
6. アルカリ金属（カリウム及びナトリウムを除く）及びアルカリ土類金属	20
7. 有機金属化合物（アルキルアルミニウム及びアルキルリチウムを除く）	第1種自然発火性物質及び禁水性物質　10
8. 金属の水素化物	第2種自然発火性物質及び
9. 金属のリン化物	禁水性物質　50
10. カルシウム及びアルミニウムの炭化物	第3種自然発火性物質及び
11. その他のもので政令で定めるもの	禁水性物質　300
12. 前各号に掲げるもののいずれかを含有するもの	

種別（性質）品名	分類・指定数量	
第4類 （引火性液体）		
1. 特殊引火物		50リットル
2. 第一石油類	非水溶性液体	200
	水溶性液体	400
3. アルコール類		400
4. 第二石油類	非水溶性液体	1000
	水溶性液体	2000
5. 第三石油類	非水溶性液体	2000
	水溶性液体	4000
6. 第四石油類		6000
7. 動植物油類		10000
第5類 （自己反応性物質）		
1. 有機過酸化物		
2. 硝酸エステル類		
3. ニトロ化合物		
4. ニトロソ化合物	第1種自己反応性物質	
5. アゾ化合物		10kg
6. ジアゾ化合物	第2種自己反応性物質	
7. ヒドラジンの誘導体		100kg
8. その他のもので政令で定めるもの		
9. 前各号に掲げるもののいずれかを含有するもの		
第6類 （酸化性液体）		
1. 過塩素酸		
2. 過酸化水素		
3. 硝酸		300kg
4. その他のもので政令で定めるもの		
5. 前各号に掲げるもののいずれかを含有するもの		

表Ⅰ－11.5　消防法　指定可燃物

品　　名	数　　量	品　　名	数　　量
綿花類	200kg	石炭・木炭類	10000kg
木毛及びかんなくず	400kg	可燃性液体類	2 m^3
ぼろ及び紙くず	1000kg	木材加工品及び木くず	10 m^3
糸類	1000kg	合成樹脂類　発泡させたもの	20 m^3
わら類	1000kg	その他のもの	3000kg
可燃性固体類	3000kg		

1　綿花とは、不燃性又は難燃性でない綿状又はトップ状の繊維及び麻糸原料をいう。

2　ぼろ及び紙くずは、不燃性又は難燃性でないもの（動植物油がしみ込んでいる布又は紙及びこれらの製品を含む）をいう。

3　糸類とは、不燃性又は難燃性でない糸（糸くずを含む）及び繭をいう。

4　わら類とは、乾燥わら、乾燥藺及びこれらの製品並びに干し草をいう。

5　可燃性固体類とは、固体で、次のイ、ハ又はニのいずれかに該当するもの（1気圧において、温度20℃を超え40℃以下の間において液状になるもので、次のロ、ハ又はニのいずれかに該当するものを含む）をいう。

　イ　引火点が40℃以上100℃未満のもの

　ロ　引火点が70℃以上100℃未満のもの

　ハ　引火点が100℃以上200℃未満で、かつ、燃焼熱量が8000cal/g以上であるもの

　ニ　引火点が200℃以上で、かつ、燃焼熱量が8000cal/g以上あるもので、融点が100℃未満のもの

6　石炭・木炭類には、コークス、粉状の石炭が水に懸濁しているもの、豆炭、練炭、石油コークス、活性炭及びこれらに類するものを含む。

7　可燃性液体類とは、法別表（表8-1参照）備考第14号の自治省令で定める物品で液体であるもの、同表備考第15号及び第16号の自治省令で定める物品で1気圧において温度20℃で液体であるもの並びに同表第17号の自治省令で定めるところにより貯蔵保管されている動植物油で1気圧において温度20℃で液体であるものをいう。

8　合成樹脂類とは、不燃性又は難燃性でない固体の合成樹脂製品、合成樹脂半製品、原料合成樹脂及び合成樹脂くず（不燃性又は難燃性でないゴム製品、ゴム半製品、原料ゴム及びゴムくずを含む）をいい、合成樹脂の繊維、布、紙及び糸並びにこれらのぼろ及びくずを除く。

表Ⅰ－11.6　労働安全衛生法　危険物

爆発性の物	(1)　ニトログリコール、ニトログリセリン、ニトルセルローズその他の爆発性の硝酸エステル類 (2)　トリニトロベンゼン、トリニトロトルエン、ピクリン酸その他の爆発性のニトロ化合物 (3)　過酢酸、メチルエチルケトン過酸化物、過酸化ベンゾイルその他の有機過酸化物 (4)　アジ化ナトリウムその他の金属のアジ化物
発火性の物	(1)　金属リチウム (2)　金属カリウム (3)　金属ナトリウム (4)　黄りん (5)　硫化りん (6)　赤りん (7)　セルロイド類 (8)　炭化カルシウム(カーバイド) (9)　りん化石灰 (10)　マグネシウム粉 (11)　アルミニウム粉 (12)　マグネシウム粉およびアルミニウム粉以外の金属粉 (13)　亜二チオン酸ナトリウム(ハイドロサルファイト)
酸化性の物	(1)　塩素酸カリウム、塩素酸ナトリウム、塩素酸アンモニウムその他の塩素酸塩類 (2)　過塩素酸カリウム、過塩素酸ナトリウム、過塩素酸アンモニウムその他の過塩素酸塩類 (3)　過酸化カリウム、過酸化ナトリウム、過酸化バリウムその他の無機過酸化物 (4)　硝酸カリウム、硝酸ナトリウム、硝酸アンモニウムその他の硝酸塩類 (5)　亜塩素酸ナトリウムその他の亜塩素酸塩類 (6)　次亜塩素酸カルシウムその他の次亜塩素酸塩類
引火性の物	(1)　エチルエーテル、ガソリン、アセトアルデヒド、酸化プロピレン、二硫化炭素その他の引火点が-30℃未満の物 (2)　ノルマルヘキサン、酸化エチレン、アセトン、ベンゼン、メチルエチルケトンその他の引火点が-30℃以上0℃未満の物 (3)　メタノール、エタノール、キシレン、酢酸ペンチル(酢酸アミル)その他の引火点が0℃以上30℃未満の物 (4)　灯油、軽油、テレピン油、イソペンチルアルコール(イソアミルアルコール)、酢酸その他の引火点が30℃以上65℃未満の物
可燃性のガス	水素、アセチレン、エチレン、メタン、エタン、プロパン、ブタンその他の15℃、1気圧において気体である可燃性の物

第 II 章

化学プラントの安全

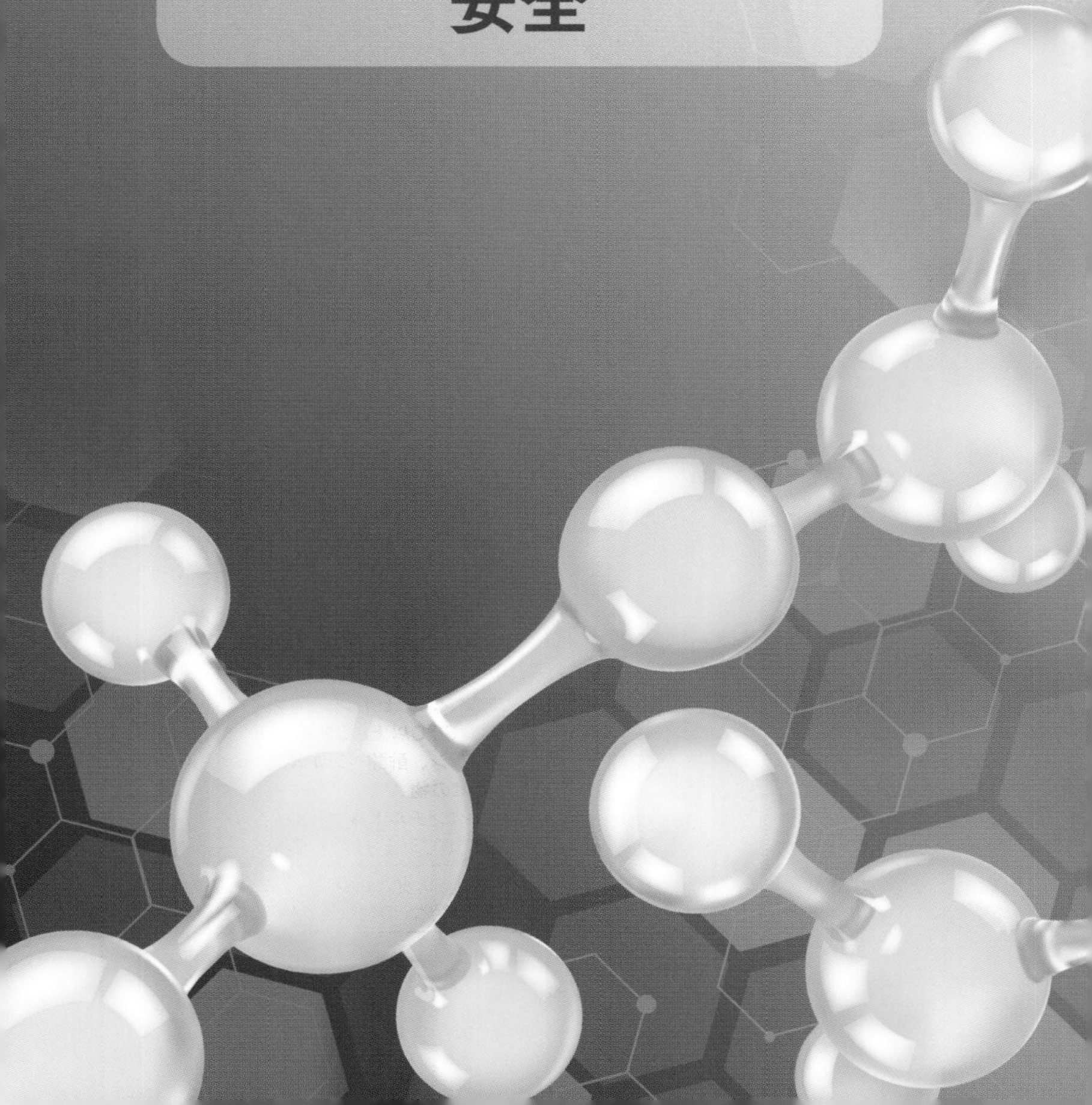

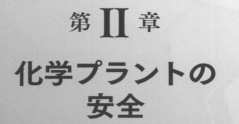

Ⅱ-1 はじめに

21世紀の安全調和型社会においては、産業安全のあるべき方向について、その背景にあるものを踏まえて考える必要がある。21世紀の産業活動は製品の全ライフサイクル（研究開発、生産、輸送、貯蔵、消費、廃棄）において、ヒト、社会、環境と調和したものでなければならない。その意味において、安全は産業活動におけるキー要素の一つと言える。技術立国を目指す我が国としては、安全に配慮したものづくりにおいて世界を先導するような機運が求められる。

Ⅱ．化学プラントの安全

産業安全の確保、向上のためには、産業界の一人ひとりが安全を意識して主体的に取り組むことがまず重要であるが、職場をはじめ、事業所や企業としても組織的に安全に取り組むべきであろう。

ここでは、まず、化学プラントの安全化の基本としてのハザードおよびリスクと、リスク管理および危機管理について説明し、化学プロセスの安全化の考え方を示し、次いで、それが機能するような安全文化の醸成について述べる。

II-2 リスクとリスク管理

❶ ハザードとリスク

　われわれが日常生活や産業活動を行う上では、種々の危険と思われる行為や状態、すなわちハザードが存在する。

　そしてリスクは、このハザードが出現する確率や頻度と、ハザードが出現した場合にわれわれに及ぼす影響度や被害度から割り出されるもので、通常は「発生確率や頻度」と「影響度や被害度」の積で表される。

　われわれはこうしたリスク社会の中で生存し、日常生活や産業活動を行っているのであり、常にリスクと向き合っており、リスクゼロの状態はあり得ないと言える。かつて、日本では絶対安全と言う言葉がよく用いられてきた。この言葉は、安全確保のために最善を尽くすという意味において、これまで安全の確保に貢献してきた。しかしながら、絶対安全と言う言葉は周囲が全て安全なのだと言う錯覚を招きかねないものである。また、絶対安全という言葉の下では、安全上の問題があっても指摘しにくい環境となるおそれがある。リスクは大なり小なり必ず存在すると言うことを理解し、それをいかに低減していくかを考えるべきであり、それが安全化につながると言える。

　われわれが危険物等の化学物質を取り扱う場合、その研究開発から製造、輸送、貯蔵、消費、廃棄に至る全てのライフサイクルにおいて、爆発や火災等のエネルギー危険、エネルギーハザードが存在する。そして、その爆発や火災のリスクは大なり小なり存在し、その程度は危険物の特性やそれを取り扱う環境条件により異なってくると言うことを考えておく必要がある。

❷ リスク管理

産業安全の確保のためには、産業が介在するあらゆる場面において、存在するリスクを把握し、それが社会的許容リスクレベル以下になるようリスクの低減に努めることである。製造業を例にとってみると、かつては生産における安全を中心に考えてきたが、現在は製造から廃棄に至るまで、製品の全ライフサイクルにおいて社会や環境への影響等も考慮した安全を考えるべきである。

日本においては、これまでは絶対安全と言う考え方が支配的であり、それが日本の産業の安全にうまく機能してきた。確かに多くの場合、存在するハザードを人の英知により克服し、安全の確保に努めてきた。

しかし、最近の産業環境や、人、社会の大きな変化を考えたとき、現代のリスク社会における産業安全の確保のためには、まず、安全はわれわれの生活にとって基本であると言う共通の認識を持つことである。その次に、従来のような絶対安全と言う考え方ではなく、常にリスクが存在すると言うことを認識した上で、リスクの低減に努めることが重要である。

リスクの低減のためには、まず、個々人の安全意識が重要である。近年、安全に関する知識はかなり集積されてきている。したがって、安全意識があればそれらを活用して安全化を図ることが可能であろう。

安全の実現のためには、リスクを評価し、リスクを社会的に許容できるリスクレベル以下に低減し、管理することが重要である。

ここでは、リスク評価としてのリスクアセスメントと、リスク管理としてのリスクマネジメントについて述べる。

一般にリスクアセスメントは、ある特定の期間に、ある出来事が起こる確率と、それが起こった場合の爆発・火災、健康、環境や財産等への影響や被害の大きさを算定するプロセスである。

一方のリスクマネジメントは、ハザードを抽出してリスクを評価し、必要により制御するプロセスである。リスクを評価する際の判断規範としては、政治、経済、競合リスク、公平性、その他社会的関心も関与する。

化学プロセスにおけるリスクマネジメントの各ステップのポイントおよびその流れを、それぞれ**図Ⅱ-2.1**、**図Ⅱ-2.2**に示す。

リスクマネジメントを行う上で、まず最初に行うのがハザードシナリオの抽出である。ハザードシナリオとして抽出されればリスク評価の対象となり、リスク評価の結果、問題があればリスク低減のための対策を講じることができる。しかしながら、ハザードシナリオとして抽出されなければリスク評価の対象ともならず、それが原因で大きな影響や被害が発生することは少なくない。ブレーンストーミング等により、種々の視点からの

化学プロセスにおけるリスクマネジメント

1. ハザードシナリオの抽出： ブレーンストーミング等
   種々の視点からのあらゆるハザードシナリオの抽出
2. リスクの一次評価： 専門家によるリスクのスクリーニング
3. リスク評価： 発生確率と影響度（被害度）
4. リスク管理
   1）リスクマトリックスによるリスクの評価
   発生確率小、影響度（被害度）大の場合の取り扱い
   2）安全対策等によるリスクの低減とリスク再評価
   安全対策： 予防対策と拡大防止対策
   ①. 予防対策：発生確率の低下、影響度（被害度）の低下
   ②. 拡大防止対策：防火・防爆対策、封じ込め、その他

図Ⅱ-2.1　化学プロセスにおけるリスクマネジメント

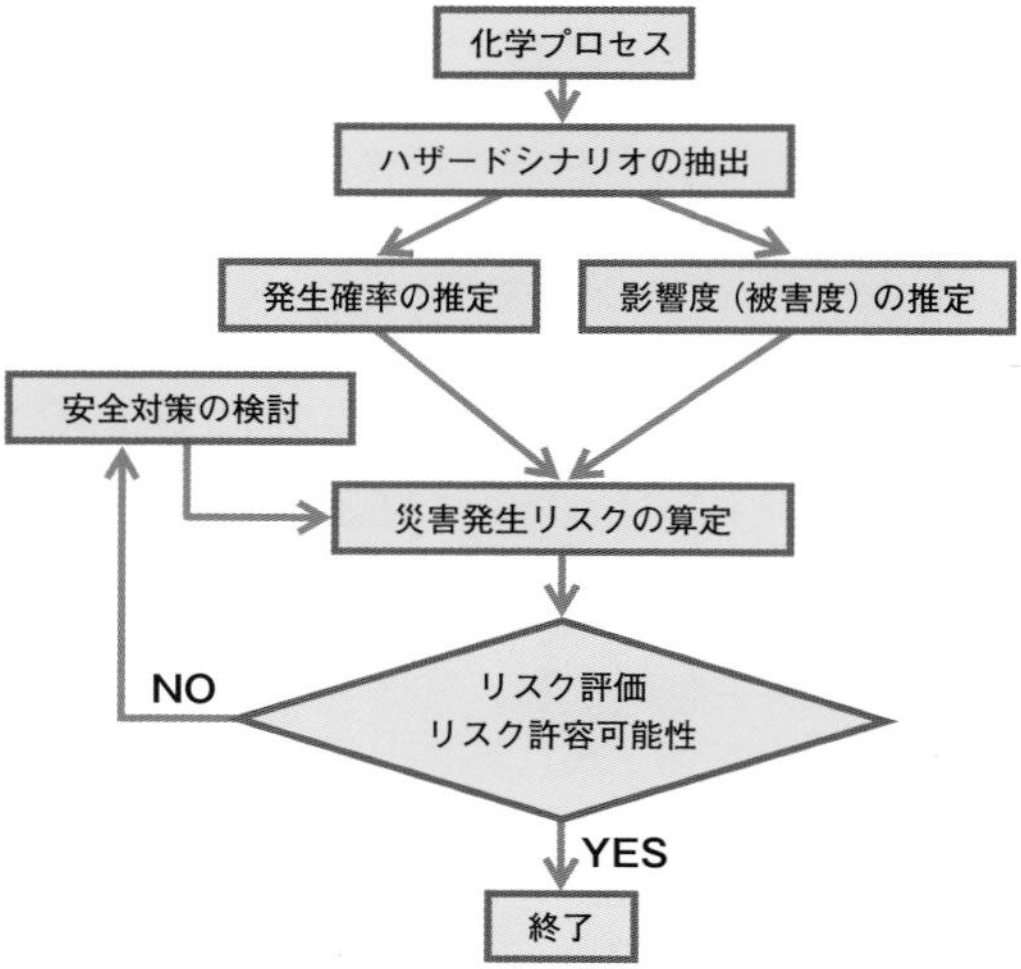

図Ⅱ-2.2　化学プロセスのリスクマネジメント

あらゆるハザードシナリオを抽出することが重要である。

抽出されたハザードシナリオに対しては、リスクを評価することになる。リスク評価は、目的により、定性的リスクアセスメント、半定量的リスクアセスメント、定量的リスクアセスメントの各手法を用いて行う。ハザードシナリオの抽出に当たっては漏れをなくすため、想定されるあらゆるものを抽出しており、その膨大なハザードシナリオ全てに定量的リスクアセスメントを行うことは現実的ではない。すなわち、リスクの一次評価として、定性的リスクアセスメントあるいは半定量的リスクアセスメント等の手法を用いた専門家のエキスパートジャッジによるスクリーニング評価を行うのが効果的であろう。その結果、さらに詳細を検討する必要があるハザードシナリオについては、定量的リスクアセスメントを用いて発生確率と影響度・被害度からリスクを評価する。リスク評価の結果は、**図Ⅱ-2.3**に示すように「発生確率」と「影響度・被害度」からなるリスク

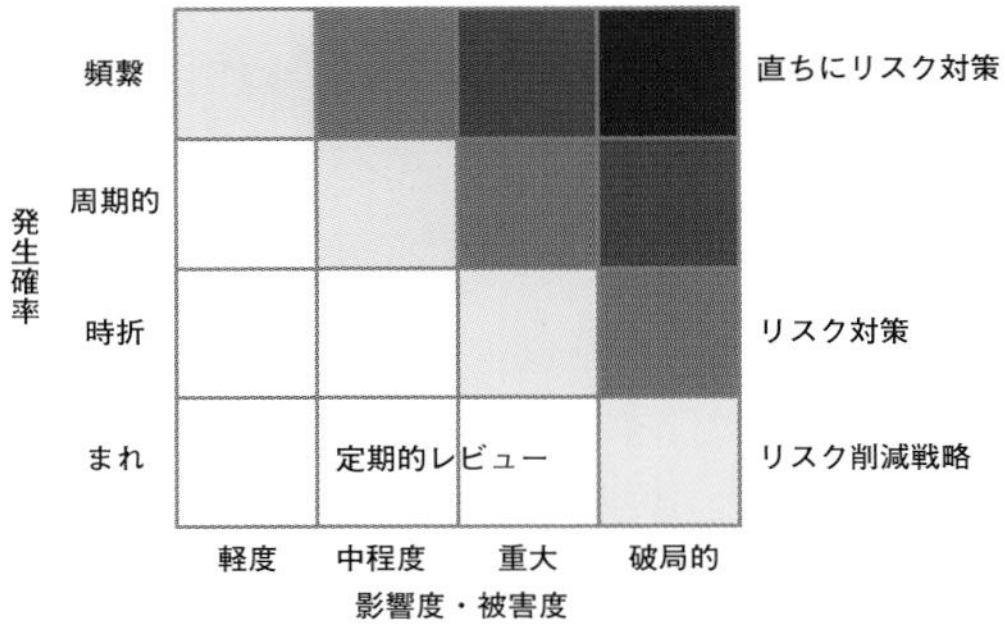

図Ⅱ-2.3　リスク管理の優先度

マトリックス上に表し、リスクが受け入れられないものであれば、発生確率あるいは影響度・被害度を低減させるための安全対策を講じ、リスクを再評価する。リスクの低減のためには、設備・機器・システムの導入、技術のレベルアップ、マネジメントシステムの導入、安全文化等が寄与するであろう。

これらの努力によりリスクは低減するが、不確定要素もあり、リスクは決してゼロにはならない。一方でリスク低減のためには経費が必要であり、当然、受益者の負担となる。したがって、リスクをゼロに近づけるために、いくら経費がかかってもよいと言うものではない。リスク管理の上で重要なのは、ベネフィットとリスクとの関係を理解した上で、どのレベルまでのリスクなら受容できるかと言うことであり、それを受益者、関係者、社会が判断しなければならない。社会が許容できるリスクレベルは、その時代の社会が判断することになる。これがリスクコミュニケーションのあるべき姿である。そのためには受益者、関係者、社会の各々が、ベネフィットとリスクを基に、感情的な議論ではなく科学的な議論を行い、ものごとを決定することができるような素養を平素から培っておく必要がある。

そこに、リスクコミュニケーションの本来の機能が果たされるような環境づくりができていくのであろう。

このようにハザードを抽出し、リスク評価を行い、安全対策を講じることにより、ベネフィットとリスクを基にした適切なリスク管理を行うことが可能となる。

化学物質を用いたものの使用には十分なベネフィットがあり、我々の日常生活を考えたとき、その使用は避けられない。

一方、化学物質の使用にはリスクがあり、リスクを低減できてもゼロにすることはできない。しかし、ゼロにすることができないからといって化学物質を用いないわけにはいかず、化学物質を有効に活用するため、適正なリスク管理が重要となる。

リスク管理上、もう一つ考えておかなければならないことは、事象の発生確率は極めて小さいが、事象が起こると甚大な影響や被害を与える場合である。発生確率と影響度・被害度の積で算出されるリスクとしては小さく見積もられるが、万一事象が起こると極めて大きな影響度や被害を与える場合については、やはり特別な対応を考えるべきであろう。

また、リスクの発生確率および影響度、被害度の低下を、ハード面のみの対策により目指すと、膨大な数の対策や莫大な費用が必要となるため、現実的ではなくなる。ハード面の対策は現実的に妥当なものとし、それに加えて、ソフト面の対策も考慮するべきである。また極めて大きな影響度の災害が万が一発生した場合を想定し、被害の拡大防止のために危機管理の視点からも対策を講じるべきであろう。

❸ リスク管理と危機管理

リスク管理に当たっては、リスクを事前に想定し、リスク評価を適正に行い、ベネフィットとリスクの関係から、リスクレベルが受容できないものであれば、リスク低減のための種々の安全対策を講じる等の必要がある。また利害関係者はもとより、専門家等の第三者を交えて十分なリスクコミュニケーションを行うことも必要である。

しかしながら、ベネフィットとリスクとの関係から、一定のリスクを許容保有しなければならない場合がある。特に問題となるのは、発生確率は極めて小さいが、発生した場合の影響度、被害度が極めて大きいケースであり、影響度や被害度を低減するためには莫大な投資を必要とする場合である。

このような場合においては、影響度や被害度の低減に莫大な投資をするよりも、ソフト的な対応を考えるのが現実的であろう。万が一事象が発生した場合に、被害の拡大を防止するため、早期に情報を得て、適切な避難を行う等である。

このように、災害への対応としては、予防の観点からリスク低減を図るリスク管理と、災害発生後に被害拡大防止の観点からリスク低減を図る危機管理の考え方がある。後者の危機管理では、関係者との情報共有と避難等の対応が適切に行われるように普段からリスクを理解すること、および避難方法の周知が必要となる。

Ⅱ-3 化学プロセスの安全化の考え方

化学プロセスの安全化を図るためには、次に示す4つのステップが重要である。

1.化学プロセスにおける危険要因の把握
2.各危険要因に対する化学プロセスの潜在エネルギー危険性評価
3.化学プロセスのエネルギーリスク評価
4.化学プロセスの安全化対策

化学物質は条件により発火・爆発を起こすが、化学物質にどのような種類のエネルギーが与えられるかにより、その発火・爆発の起こりやすさ（感度）と、起こしたときのエネルギーの発生量および発生速度（威力）は異なる。

したがって、化学物質を取り扱う化学プロセスの潜在エネルギーリスクの評価を行うに当たっては、それらが取り扱われている化学プロセス等において、いかなる危険要因が存在するかをまず漏れなく抽出する必要がある。

化学プロセスとしては種々のものがあり、各化学プロセスに存在する危険要因は異なる。

化学プロセスに存在する危険要因の把握

1. 化学プロセス	貯蔵、混合・溶解、反応、蒸留、乾燥、粉砕、洗浄等
2. 化学物質を取り扱うプロセスに存在する危険要因	温度、圧力、濃度、取扱量、雰囲気、容器材質、不純物、熱、打撃・摩擦、衝撃、静電気、可燃性混合気、火炎、火花等
3. 化学反応を取り扱うプロセスに存在する危険要因	反応系（反応熱、反応速度定数）、反応量、反応温度、反応圧力、雰囲気、反応組成、混合、滴下、容器材質、不純物、温度制御系等

危険要因の把握が十分でないと、漏れた危険要因に対する化学物質の潜在エネルギー危険性に関する情報が不足し、対策も不十分なものとなりかねず、事故の原因となることがある。

次いで、その危険要因に対する化学プロセスの潜在エネルギー危険性を評価することになる。化学物質や化学反応の潜在エネルギー危険性評価を行うに当たっては、その物質や反応に与えられるエネルギーの種類に対する物質や反応の感度と威力を調べる必要がある。化学プロセスの潜在エネルギー危険性評価法については先に述べたが、化学物質の潜在エネルギー危険性評価は、反応物や反応生成物のみならず、中間生成物や副反応生成物等についても行うことであり、一方、化学反応の潜在エネルギー危険性評価は、主反応のみならず、副反応や二次的反応についても行うことが重要である。

各危険要因に対する化学プロセスの潜在エネルギー危険性評価

適切な評価法を選択し、正しく評価を行い、評価結果を正しく解釈しなければならない。

化学プロセスの潜在エネルギー危険性評価

化学物質の潜在エネルギー危険性評価
◆反応物、中間生成物、反応生成物、副反応生成物等
化学反応の潜在エネルギー危険性評価
◆主反応、副反応、二次的反応 ◆時間ー温度、時間ー熱、時間ー圧力

ここで重要なのは各潜在エネルギー危険性評価法の特徴を理解し、その適用限界を十分に認識して評価結果を正しく解釈することである。結果の拡大解釈は事故を招く原因となる。

化学プロセスの各危険要因に対する潜在エネルギー危険性評価が終わると、その結果を基に化学プロセスの取扱条件下でのエネルギーリスクを評価しなければならない。化学物質や化学反応の危険事象の発生確率は感度特性と取扱条件との関係により決まり、影響度は威力特性と取扱量との積により決まる。

化学プロセスのエネルギーリスク評価：

化学プロセスの危険要因と取扱条件

各危険要因に対するエネルギーリスク評価

1.化学物質のエネルギーリスク評価

2.化学反応のエネルギーリスク評価

以上述べたように、化学プロセスにおける危険要因を漏れなく把握し、次いで、その各危険要因に対する化学プロセスの潜在エネルギー危険性を適切に評価すれば、その評価結果を基に、化学プロセスの各危険要因に対する取扱条件下でエネルギーリスクの評価が可能となる。必要な場合には、取り扱う化学物質や化学反応の見直しも含めて、設備、操作および管理面での適切な安全対策をとることができる。

化学プロセスの安全化対策：

設備、操作および管理面での適切な安全対策

1.化学物質の安全化対策

2.化学反応の安全化対策

Ⅱ-4 産業安全環境の醸成 —安全文化を考慮した産業安全と現場力の強化—

❶ はじめに

産業界は従来より安全確保のため種々の考え方を導入し、リスクの低減に努めてきた。**図Ⅱ-4.1**は、これまでに導入された産業安全確保の考え方とリスクとの関係を示す。当初は設備・機器の改善や基準等のマニュアルを完備させることにより、リスクの低減を図った。これらのコンセプトの導入により、ある程度のリスク低減効果は得られた。次いで、さらなるリスク低減のため、リスクマネジメント手法が導入された。リスク低減効果は大きかったが、近年のリスク構造の複雑化や人・社会の変化等の影響もあり、限界が生じている。そこで、リスクの低

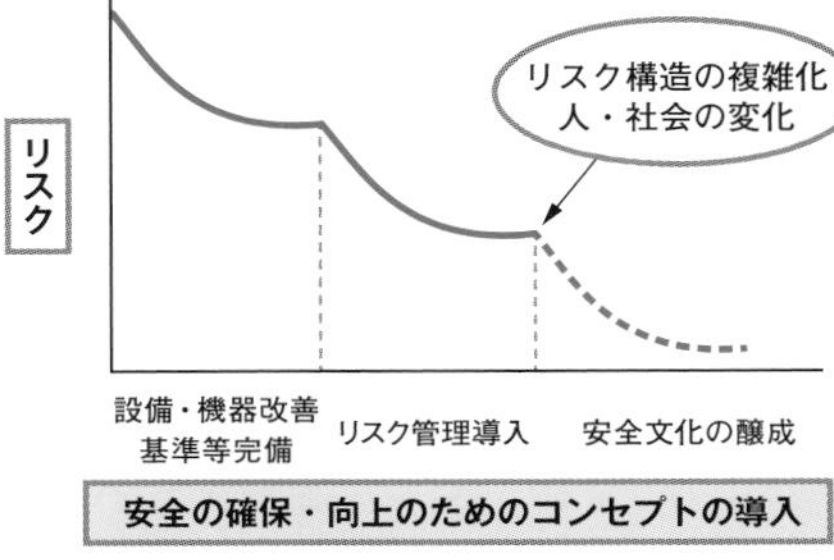

図Ⅱ-4.1　安全の確保・向上のためのコンセプト導入とリスク

減をさらに進めていくためには、従来の考え方に加えて安全文化のコンセプトを導入する必要があるのではないかと考えられるようになった。安全文化を考慮した産業安全のあり方が話題として取り上げられるようになり、経済産業省の支援を得て安全工学会で検討が行われ、事業所等の安全のレベルを表すものとして、保安力と言う考え方が提案された。

ここでは、安全文化を考慮した産業安全の基本となる保安力について、その概念および保安力を構成する安全基盤および安全文化の体系について説明する。

また、安全の視点から現場保安力をどう考え、どう評価するかについても記す。

次いで、それらを基に、保安力等評価の体系化と課題、保安力等の強化について述べる。さらに産業安全を推進するためには、その経済的効果と社会的評価を行う必要があることについても触れる。

❷ 安全文化を考慮した産業安全

1．保安力とは

安全工学会は、事業所等の安全の確保・向上のためには、安全の基盤となる仕組みである安全基盤を整備するとともに、その安全基盤が十分な機能を発現でき、また必要により安全基盤を補強できるような、事業所における安全文化が重要であるとの認識から、安全基盤と安全文化からなる保安力が重要であることを提案した。

保安力のイメージを**図Ⅱ-4.2**に示す。安全は、しっかりした安全基盤の仕組みの上で確保・向上できるものであり、そしてその安全基盤を活性化し、本来の機能を発現させるとともに、必要によってはそれを補強するために、安全文化が重要であると言うコンセプトが示されている。

ここで言う安全基盤とは、**図Ⅱ-4.3**に示すように、プラントの安全確保のためのプロセス安全管理をコアとした人・組織、

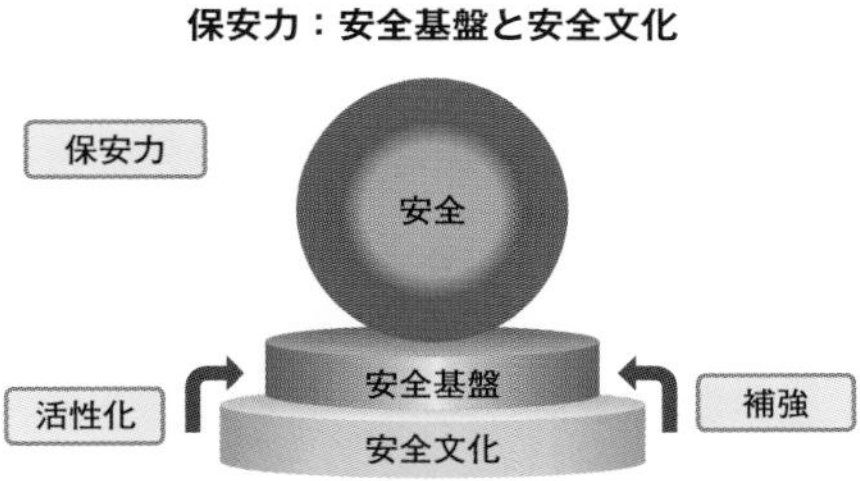

図Ⅱ-4.2　保安力の概念

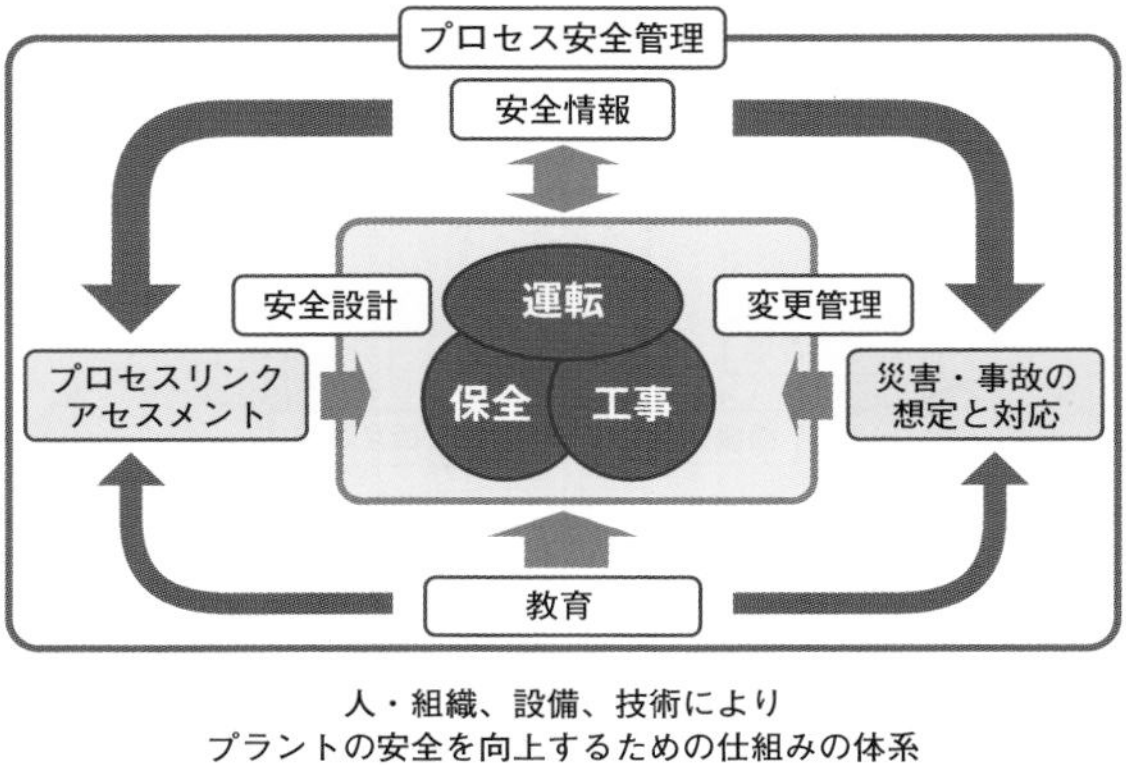

図Ⅱ-4.3　安全基盤の概念

設備、技術、マネジメントの仕組みの体系と言うことができる。重要なのは、プラント安全基盤情報を基にした設計、運転、保全、工事の一連の流れのなかで、各部門がその役割を適切に果たすことである。また、変更管理が適切に行われ、プロセスリスクアセスメントが有効に活用され、危機管理としての災害・事故の想定と対応が明確化され、また、それらのベースとなる教育が十分に行われるようなプロセス安全管理が適切に機能していることも重要である。安全基盤を整備するために実施すべき10の大項目を**表Ⅱ-4.1**に示す。各項目およびそれらを連携させ、プロセス安全管理の枠組みの中で本来の役割を果たす必要があると言える。

一方、安全文化は、安全基盤を活性化し補強する、人間行動、組織活動および事業所環境等のベースになるものと言うことができ、8つの要素から構成されている(**図Ⅱ-4.4**)。すなわち、トップマネジメントにおいては、組織統率として、安全理念の明確化と周知によるリーダーシップが最も重要であり、プラント現

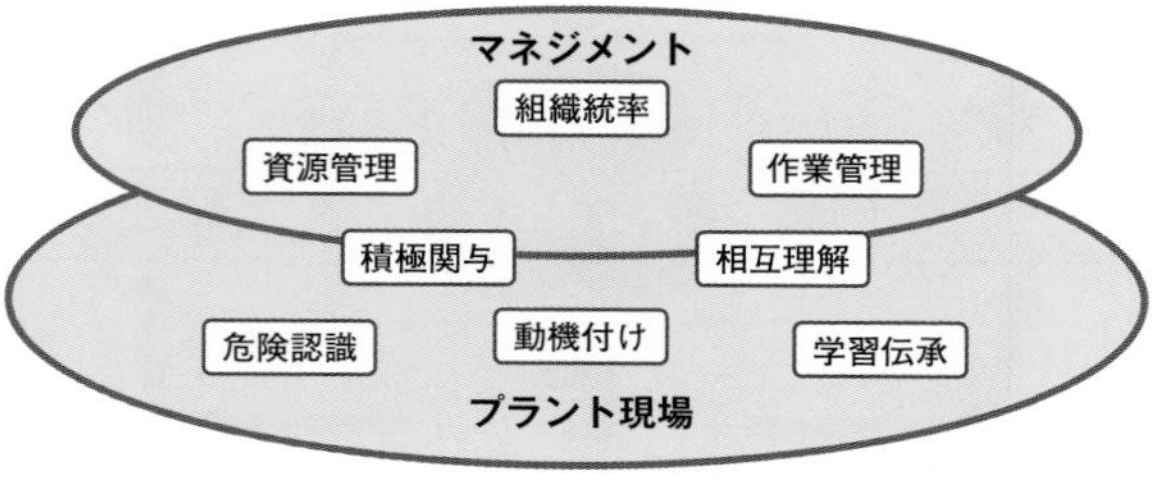

安全基盤を活性化し、補強する人間行動、組織活動、事業所環境を改善することにより、プラントの安全を向上させていく体系

図Ⅱ-4.4　安全文化の概念

表Ⅱ－4.1 安全基盤実施項目

1.プロセス安全管理	
1.1 プロセス安全管理の枠組み	1.2 プロセス安全管理の実行
2.プラントの安全基盤情報	
2.1 安全基盤情報の共有化	2.2 安全基盤情報の活用
3.安全設計	
3.1 安全設計基本方針	3.2 安全設計仕様
3.3 安全設計・安全技術基準	3.4 安全設備・安全システムの機能維持
4.運転	
4.1 運転管理規定	4.2 標準運転手順書
4.3 現場の運転管理	4.4 プロセス異常時対応
4.5 スタートアップ／シャットダウン	4.6 用役停止、自然災害の緊急停止・処置基準
5.保全	
5.1 保全管理	5.2 保全基準
5.3 保全情報の活用	
6.工事	
6.1 工事管理規定	6.2 日常工事の安全管理
6.3 大規模工事の安全管理	6.4 工事の引渡業務と検収･検査
7.災害･事故の想定と対応	
7.1 災害・事故時の行動要領と見直し	7.2 広域措置基準の共有化と訓練
8.プロセスリスクアセスメント	
8.1 プロセスリスクアセスメント実施基準	
8.2 プロセスリスクアセスメント結果の活用	
9.変更管理	
9.1 変更管理規定・基準	9.2 変更時のリスクアセスメント
9.3 変更記録・情報の管理	
10.教育	
10.1 運転員の教育システム	10.2 スタッフ、マネージャーの教育システム

場においては、安全の重要性を理解し、安全化に向けての主体的取組を行う上での動機付けとそのベースとなる危険認識、学習伝承が必須である。また、マネジメントとして、現場における安全化への主体的な取組を効果的に行うことができるような安全環境を構築するための資源管理、業務管理も必要である。そして、トップをはじめ現場に至る各構成員の安全化の取組への積極関与、またトップから現場に至る組織内の縦、横のコミュニケーションおよび事業所外とのコミュニケーション等も重要であるとされている。安全文化を醸成するために実施すべき8つの大項目の概要を**表Ⅱ-4.2**に示す。

かくて、保安力は安全基盤と安全文化から構成される。両者の関係から保安力をどう評価するかについては、今後さらに検討を要するが、それぞれの概念から見て、「保安力＝安全基盤×安全文化」と考えるのが妥当と思われる。

なお、安全基盤および安全文化の詳細については別に紹介されているので、参照されたい（参考文献[7)8)]）

2. 保安力の評価

安全工学会は、保安力を評価するため、安全基盤および安全文化の評価項目および評価指標を定めている。この保安力評価方法により、事業所等の保安力について、安全基盤および安全文化の各項目のレベルに関する位置づけを評価することが可能となった。すなわち、保安力を評価すれば保安力を構成するどの要素が弱いかを知ることができる（**図Ⅱ-4.5**）。保安力の評価は自らが行うのが基本である。これは自らが評価し、自らの弱

表Ⅱ－4.2　安全文化の実施項目

1.組織統率（ガバナンス）	組織内安全優先の価値観共有と尊重した組織管理、コンプライアンス、安全施策の積極的なリーダーシップ
・安全理念・方針の明確化 ・安全管理部門の明確化 ・安全管理部門・担当者の地位・権限の拡大 ・職場安全リーダーの設置・育成と安全リーダーシップの発揮	・協力会社委託（常駐・工事）の適正化 ・全社的安全監査の実施 ・職場安全実績・安全活動モニタリング・評価 ・法令遵守
2.積極関与（コミットメント）	経営トップから一般職員、規制者、協力会社職員に至る各立場の職務遂行の安全確保責任と自主的・積極的関与
・理念・方針の周知徹底 ・安全目標への行動計画の策定	・全員参加の安全活動 ・経営層による全員参加活動の奨励
3.資源管理（リソースマネジメント）	安全確保のための人的、物的、資金的資源管理と配分　一過性でない適正なマネジメントに基づく実施
・適正人員の配置 ・協力会社と実効的関係の構築	・コスト削減時の安全面の検討・確認
4.作業管理（ワークマネジメント）	安全管理に関する仕組み・実施要領の明確化
5.動機付け（モチベーション）	組織としてやる気を与えること　前向きで活気ある職場環境形成、安全性向上の取り組み促進、職場および職務の満足度の向上
・エキスパート技術者の処遇と職務満足感の向上 ・協力会社の職務満足感の向上	・満足感向上の調査

6.学習伝承（ラーニング）	安全重視の実践組織として必要な知識、背景情報の理解、実践能力の獲得と伝承のための自発的適切なマネジメントに基づく組織学習継続、教育訓練
・組織的学習 ・計画的な安全教育・訓練	・技術伝承の制度的な整備・実施 ・リスク情報の活用・共有
7.危険認識（アウェアネス）	各人の職務・職責での潜在的リスクの認識・発見努力の継続による危険感知能力の向上と行動への反映
・リスクアセスメントの実施 ・事故・トラブル事例の収集 ・緊急対応計画の整備	・緊急時対応の教育・訓練の実施　・装置・環境・手順書等人間工学的な配慮 ・ヒューマンファクターの理解促進 ・不適合管理体制の整備
8.相互理解（コミュニケーション）	組織内・組織間（規制者、同業他社、協力会社）上下、左右の意思疎通、情報共有、相互理解の促進と内省、特にマイナス情報の共有
・社員間交流・職場交流 ・社会・ステークホルダーとの対話と情報公開	・行政・官庁との信頼性の向上・連携

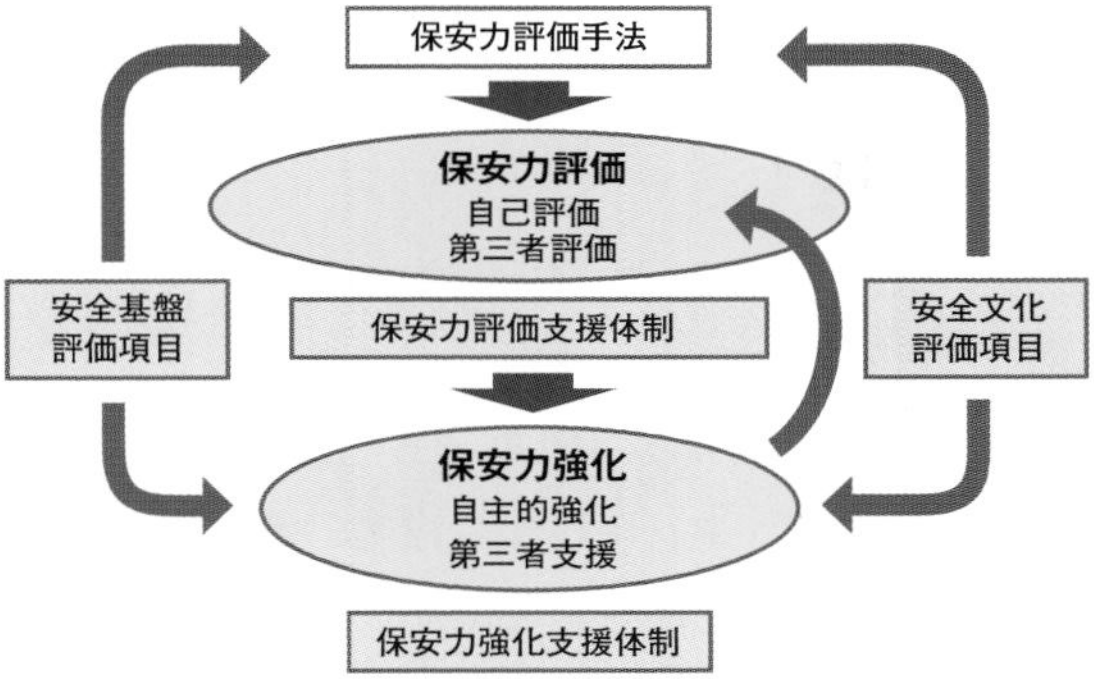

図Ⅱ-4.5　事業所等の保安力の評価と強化

点を実感することが、保安力向上に関する意識と意欲の向上につながるからである。ただ、自己評価のみでは評価が主観的になる怖れがあるため、必要により第三者による客観的評価も行うべきである。

保安力の評価により弱点が明らかになったら、次のステップとして、弱点の強化に努める必要がある。保安力の強化を行った後は、必ず保安力の再評価を行うべきある。これにより、保安力がどの程度向上したかがわかる。このように、保安力を評価し、そして必要により強化し、再評価するというPDCAサイクルを回すことにより、保安力を向上させることが重要である。

これらの保安力の評価と強化を推進していくため、2013年4月、安全工学会に保安力向上センターが設置され、2018年3月には独立法人化された。保安力向上システムの推進に向けて、保安力向上センターには、評価方法のグレードアップ、評価者の育成、第三者評価の役割等が、大いに期待される。

❸ 現場保安力

1．現場保安力とは

現場保安力は、近年の化学関連産業における事故等の解析を基に、前述した保安力の考え方を現場にフォーカスすることにより概念化したものである（**図Ⅱ-4.6**、**図Ⅱ-4.7**）。すなわち、現場保安力とは、プラント現場が経営層の安全理念・方針を理解し、プラントの運転・保守業務において安全問題に主体的に取り組み、事故予防のため、プロセスおよび作業の危険性を理解（危険源の予知、リスク評価）し、設備・機器の健全性維持と作業の安全化を図ることができ、また、万一の事態に際しては、異常の予兆を検知し、異常発生時の適切な対処ができ、事故発生時の影響や被害の局限化を図ることができるなど、プラント現場の安全のポテンシャルを言う。

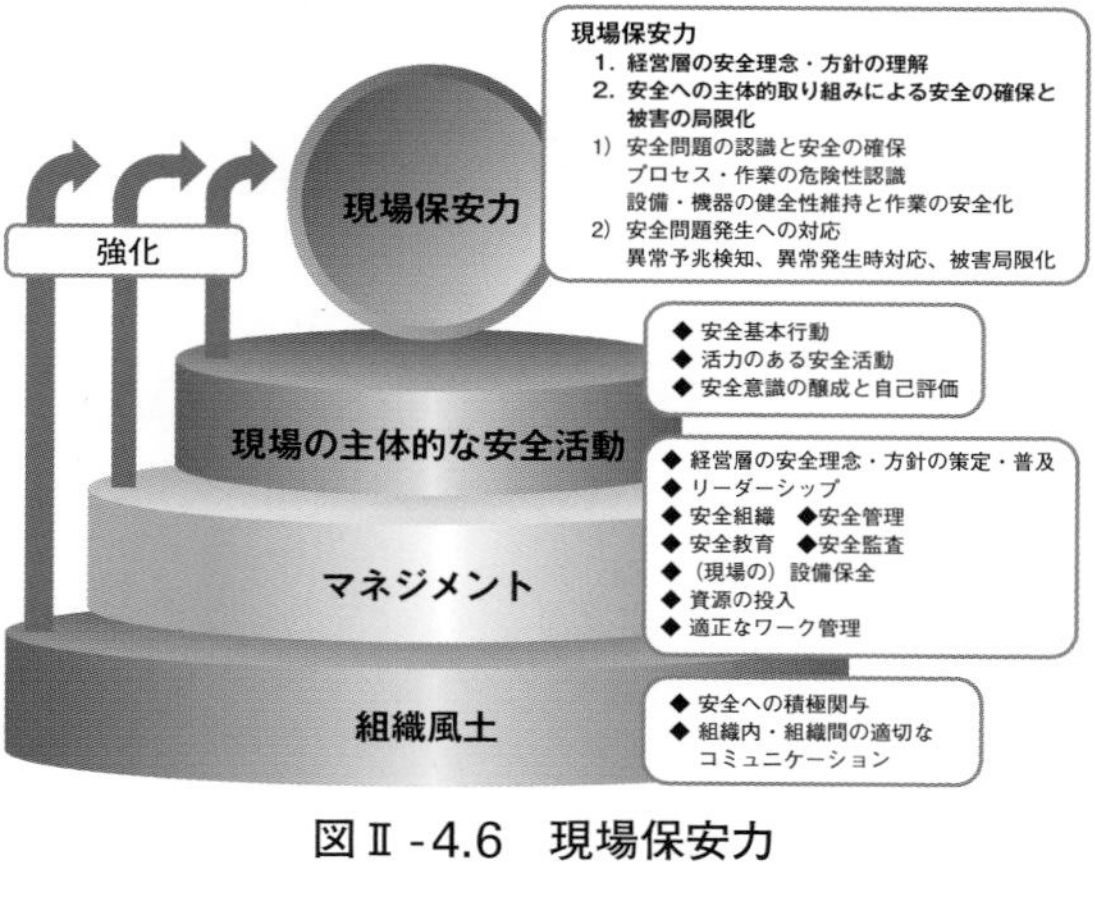

図Ⅱ-4.6　現場保安力

"現場保安力とは、プラント現場が経営層の安全理念・方針を理解し、プラントの運転・保守業務において安全への主体的な取り組みにより事故の予防や事故発生時の影響・被害の局限化をはかるプラント現場の安全の潜在能力（安全のポテンシャル）。現場保安力は主体的な安全活動ならびにそれらをリードし、支援するマネジメントおよび組織風土により強化される"

現場保安力の構成要素

1. 経営層の安全理念・方針を理解
2. 安全への主体的な取組による安全の確保と被害の局限化
   - ①安全問題の認識と安全の確保
     - ・プロセスおよび作業の危険性の理解（危険源の予知、リスク評価）
     - ・設備・機器の健全性維持と作業の安全化
   - ②安全問題発生への対応
     - ・異常の予兆の検知
     - ・異常発生時の適切な対処
     - ・事故発生時の被害の局限化

現場保安力の強化要素

1. プラント現場の安全の潜在能力を高める現場の主体な安全活動
   - ・安全基本行動（5S、挨拶・規則順守）
   - ・活力のある安全活動（KY活動、HH活動、安全改善提案、HE防止活動）
   - ・安全意識の醸成と自己評価（個人安全活動宣言、安全行動自己評価、相互注意運動）
2. プラント現場の安全の潜在能力を高めるマネジメント
   - ・経営層の安全理念・方針の策定・普及
   - ・リーダーシップ
   - ・安全組織、安全管理、安全教育、安全監査
   - ・（現場の）設備保全
   - ・資源の投入
   - ・適正なワーク管理
3. プラント現場の安全の潜在能力を高める組織風土
   - ・安全への積極関与
   - ・組織内・組織間の適切なコミュニケーション

図Ⅱ-4.7　現場保安力とは

表Ⅱ-4.3に現場保安力の構成要素と強化要素との関係を示したが、現場保安力の強化のためには、プラント現場のみならず企業・事業所における各ポジションが適切な役割を果たす必要がある。すなわち、トップは安全に対する理念・方針を明確に示すとともに、リーダーシップをもって、プラント現場が主体的に安全活動に取り組めるような環境づくり、およびそのための資源管理や作業管理に努めることである。

プラント現場は、トップの安全理念・方針を理解し、安全の確保に向けて主体的に取り組むことができるモチベーションと、危険に対する高い感性や知識の向上を目指す意欲が必要で

表Ⅱ－4.3　現場保安力の構成要素と強化要素

			現場保安力構成要素					
			経営層の安全理念・方針の理解	安全への主体的取り組みによる安全の確保と被害の局限化				
				安全問題の認識と安全の確保		安全問題発生への対応		
				プロセス・作業の危険性理解（危険源予知・リスク評価）	設備・機器の健全性維持と作業の安全化	異常の予兆検知	異常発生時の適切な対処	事故発生時の被害の局限化
現場保安力強化要素	要素	項目						
	現場の主体的安全活動	安全基本行動（5S、挨拶・規則順守）						
		活力のある安全活動（KY活動、HH活動、HE防止活動、安全改善提案）						
		安全意識の醸成と自己評価（個人安全活動宣言、安全行動自己評価、相互注意運動）						
	マネジメント	経営層の安全理念・方針の策定・普及						
		リーダーシップ						
		安全組織						
		安全管理						
		安全教育						
		（現場の）設備保全						

現場保安力構成要素および
全体としての現場保安力のレベルを評価

現場保安力強化要素の
安全活動の取り組み状況

現場保安力強化要素	マネジメント	安全監査						
		資源の投入						
		適正なワーク管理						
	組織風土	安全への積極関与						
		組織内・組織間の適切なコミュニケーション						

あろう。

トップからプラント現場に至るまで一体となって安全に積極的に取り組むためにも、縦、横のコミュニケーションを十分に行うことが重要である。

現場保安力の評価に当たっては、まず、現場保安力を構成する要素に対して、現場保安力を強化する要素のレベルがどの程度にあるかを現場保安力強化要素・強化実施項目について評価する。得られた値と、その強化実施項目の現場保安力構成要素への寄与度（**表Ⅱ-4.4**）との積から、現場保安力の各構成要素および全体のポテンシャルを評価すれば、現場保安力全体のレベルおよび各構成要素の弱点が明確になり、強化の方向性を知ることができる。

現場保安力は、保安力を現場の視点から見たものであり、現場での要素が主体となるが、安全の仕組みである安全基盤を活性化し補強するという意味において、安全文化の要素が大きいと言えよう。

2．現場保安力の評価

現場保安力を強化するためには、まず現場保安力を評価する必要がある。現場保安力の構成要素のレベルが現場保安力強化要素のレベルと構成要素への寄与度との積により表すことができれば、それを用いた評価により、現場保安力のどの構成要素が弱いかを明らかにでき、強化の方向性を明確にすることができる。

表Ⅱ−4.4　現場保安力の強化実施項目の構成要素への寄与度

現場保安力強化要素 ＼ 現場保安力構成要素					現場保安力構成要素					
						安全への主体的取組による安全の確保と被害の局限化				
						安全問題の認識と安全の確保		安全問題発生への対応		
要素	大項目	中項目	安全活動・取り組み項目		経営層の安全理念・方針の理解	プロセス・作業の危険性理解（危険源予知・リスク評価）	設備・機器の健全性維持と作業の安全化	異常の予兆検知	異常発生時の適切な対処	事故発生時の被害の局限化
現場の主体的安全活動	安全基本行動	安全基本行動（5s、挨拶、規則順守等）	1	安全基本行動を定着させる取り組みを行っている	C	C	B	D	D	E
			2	規則遵守意識を向上するための取り組みを行っている	C	C	B	D	D	E
	活力ある安全活動	安全活動（KY活動、ヒヤリハット活動、安全改善提案等）	3	安全活動がマンネリ化しないよう工夫をしている	D	B	B	C	D	E
			4	ヒヤリハット情報を収集し、積極的に活用している	D	A	A	B	D	E
			5	危険感性を育成するため、事故や災害情報の見える化を図っている	D	A	B	B	C	D
	安全意識の醸成と自己評価	安全基本行動自己評価 相互注意活動	6	安全基本行動の実践を各自が評価し安全意識の向上に取り組んでいる	D	C	B	C	D	E
			7	部署を超えて気安く相互注意できるよう取り組んでいる	D	B	C	C	D	E

現場保安力強化要素 ＼ 現場保安力構成要素					現場保安力構成要素					
						安全への主体的取組による安全の確保と被害の局限化				
						安全問題の認識と安全の確保		安全問題発生への対応		
要素	大項目	中項目		安全活動・取り組み項目	経営層の安全理念・方針の理解	プロセス・作業の危険性理解（危険源予知・リスク評価）	設備・機器の健全性維持と作業の安全化	異常の予兆検知	異常発生時の適切な対処	事故発生時の被害の局限化
マネジメント	経営層の安全理念・方針の策定・普及	経営トップの安全へのコミットメント	8	経営トップは安全優先方針を現場に積極的に発信している	A	D	D	D	E	E
			9	安全管理部門へ積極的に予算付与をするよう配慮している	A	C	C	D	E	E
		経営層の現場の把握と意識付け	10	経営トップと現場とのコミュニケーションが定期的に行われている	A	D	D	D	E	E
			11	安全表彰制度を設けて現場の安全意識向上に努めている	B	C	C	C	D	E
	リーダーシップ	リーダーシップ（係長、職長クラス）	12	現場リーダーは率先して安全活動を実施し、部下への意識付けを行っている	B	B	A	B	C	C
	安全組織	安全に関わる組織	13	安全に対する各階層・役職の役割と責任を明確にしている	B	C	C	C	D	D
			14	安全性向上のモチベーションを維持できるよう、組織として取り組んでいる	B	B	B	C	D	E

マネジメント	安全管理	安全情報	15	安全に関連する設計情報を部門間で共有するよう心掛けている	E	B	B	C	C	C
			16	安全・安定な運転に関係のある保全情報を運転部門に伝達している	E	C	B	B	D	D
		マニュアル	17	運転手順書などのマニュアルには設計思想を織り込むようにしている	E	A	B	B	B	C
			18	運転手順書などのマニュアルにはknow-whyが伝達できる工夫をしている	E	A	B	B	B	C
			19	緊急シャットダウン、異常反応など、緊急時を想定したマニュアルを整備している	E	C	D	B	A	B
		リスクアセスメント	20	定常運転状態を対象としているリスクアセスメントを実施している	E	A	A	B	C	C
			21	設備のスタートアップ／シャットダウン、緊急時シャットダウン、異常反応等を想定し、非定常時のリスクアセスメントを実施している	E	A	B	A	A	B
		変更管理	22	変更管理システムを運用し、定期的に見直しを行っている	D	B	B	D	E	D
			23	設備、物質、運転条件等の変更時にはリスクアセスメントを実施している	D	A	A	B	B	C
			24	変更がなされた場合、変更履歴がわかるよう管理している	E	C	B	C	D	D
		緊急時への対応・体制	25	事故、緊急事態を想定して、部門を超えた緊急時対応計画を策定している	C	D	E	D	B	A
			26	事故、緊急事態を想定した体制を確立し、各部門の役割・責任を明確にしている	C	D	E	D	B	A

現場保安力強化要素 ＼ 現場保安力構成要素					現場保安力構成要素					
						安全への主体的取組による安全の確保と被害の局限化				
						安全問題の認識と安全の確保		安全問題発生への対応		
要素	大項目	中項目		安全活動・取り組み項目	経営層の安全理念・方針の理解	プロセス・作業の危険性理解(危険源予知・リスク評価)	設備・機器の健全性維持と作業の安全化	異常の予兆検知	異常発生時の適切な対処	事故発生時の被害の局限化
マネジメント	安全管理	事例の水平展開	27	自社の事故・異常に対する再発防止策を検討し、水平展開を行っている	D	A	A	B	B	C
			28	他社の事故事例を収集し、類似事故防止のため安全対策の水平展開を行っている	E	B	B	B	C	C
		協力会社との連携	29	協力会社と安全に関する情報を共有するようにしている	D	C	B	D	D	D
			30	協力会社と定期的にコミュニケーションを図り、事故予防に努めている	D	C	B	C	C	D
	安全教育	安全教育　教育システム	31	危険感性向上のための体験教育・訓練を実施している	E	A	B	B	C	C
			32	安全教育において各人のリスク予知能力向上のための教育を実施している	E	A	C	A	C	C
			33	装置の設計思想が理解でき、かつ、伝承ができるよう教育に工夫している	E	B	A	B	C	C
			34	緊急事態への対応能力を強化するための教育・訓練を行っている	D	C	D	C	A	B

マネジメント	安全教育	人材育成・技術伝承	35	物質特性、反応、プロセス安全などに精通する人材を育成している	D	A	C	B	C	B
			36	リスクアセスメントを適切に実施できる人材を育成している	D	A	C	C	C	B
	(現場の) 設備保全	機器・安全システムの健全性確保	37	安全システムの保全プログラムを整備し、機能維持を図っている	E	D	A	A	C	E
		劣化予測・余寿命評価	38	最新の検査・診断技術を活用し劣化予測・余寿命評価を行っている	E	D	A	A	D	E
	安全監査	監査	39	安全への取り組みの内部監査を実施している	B	C	C	D	D	D
			40	安全への取り組みに特化した外部監査を実施している	B	C	C	D	D	D
	資源の投入	資源の投入	41	プロセス事故防止のため、安全システム (安全インターロック、異常監視システム等) の充実を図っている	C	C	C	B	B	B
	適正なワーク管理	適正なワーク管理	42	プロセス事故防止にあたり、安全対策を指示できる人材を確保し、配置している	B	B	B	B	B	C
			43	想定される緊急事態や事故に対処するための人材を配置している	C	C	C	B	A	B
組織風土	安全への積極関与	安全への積極関与 (マネジメントの意識・行動)	44	管理層が率先垂範して現場モチベーションの向上に努めている	B	C	C	C	D	D
			45	管理層が積極的に安全への取り組みの形骸化防止に努めている	B	C	B	C	D	D
	組織内・組織間の適切なコミュニケーション	部門間の連携	46	設備の健全性維持のため、部門間で適切に連携を図っている	D	D	B	D	D	E
			47	プロセスや設備の弱点改善のため、部門間で適切に連携を図っている	D	D	B	D	D	D

❹ 保安力評価等の体系化と課題

事業所や現場の保安力評価等は、基本的には安全基盤と安全文化の二つの要素からなる組織の保安力等を評価するもので、現場保安力の方は安全文化の要素が大きいが、いずれにしても、トップダウンとボトムアップにより安全確保・向上を目指す日本独自の安全活動の評価と言うことができる。

保安力評価等についてはこれまで石油化学、石油等を主たる対象に事業所および現場の保安力の評価方法について検討してきた。この考え方を一般の産業分野等の安全の確保・向上のために幅広く展開していくためには、保安力評価等を体系化し、適切な活用を推進する必要がある。

保安力評価等は、これまで事業所、現場を対象としてきたが、体系化に当たっては、これらに加えて本社（経営層・管理層）の保安力も評価したい。そうすれば企業全体としての保安力評価が可能となる（**図Ⅱ-4.8**）。

次は保安力評価等を他の分野、規模の異なる企業へと展開することである。保安力評価等はこれまで石油化学、石油を中心に行ってきたが、ファインケミカル、加工、金属、非金属、鉄鋼、その他の分野への展開や中小規模企業への展開、さらにはアジア等海外の事業所への展開が考えられる。そのためには、保安力等の安全基盤および安全文化の各評価項目について、各分野、各規模等における共通要素と固有要素に整理することが必要である。それらを組み合わせるなどすれば、各分野、各規模等の保安力評価等への展開が可能となる。

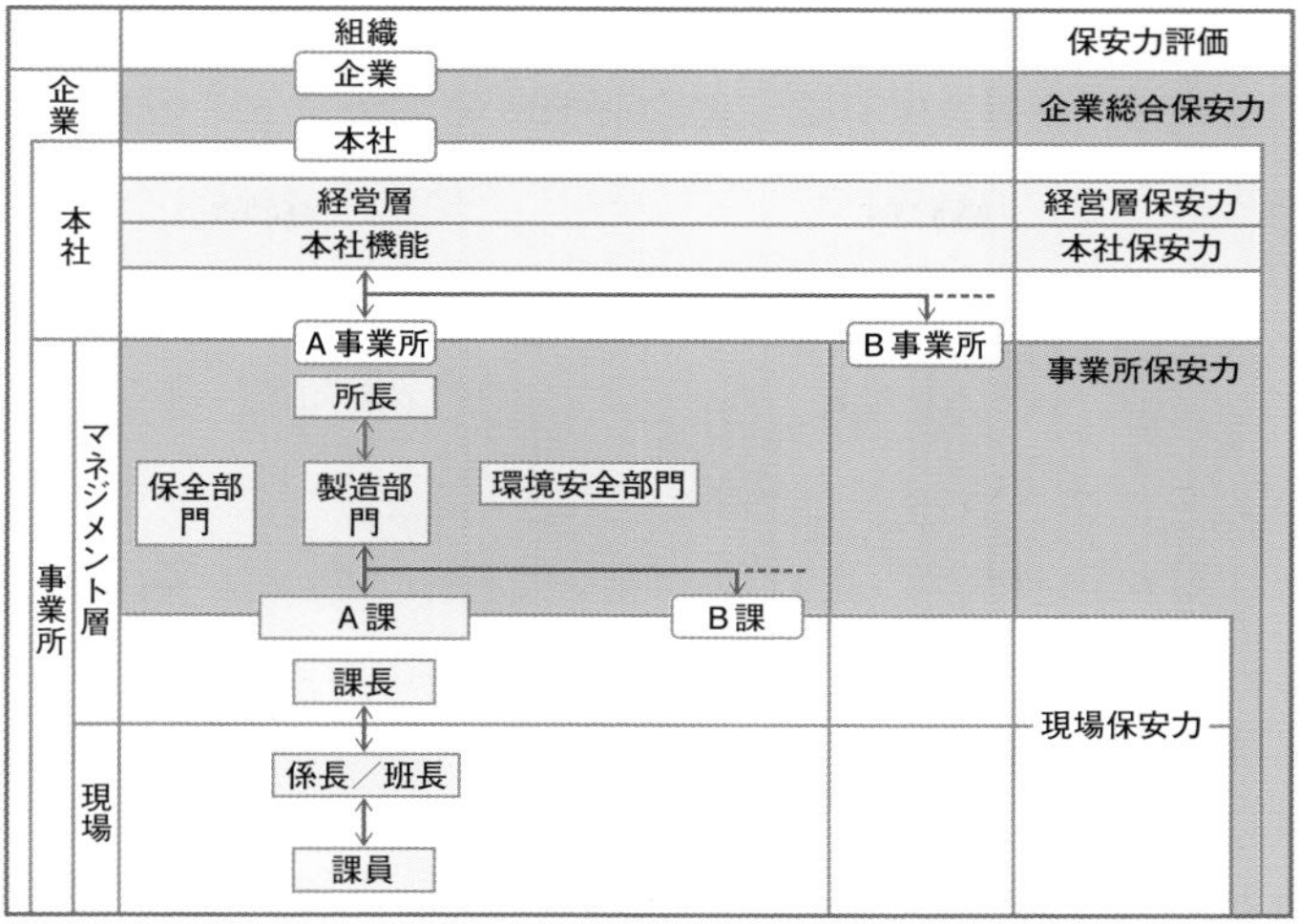

図Ⅱ-4.8　保安力体系図

また、保安力評価等を容易かつ幅広く活用していくためには、評価項目の関連付けと重点化を行い、フル評価とある程度対応関係がある簡便なスクリーニング評価法の開発が必要であろう。

❺ 保安力等の強化

企業、事業所、現場等の保安力等を評価し、弱点の要素を認識したら、次は弱点の強化である。短期的な対応としては、良好な安全活動や安全教育プログラムの共有化と活用が考えられる。長期的な対応としては、体系的な安全教育プログラムの構築と実践が考えられる。

1．安全活動や安全教育プログラムの共有化と活用

各企業、各事業所では、安全の確保・向上のため、種々工夫した安全活動を展開しており、また、安全教育プログラムを実施している。日本化学工業協会では、安全成績の優れた事業所等を表彰する制度を実施しており、毎年の総会で 優良事業所等を表彰している。また、安全シンポジウムを開催し、事業所等のトップによる安全活動等の紹介とパネルディスカッションにより安全活動等についての意見交換を行っている。各事業所等により、やり方は異なるが、それぞれ安全確保・向上のための素晴らしい安全活動等を行っている。この安全表彰も2016年で40回を迎え、安全活動等について貴重な情報の蓄積がなされている。日本化学工業協会は、これらの情報を共有化するためのデータベースの製作を検討し、2013年9月に「保安防災・労働安全衛生活動ベストプラクティス集—日化協安全表彰受賞事業所の取組事例—」を発行している。2003年～2012年の10年間の安全シンポジウムで発表された安全活動の良好事例が、安全工学会が提案した保安力の概念（すなわち、安全基盤項目および安全文化項目）を基に体系的に整理されている。安全基盤および安全文化の各項目について、各事業所がそれぞれどのような安全活動を行っているかを知ることができるため、それらを参照し、各事業所に適したやり方で、事業所や現場の保安力の向上を目指すことができる。一方、安全工学会は2014年に日本化学工業協会の良好事例を現場保安力の観点から体系的に整理した『現場保安力ベストプラクティス集』を作成している。これらの事例集が有効に活用されれば、各事業所や現場の

保安力向上につながるものと大いに期待される。

安全活動や安全教育プログラムについては、可能なかぎり共有化を図るべきである。企業・団体等を通じて、あるいは学会や行政の支援を得て、安全活動や安全教育プログラムに関する情報を収集・整理し、体系化を図るとともに、共有化と活用に努めるべきであろう。

2．体系的安全教育プログラムの構築と実践

1．体系的安全教育プログラムの構築

長期的なプロジェクトになる可能性が大きいが、産業界の安全の確保・向上のためのみならず、社会安全も視野に入れて、学会、産業界、行政が一体となって体系的安全教育プログラムの構築と実践を推進すべきである。

安全教育においては、まず安全の基本を理解し、安全の基本的知識を身につけることが重要であり、その上で、専門的な安全知識、安全技術、安全管理技術を習得し、さらには専門家としての高度安全知識、高度安全技術を学ぶべきであろう。

ここでは安全の基本、安全の基本的知識、専門的安全知識、安全技術および安全管理技術、並びに高度安全知識、高度安全技術について述べる。

1）安全の基本

リスク認識をもち、自分の身は自分で守るという考えを基に、危険への感性を持つことが第一である。そして、ベネフィットとリスクを基に、科学的な議論ができ、物事の決定ができる素養を平素から培っておく必要がある。

2) 基本的安全知識

日常生活における安全、学校における安全、職場における安全、情報安全、エネルギーと安全、環境と安全等、われわれが日常生活や社会生活、産業活動を行う上で必要なものである。安全の基本と同様、一般市民としても身につけておくべきものである。

3) 専門的安全知識、安全技術、安全管理技術

専門的安全知識、安全技術、安全管理技術は、産業界の各ポジションに求められるプロフェッショナルとしての 知識、技術である。

4) 高度安全知識、高度安全技術

安全の専門家が、高度な安全知識や安全技術の基盤を構築し先導するとともに、安全知識、安全技術、安全管理について指導する等、安全に係わる人材を育成する際に必要とするものである。

2. 各段階における適切な安全教育・啓発プログラム体系の構築と推進

安全教育·啓発プログラム体系は、家庭教育からはじまり、初等・中等教育、高等教育、企業教育、社会人教育に至る。各段階で効果的な安全教育・啓発プログラムをつくることが必要であろう。各段階における適切な安全教育を**図Ⅱ-4.9**に示す。

安全の基本や基本的安全知識は、家庭教育、初等·中等教育

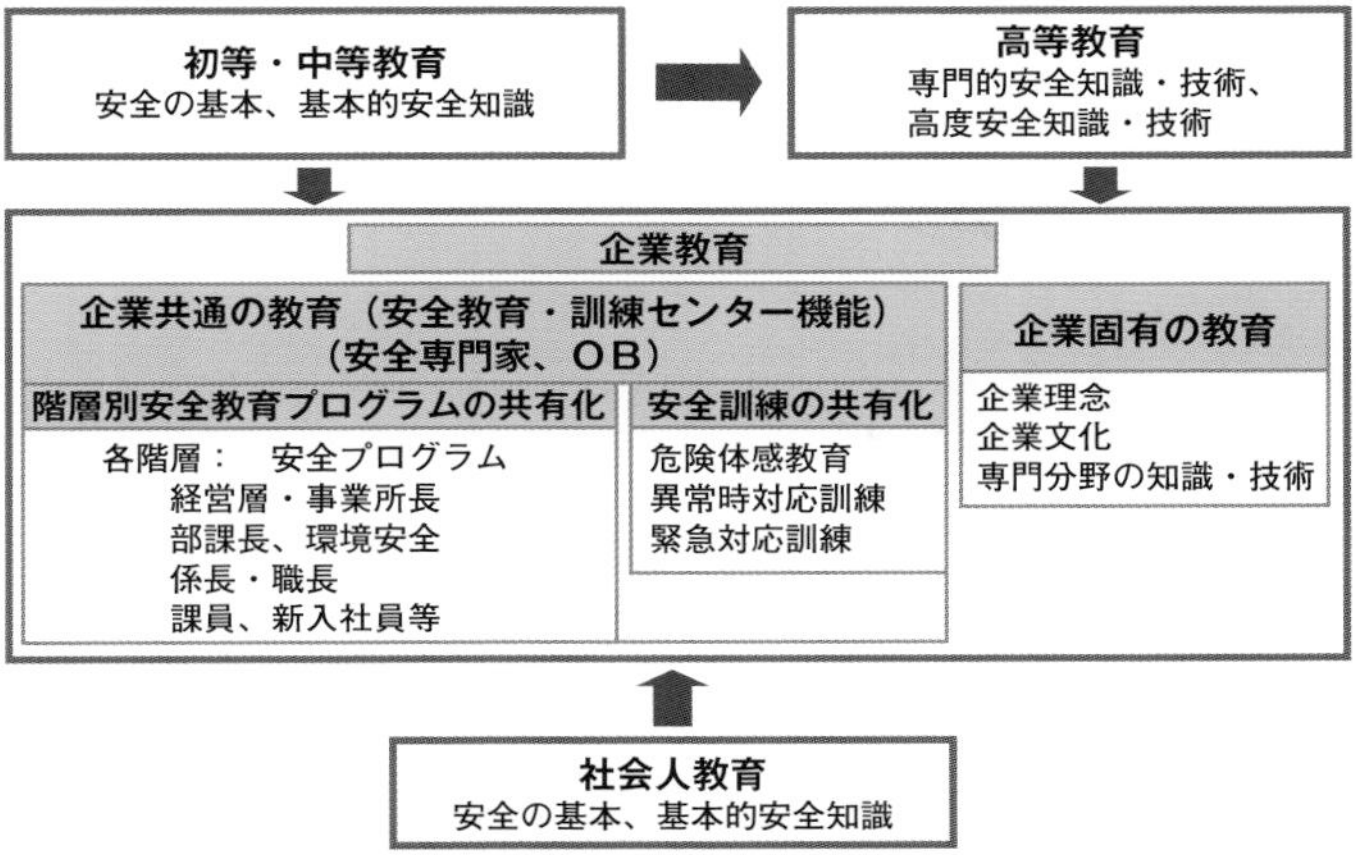

図Ⅱ-4.9　体系的安全教育プログラムの各段階での適切な実施

で身につけるべきであろう。高等教育においては、管理者あるいは、技術者に必要とされる、一般的な安全に関する知識や技術、安全管理に関する教育が必要である。また、日本が安全技術の先導性を持つための高度かつ専門的な安全知識や技術をもった技術者や研究者を育成するための教育も必要である。

企業は本来、初等・中等教育あるいは高等教育を修了した者が入社するはずである。この前提のもとでは、安全の確保・向上を図るために各企業は企業理念、企業文化および専門分野の知識・技術に関する企業固有の教育と各階層に応じた共有・一般的な安全教育とのベストミックスによる教育プログラムを考えるのが実際的であろう。しかしながら実態としては、初等・中等教育では、安全の基本や基本的安全知識に関する教育は十分に行われていない。企業が自ら行わざるを得ないのが実情である。

社会人教育においては、一般市民が持つべき安全の基本や基本的安全知識をリマインドするという機能が求められる。

❻ 産業安全の経済効果と社会的評価

1．産業安全の経済効果

企業や事業所等における安全の確保・向上が企業経営にいかなる利益をもたらすかについての評価手法が確立されれば、適正な安全投資についての科学的議論が可能となる。また、これは企業への貢献という点で、安全関係者の適正評価にもつながる。

そのためには、企業や事業所等の事故等による損害の評価法、安全投資の算定法、企業や事業所等の安全レベルの評価指標（保安力等、CCPS指標[*1]、労災データ、ニアミスデータ等）を検討する必要がある。企業や事業所等の安全レベルと、事故等による損害および安全投資との相関についての知見が得られれば、企業や事業所等における安全の確保・向上に資する安全投資等についての方向性が得られよう。

＊1　CCPS指標：CCPSは化学プロセス安全センター（The Center for Chemical Process Safety）のことで、アメリカ化学工学技術者協会（American Institute of Chemical Engineers, AIChE）により化学物質による大災害の回避、軽減のための業界援助と言う明確な目的を持って1985年に設立された。世界中で130を超える会員企業がCCPSの活動を推進している。

　CCPS指標はCCPSが提案した化学災害発生時の影響度を評価する指標で、ヒト健康影響、火災・爆発被害、化学物質漏えいに伴う潜在危険、地域、環境影響の強度からなる。

2．産業安全の社会的評価

産業安全の確保・向上に向けた企業や事業所等の取り組みや成果については、社会的に評価されるような機運が望ましい。必要によっては何らかのインセンティブが与えられてもよいかもしれない。そのためには、安全活動の取り組みや成果に関する評価指標の検討が必要であり、また、社会的評価を受けた企業や事業所等に対する（保険や融資、その他）インセンティブについても検討する必要があろう。

❼ まとめ

化学物質を取り扱うプロセス産業における安全の確保・向上のためには、化学プロセスの安全化の基本を理解するとともに、それらが推進できる産業安全環境の醸成が重要であることから、安全文化を考慮した産業安全と現場力の強化について述べた。

安全文化を考慮した産業安全については、産業保安行政の取り組みについて紹介するとともに、安全工学会が提案した事業所等の安全レベルを表す指標としての保安力について、保安力の概念および保安力を構成する安全基盤および安全文化の体系と保安力の評価について述べた。また、近年の化学産業における爆発・火災事故等の要因として、かつて日本の安全を支えてきた現場力の低下が指摘されていることから、現場に着目した現場保安力の評価について、安全工学会が検討した結果を述べた。

また、これらを基に保安力等の評価の体系化および課題について言及するとともに、保安力等の強化について考察し、各企業や事業所等が行っている安全活動の良好事例の体系化および共有化と体系的安全教育プログラムの構築と推進を図ることが重要であることを述べた。

さらに、産業安全の推進を図るためには、その経済効果と社会的評価を適正に行うことができる環境づくりも必要であろう。

今後、産業安全の確保・向上に向けた種々の議論が展開されることを期待したい。

参考文献

1) 経済産業省 産業事故対応会議,「産業事故調査結果の中間とりまとめ」(2003)
2) 経済産業省 産業保安分野における安全文化の向上に関する研究会,「安全文化向上を目指す産業保安行政のあり方について(中間とりまとめ)」(2006)
3) (特) 安全工学会,「平成18年度経済産業省委託事業原子力発電施設等安全性実証解析等(原子力発電施設等社会安全高度化)事業報告書」(2007)
4) (特) 安全工学会,「平成19年度経済産業省委託事業石油精製業保安対策事業報告書高圧ガス設備の供用期間中における総合管理保全技術の調査」(2008)
5) (特) 安全工学会,「平成20年度経済産業省委託事業石油精製業保安対策事業報告書ヒューマンファクターを考慮した事業者の保安力評価に関する調査研究」(2009)
6) (特) 安全工学会,「平成21年度経済産業省委託事業石油精製業保安対策事業報告書ヒューマンファクターを考慮した事業者の保安力評価に関する調査研究」(2010)
7) 田村昌三、「安全文化を考慮した産業保安のあり方―その1―」、安全工学、49、205(2010)
8) 若倉正英、「安全文化を考慮した産業保安のあり方―その2―」、安全工学、49、282(2010)
9) 田村昌三、「産業安全・社会安全に向けての安全文化の構築」、安全工学シンポジウム2010講演予稿集、28(2010)
10) (特) 安全工学会,「平成22年度経済産業省委託平成22度石油精製業保安対策事業報告書ヒューマンファクターを考慮した事業者の保安力評価に関する調査研究2011年3月
11) 田村昌三、「保安力の強化に向けて」、化学経済2011・11月号、28(2011)
12) 田村昌三、「産業安全のための現場力を考える」、日本化学工業協会、「レスポンシブル・ケア報告書2012」東京報告会、大阪報告会講演(2012)
13) 田村昌三、「21世紀の産業安全と安全工学の役割」、安全工学会監修「実践・安全工学シリーズ3「安全マネジメントの基礎」」、p3 ～ p25(化学工業日報社)(2013)
14) 一社) 日本化学工業協会、「保安防災・労働安全衛生活動ベストプラクティス集―日化協安全表彰受賞事業所の取組事例―」,2013年9月
15) 一般社団法人日本化学工業協会、「保安自己防止ガイドラインー最近の化学プラント事故自己からの教訓ー初版」(2013)
16) (特) 安全工学会、「平成25年度経済産業省委託事業石油精製業保安対策事業報告書現場保安力維持・向上に向けた調査・分析」、2014年3月
17) (特) 安全工学会、「平成26年度経済産業省委託事業石油精製業保安対策事業報告書現場保安力維持・向上に向けた調査・分析」、2015年3月
18) (特) 安全工学会、「平成27年度経済産業省委託事業石油精製業保安対策事業報告書現場保安力維持・向上に向けた調査・分析」、2016年3月
19) 田村昌三、「産業保安活動の動向と課題産業安全の確保・向上への今後の展望と課題」、化学経済2016・6月号、17(2016)

II-5 製造現場の安全管理と安全活動

❶ はじめに

筆者は約30年間、石化プラント工場の現場で、「産業現場の事故・トラブル防止」を実現するため「製造現場の安全管理と安全活動」に努めてきた。いろいろな失敗も含め様々な経験をしたが、現場と一体となって産業現場の事故・トラブル防止をやり遂げた達成感を得られている。また、資源の乏しい日本にあって、有用なものをつくり出す化学産業の現場に携われたことにやり甲斐を感じた。

化学物質関連業務に初めて携わる読者の方々が将来、製造現場の管理職や工場長を担うことを想定し、筆者が体験してきたことが、多少なりとも参考になり、またエールを送ることになればとの想いで、実践的な取り組み例を紹介する。

❷ 事故・トラブル防止の基本

1. 「自然現象」および「人」と向き合う姿勢について

製造現場で行われる製造という作業は、単純なものであれ複雑なものであれ、結局のところ、「自然現象」に則ったものである。各種の化学反応、振動によるネジの緩み、サビ等の劣化など、例を挙げればきりがないが、全て「自然現象」である。製造現場で必要な観点は「自然現象」を見極めることであり、それと共に「人」の主体性を活かすことである。また、その対象となる「自然現象」と「人」に対する深い洞察力が必要である(**図Ⅱ-5.1参照**)。

「自然現象」は正直である。爆発の三要素(可燃物、空気または酸素、着火源)が揃えば必ず爆発が起こる。人間のように配慮はしてくれない。「自然現象」は正直であると同時に、「非情」なのである。そのため、「自然現象」を正しく見極め、正しく対処しなければならない。間違った対処をすると必ず、しっぺ返しを食らうことになる。

一方、「人」は、ミスを犯しやすい動物であるが、モチベーションが上がる(生きがい感が活性化される)と予想外の能力を発揮する動物でもある。モチベーションが上がると不思議とミスも少

観点	性質１	性質２	対策
自然現象	正直	悪いものは悪いと出てくる	事実（原因）を正しく見極める
人	・ミスを犯しやすい動物である ・嘘をつくこともある	・モチベーションが活性化されると予想外の能力を発揮 ・配慮してくれることもある	主体性を活かす ・心が通じるか否かで決まる ・チームワーク力でカバーしていく

「自然現象」と「人」に対する深い洞察力 が必要！

「自然現象」を見極め

「人」の主体性を活かすことが重要!!

図Ⅱ-5.1

なくなる。モチベーションを高めるために、その人が持っている能力と主体性を活かした安全活動を行うことが大切である。これらのことは、管理・監督者と第一線作業者との心が通じるか否かで決まると思っている。また、1年365日、四六時中、集中していることは難しい。一緒に働く者同士が声を掛け合い、チームワーク力でミスをしないようカバーしていくことが大切である。

以下に「自然現象」を見極めること、「人」の主体性を活かすことの大切さについて述べる。

1．「自然現象」を見極めることの大切さ

(1) 自然現象は正直

①技術者としてトラブルに向き合う姿勢

技術者には、トラブルの原因を技術的に究明し、的確に対策を取ることが求められる。しかしながら真の原因解明に至らず、同じトラブルを何回も繰り返してしまうこともある。

プロセストラブルに直面した技術者が、必死に色々な対策を取っても、自然界の現象が配慮してくれることはない。真の原因を見極めた正しい対策がなされないうちは、自然界の現象は正直で、すなわち腐食条件がそろえば、腐食により穴が開き、そこから漏れるし、閉塞条件がそろえば配管が詰まり流れは悪くなる。つまり悪いものは悪いということで、トラブルを繰り返すことになる。その結果、プラントを何回も停止させることになり、まともな休日をほと

んどとれない状態になってしまう。技術者として事実の見極めが出来るか否かで、トラブルを解決できるかどうかが決まる。研究陣の知見を受けるなどしながら真の原因究明に至ることができると、やっと正しい対策を打つことができる。

技術者がトラブルに向き合う姿勢として留意すべき点を下表に示す。機にふれ教訓を見返しトラブルに向き合うことが大切である。

技術者としてトラブルに向き合う姿勢
1. 問題は避けて通るな ⇒ 基本的問題があるはずだ
2. 第三者の意見を聞け ⇒ 当事者にとって対応困難と思えても解決の道は開ける
3. 既成の常識を盲信するな ⇒ 実証を最優先、やれば何とかできる
4. 解決のカギは現場データにあり ⇒ 長期変化の流れ（歴史）を展望する視野を持つこと

②技術者としてプラントの新設・増設・改造時に向き合う姿勢

プラントの新設・増設・改造時には技術者としてプロセス設計を行う機会があるが、プロセスを稼働後に設計上の不備（安全面、性能面）が露呈することがある。とりわけ安全面の不備は重大事故に結びつく怖れがあり、避けねばならない。

新人の技術者が初めて詳細設計したプラントにおいて

は、スタート後に新しいトラブルが次々と起こることがある。全てのトラブルを克明に記録し、真の原因に迫ることが重要であるが、得られた知見をまとめて見ると、原因の約70％は、設計の段階で配慮すれば防げたものであることがわかる。要は、セーフティアセスメント（SA（Safety Assessment：安全性事前評価））不足である場合が多い。

技術者がプラントの新設・増設・改造時に留意すべき点を下表に示す。

技術者がプラントの新設・増設・改造時に留意すべき点
○多くの人の知見を得ること（蛸壺からの脱却）
○過去の事例を徹底して調査する ・ただし、「組織に記憶力はない」ので、後世に残すために、また貴重な事例を風化させないために、文書で残すことが必要である。
○「事故・トラブル報告書」を作成し、これをデータベース化する ・プラント固有の設計に反映させるべきものは、設計基準書に落とし込むなどが必要である。

(2) 致命的リスクへの対応（未然防止）について

①管理職として既存のプロセスリスクアセスメント（PRA（Process Risk Assessment））に向き合う姿勢

既存のプロセスの潜在危険性は広範囲にわたるため、管理職としてリーダーシップを発揮し、計画的に具体的な危険性を示し、対応していかねばならない。そうはいっても事故が起こって初めて危険性に気づくことが多い。以下の例に示すようなリーダーシップを発揮できれば理想的である。

ある課長が某プラント課に転属したとき

課員曰く、「当課は5年周期で保安事故が起こっており、△△年が事故が起こる年だ」

↓

課長曰く、「自然現象は正直で、例えば、爆発の3要素が揃えば必ず爆発する。逆に3要素を一つでも外せば爆発はしない。 要は、潜在危険個所に誤操作も含め、ガードをかければ事故は起こらない」

↓

3交替の現場員、スタッフ、設備部門員も参画して、課を挙げて取り組み、現状（既存）で致命的になり得る潜在危険個所を見つけ、徹底してガードをかけたところ、その後は保安事故ゼロを継続するようになった。

保安は技術といわれるが、「自然現象」は正直であり、正しく見極めて対処すれば事故・トラブルを防ぐことができる。技術者および管理者として、「自然現象」を見極めることが大切である。

2. 「人」の主体性を活かすことの大切さ

前述した某課長が転属してくるまで、その課は非常にアクティブな課で、事業所内では、兄貴分的存在の課であった。増産、合理化、改善活動、スポーツ大会等では課が一体となって取り組み、仕事も一生懸命で、かつ、仕事以外の活動も活発な課だったが、非常に残念なことに怪我・事故も多く、事業所の中でワーストに該当する保安安全成績であった。

赴任した初日に、3交替現場の主任から「課長、これだけ作業が多ければ労災が起こるのは当たり前です」と伝えられた課長は、現場作業量の実態把握、作業削減を目指すとともに、併せて先述した潜在リスク対策に取り組んだ。しかし現場作業の削減、潜在リスク対策に取り組んでいる最中に、2年連続して重大労災を発生させてしまった（下表）。

1年目：	保護具（一眼鏡）未着用で、眼の傷害労災発生
	・調べてみると、怪我をした人は、過去2回同じ保護具未着用で眼の労災を起していた。
2年目：	熱水の突沸で若者2名が熱水を浴び入院する事態に
	・スタート間もない頃に、同じ場所で同じ原因で熱水を浴びる労災が発生していたことが判明した。
問題	①規則が守られていない。 ②過去の事例が活かされていない。

2年目の事故の際、ある主任は、部下の若者2人を入院させてしまったことに強いショックを受けた。また、ある主任は、その部下の入院先で、小さな幼児を抱えた奥様が心配そうに見舞う姿を目の当たりにした。それ以降その主任は、部下に機会あるごとに次のように述べていた。

「家族が悲しむ姿は見たくない。だからお前たちにはきついことを言うのだ。わかってくれ。」

一方、某課長としては、主任には真に第一線作業者として主体的な安全活動を行う人になってもらいたいとの強い想いがあり、この機会を捉え主任を叱咤激励した。

「主任として自分の部下をどのように育てたいのか？どう躾

をしたいのか？いちいち課長がこうしなさい、ああしなさいと言うのでは情けない！課長は4～5年で転属してしまうが、主任は定年まで残る。安全は主任が中心に引っ張らなければだめだろ。そして部下を我が子と思って育成してほしい」

それからは、九人の主任（1系＋2系＋常昼）が主導して次の2点に取り組むようになった。

①現場員による 課独自の規律・躾チェック表を作成（**図Ⅱ-5.2参照**）し、毎月の自己チェックを実施することにした。

②過去の労災（64件）と保安事故（4件）をワンポイント・レッスンシートにまとめた（**図Ⅱ-5.3参照**）。

②のワンポイント・レッスンシートについては現地に表示するとともに、毎年、事故が発生した同じ月に紹介することにした。

この2点は、現在も第一線作業者が主体的に、愚直に取り組んでいるとのことである。この課は劇的に変わり、若者が熱水

「決められたルール」から「自分達で決めたルール」へ

最重要事項

〇作業時、弁操作といえども保護眼鏡を着用したか

〇作業前後に計器室に連絡したか

〇・・・・・・・・・・

・毎月自己チェック実施
・一旦決めた重大ルールは、変えない

作業に関する項目

〇作業安全指示書に班長・主任から作業開始許可のサインを受けたか

〇操作メモには理由も付記し、申し送りの充実を図ったか

⋮

図Ⅱ-5.2

作成日：○○年○月○日

作成者	承認者	

ワンポイント・レッスンシート

労災事例：熱水突沸により熱傷

傷害度　：休業傷害（２名）
発生　　：平成○○年○月○日（土曜日）　○時○分頃
原因　　：・液抜きせず⇒手順書違反
　　　　　・熱水突沸の知識不足
状況　　：ストレーナ掃除のため、ストレーナカバー開放後
　　　　　ストレーナバスケットを持ち上げようとした時、
　　　　　熱水が噴出、被災した
対策　　：沸点近くの液のストレーナ掃除時、
　　　　　①熱水液抜き　ヨシ！
　　　　　②閉塞等で液抜きできない時は、
　　　　　　触手できるまで冷却する　ヨシ！
教訓　　：沸点近くの液は、ショック、揺動で突沸する

図Ⅱ-5.3

を浴びた事故以来、四半世紀が過ぎたが、完全ゼロ災を継続している。

この課の第一線作業者がその後も継続して主体的かつ愚直に取り組めたのは主任のリーダーシップの賜物であるとともに、後を引き継いだその後の課長達が、第一線作業者による主体的な安全活動を評価したからではないかと思われる。課長が変わると往々にして、安全活動も課長自身がやりたいことを第一線作業者に押し付けてしまうことがある。

課長として、第一線作業者に主体性を求めるのは、結構難しいものがある。「安全やTPM（Total Productive Maintenance、全員参加の生産保全）はトップダウンそのものだ。ただし、上から目線ではダメだ。トップダウンが表に出ないようにやらなけれ

ば失敗する。やり方を考えよ！」ということが重要である。明確な安全方針を出すのはトップの責務であり、トップダウンが必要であるが、上から目線でやると誰もついてこない怖れがある。そのため第一線作業者の主体性を導き出してモチベーションを上げることが必要である。また放任は、課長自身の安全に対する無関心につながり、結果として第一線作業者の主体性を保つモチベーションも徐々に低下する。第一線作業者の主体性を活かすには、課長は常に主任たちの活動にスポットを当て、関心を示していかねばならない。

現場の管理職として、「人」の主体性を活かし、モチベーションを上げることが大切である。

❸ 事故・トラブル防止とスイスチーズモデル

1．スイスチーズモデル

事故は、いろいろなトリガーが連鎖した結果として起こるものである。例えば、慌ててしまい誤操作したために爆発事故を起こした例を考えてみよう。誤操作をしても、爆発に至る前にインターロックでプロセスを安全に緊急停止できるように設計してあれば、爆発事故は起こらなかったはずである。また、実効可能なチェックリストを用意しておけば、一つ一つチェックしながら操作できるので、誤操作を防げたと思われる。すなわち、この場合は設備面のトリガー（インターロックシステムがなかった）、基準類のトリガー（実効可能に使える基準類がなかった）、行動面のトリガー（慌てた）の三つの要因が連鎖したために爆発に至ってしまったのである。一つでも、この連鎖を断ち切れるようにしておけば、事故は起こらなかった。

ここで、スイスチーズモデルを紹介しよう。スイスチーズとは「眼」と呼ばれる穴が空いた独特の形状のチーズであり、搾乳時使用するバケツに残留する干し草の微小片が「眼」を生じさせているといわれている。さて、事故要因をこのチーズの穴だと考えてもらいたい。上記の例で出てきた三つの要因がそれぞれチーズの穴に相当すると考えてほしい。三つの穴（三つの要因）の位置が一直線上に揃ってしまうと、事故防止のガードが機能しなくなってしまうのである。この穴を埋める、あるいは小さくして穴が貫通しないようにし、事故の連鎖を断ち切るモデルを、スイスチーズモデルと称している（**図Ⅱ－5.4参照**）。

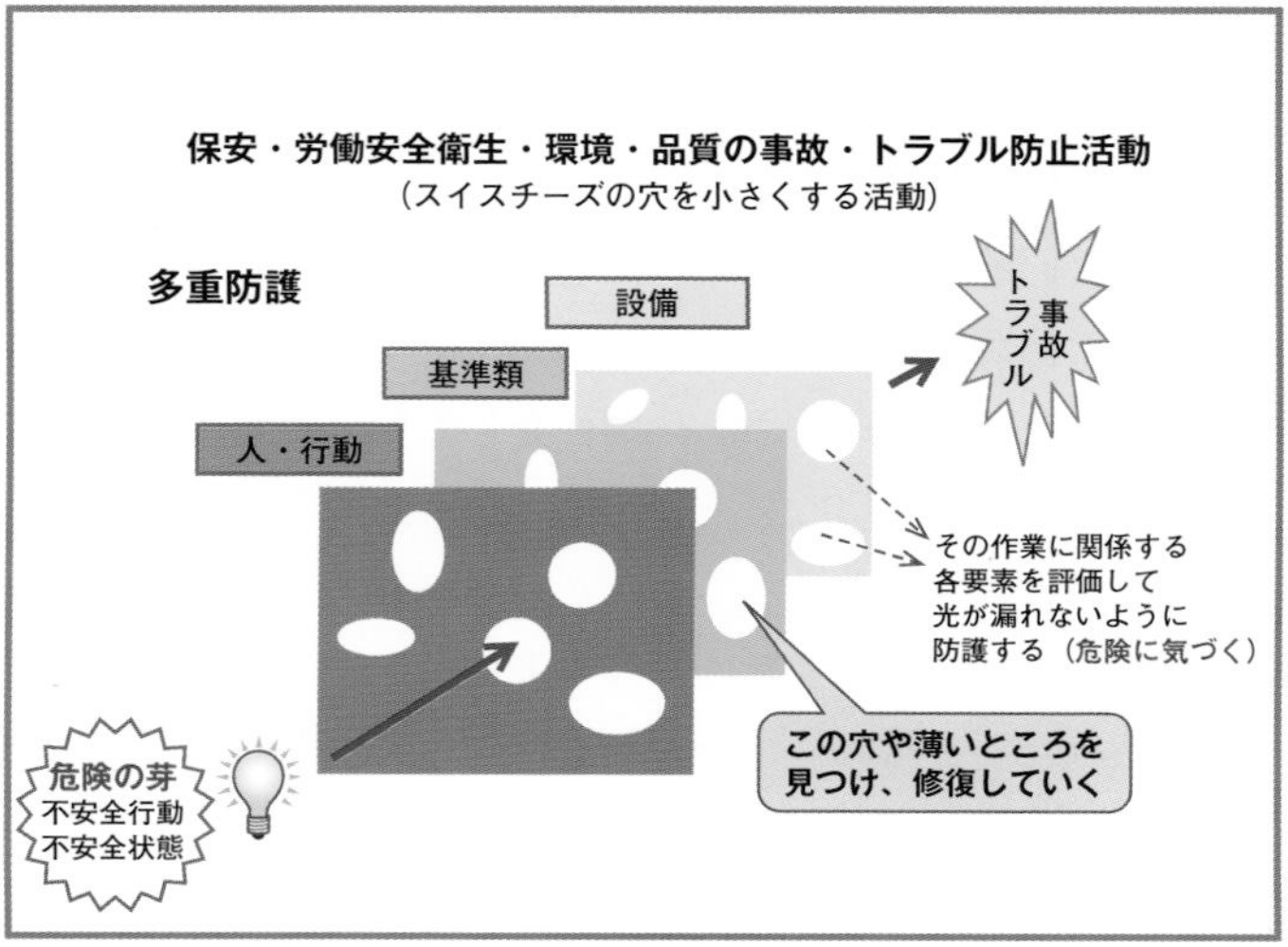

図Ⅱ-5.4

まずは製造現場の特徴を理解し、それぞれ独自に多重防護の観点とそれを基にした具体的な活動を設定し、スイスチーズモデルを構築する必要がある。構築したモデルで評価（定性的評価でもよい）を実施し、優先順位付けをし、致命的なリスクとなり得ると思われるところから修復し、防護のレベルを高めていくことが求められる。いわゆるPDCA（Plan・Do・Check・Action、計画・実行・評価・改善）を回してスパイラルアップし、真に安全で安定な現場を目指していくプロセスが必要である。

なお、スイスチーズモデルを構築する時には、**Ⅱ－4.2**で述べた「保安力」という考えを参考にするとよい。すなわち、安全を確保するためには、しっかりした「安全基盤の仕組み」と、その安全基盤の仕組みを活性化して本来の機能を発現するとともに、産業環境の変化等により安全基盤の仕組みでは対応困難なものを補強する「安全文化」が重要である、というコンセプトである。その考え方を保安・労働安全衛生・環境・品質の事故・トラブル防止のための現場の具体的な活動（防護）に適用する場合、安全基盤の要素である「安全の仕組みの確立」と、安全文化の要素である「職場の安全環境の醸成」に分けて考えると構築しやすい。

2. スイスチーズモデルによる事故・トラブル防止の例

ここに、保安・労働安全衛生・環境・品質の事故・トラブル防止のために構築したスイスチーズモデルの例を提示する（**図Ⅱ-5.5参照**）。スイスチーズモデルの構築時および安全活動の取り組み時の参考にしてほしい。

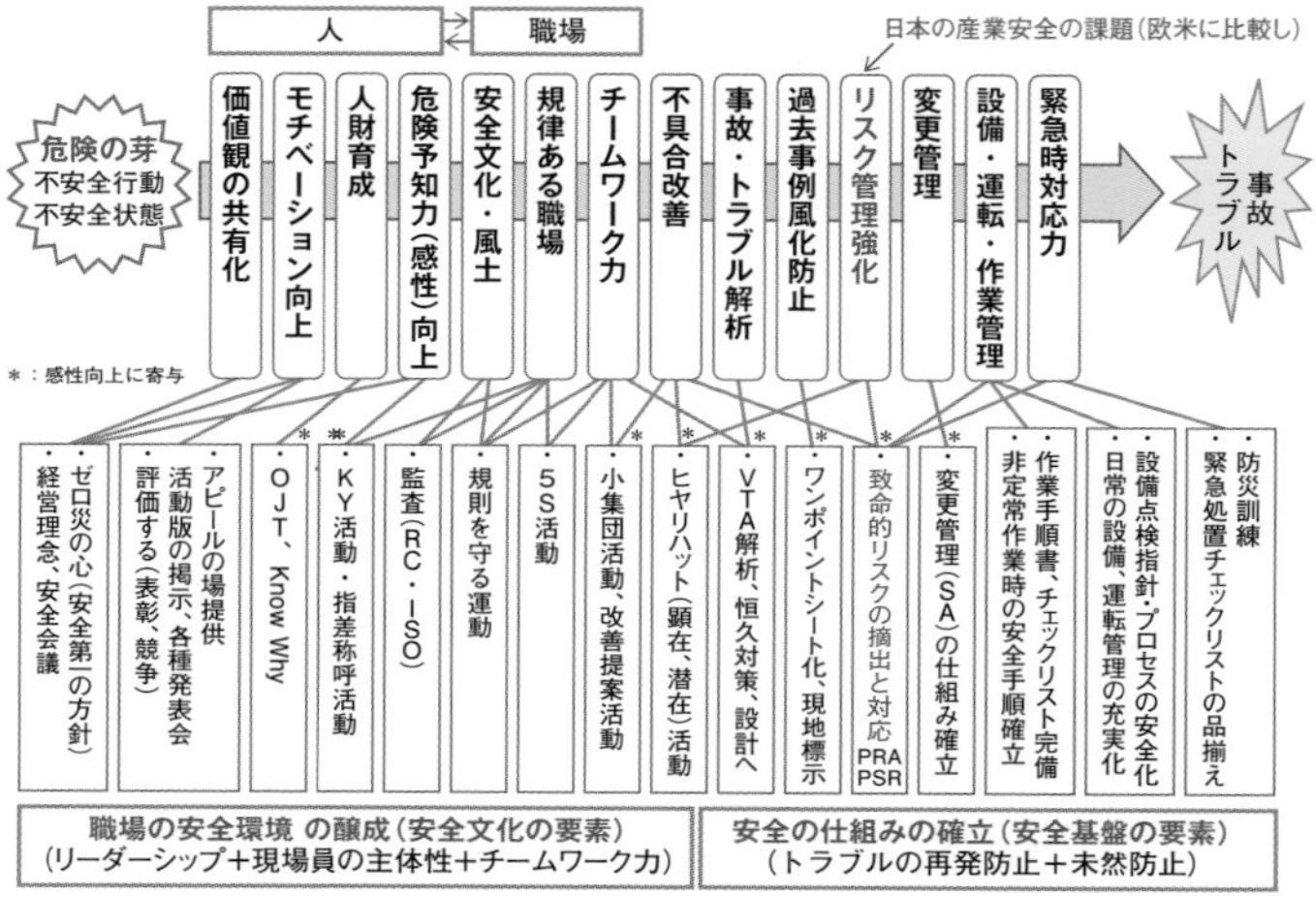

図Ⅱ-5.5

スイスチーズモデルの構成は、前述したように大きく2つの考え方を基に構築するが、次頁表にその２つの要素を示す。

スイスチーズモデルの構成
●安全の仕組みの確立（安全基盤の要素）
①事故・トラブルの再発防止
・真の原因究明と対策　・風化防止
②事故・トラブルの未然防止
・リスク管理強化（プロセスリスクアセスメント〈PRA〉）　・変更管理
・不具合の改善　・強い設備保全と作業・運転管理
・異常や緊急時への対応力
●職場の安全環境の醸成（安全文化の要素）
①価値観の共有化　②モチベーションの向上
③規律ある職場の構築　④チームワーク力の強化
⑤人財育成
・ヒューマンエラーの真の原因と対応　・危険予知力の向上
・行動面、管理面（基準面）、設備面への反映
・現場トップに求められる能力と責務および将来課長候補のスタッフの育成

表に記した各スイスチーズの概要説明および具体的な取り組み例を次のⅡ－5.4以降で紹介するが、その前にここでは、一般論としての産業安全における日本の強みと課題について述べる。

産業安全への取り組みについて、日本の場合は現場が主体であり、チームワークを尊ぶため、結果として現場は能動的かつ主体的に安全活動に取り組むことができる（日本の強み）。

ただし、日本の場合は、現場の主体的な安全活動の強みに頼り過ぎているところがあり、欧米に比較し既存プロセスのリスク管理が不十分であるという課題もある。2011年3月に起こった原子力発電所の事故は、まさしくこの例である。既存プロセスにおける全停電時の潜在危険要因が十分に把握されておらず、ガードが不十分であったために、事故につながってしまった。すなわち、既存プロセスのリスク管理強化が不十分であることが日本の弱みであり課題である。

一方、海外の場合は、一般的には契約社会、個人主義のため、結果として現場は受動的である（多くの海外諸国の弱み）。海外（特に欧米）の場合は、現場が受動的であるという弱みがあるが、その弱点をカバーするため、既存プロセスのリスク管理強化に力を入れて安全確保を図っている。既存プロセスのリスク管理の強化は強みである。

国際化が進む状況下において、資源が乏しい日本はものづくりで勝ち残っていかねばならない宿命にある。そのため、安全面に関して日本の強みをさらに強くするとともに、課題に対しては、さらに力を入れて克服していかねばならない。言い換えれば、これを推進できる人財の育成が出来るかどうかにかかっている。資源が乏しい日本は、人財が全てである。

以上、日本の強みと課題について述べたが、これらも織り込んだスイスチーズの説明と取り組み例について紹介する。

❹ 事故・トラブル防止のための安全管理と安全活動

1．安全の仕組みの確立（安全基盤の要素）

現場力の強化のためには、まずはしっかりした「安全の仕組みの確立（安全基盤の要素）」が必要である。そのためには、事故・トラブルの再発防止と未然防止の基本的な仕組みを構築しておくことが大切である。

1．事故・トラブルの再発防止

(1) 真の原因究明と対策

事故・トラブルが起こった時に、的確な再発防止策を立てられるかどうかは、事故・トラブルの真の原因究明ができるかどうかにかかっている。事故・トラブルは、人的要因と自然現象が複雑に絡み合って起こるものである。原因究明に当たっては、人的要因を深く掘り下げるとともに、起こった現象を科学的に証明する必要がある。

1) 人的要因を明らかにする手法について

人間はミスをする動物である。人的要因に関しては、直接当事者のミスだけでなく、基準類上のミス（例えば基準があったのか否か、記述に抜けがなかったか等）、設備上のミス（例えば不安全な設計、施工ミス等）、指示ミス、指導ミス等の管理上のミスが深く絡みあっていることが多い。当事者の意図的なミス以外のものについては、必ず管理責任があると言っても差し支えない。

真に事故・トラブルの再発を防止するためには、これらの背後にある要因を明らかにし、それを断ち切る対策が必要である。その背後要因を明らかにするのに最適な手法の一つにＶＴＡ（Variation Tree Analysis）手法が知られている。以下、ＶＴＡの取り組み手法の概要を説明する（**図Ⅱ-5.6参照**）。

①事故・トラブルに関わる全ての人について、どういう行動、指示、判断をしたかをそれぞれ時経列に列記する。問題点は特記欄を設けて明記する。

②基準類の欄を設け、基準類の問題点の有無を明記する。

③設備面の欄を設け、設備面の問題点の有無を明記する。

ポンプのエアー抜き時飛散アルカリ液が目に入った休業労災

時系列	A（若手班員）	B（班長）	基準類状況、設備状況	問題点、対策案
〇年〇月〇曜日 △時△分	タンクからアルカリ液輸送開始		輸送ポンプ機種 ：〇〇型	
△時△分	監視室で流量ゼロに気付く、タンクの液位２０％確認			
△時△分	班長Bに報告	ポンプにエアー噛み込みと判断→ エア抜きを指示 保護具着用も指示		Bは、Aが当然ポンプを停止しエアー抜きすると思っていた。 (指示の改善要) 手順の確認、フォロー等
△時△分	ポンプエアー抜き用ミニチュア弁を開けた所アルカリ液飛散（ポンプ停止せず）		ポンプのエア抜きの基準類なし	同左（基準制定要）
			ミニチュア弁は上向きで、下への導管がなく、顔面に液が飛散	同左（設備改善要） 下向きの導管設置等
	保護具として着用していたバイザーの隙間から飛散液が飛び込み目に入った （休業傷害）		保護具着用基準あり 今回は、基準通りバイザー着用	保護具基準が不適切 （基準見直し要） １眼鏡＋バイザー　等

図Ⅱ-5.6

④対策案の欄を設け、明らかになった問題点に対しての対策案を明記する。

上記を実施することにより、事実関係が明らかになり、背後要因が浮かび上がってくる。

2) 現象の科学的解明について

製造現場では、自然発火、異常反応による爆発、毒性ガスの漏えい、腐食、閉塞、突沸等の様々な現象の事故・トラブルが起こる。何故そのような現象が起こったかを科学的に解明できなければ真の原因究明にならない。科学的に解明するためには下記の①～③を行う必要がある。

①社内の技術・研究資料、文献、インターネット等で関係する技術情報を集める。
②井の中の蛙にならないように、現場以外の研究部門、プロセスエンジニア部門、メンテナンス部門等からの知見を得る。
③再現のための実証実験をする。

「塩素ドレン水に塩水が入ると塩素ガスが発生する」という現象がある。ここでは、この現象にまつわる事例を紹介する。塩素ドレン水が流れている配管内に塩水が混入し、配管内にガスが充満し、塩素ドレン水が流れなくなる現象（トラブル）が起こった。当初は何故ガスが発生したのか分からなかったが、文献を調べると、塩の濃度により水に溶解する塩素の量が決まることが判明した。すなわち塩の濃度が高くなるに従って、水に溶解できる塩素の量が少なくなるため、当初溶け込んでいた塩素が一部ガスとして出てきていたのである。

このように、謙虚に自然現象に立ち向かっていくことが大切である。

(2) 風化防止

「組織に記憶力はない！」という非常に含蓄のある言葉がある。以前デュポン社の方からお聞きした言葉である。「組織に記憶力はない！」ということは、「人が変わっても伝え続けられるように、過去事例を風化させない仕組みが必要である！」ということである。以下にその仕組みの例を述べる。

1) ワンポイントシート化

現場で起こった事故・トラブルの中で重要なものは、まずワンポイントシート一枚にまとめる(**図Ⅱ-5.3参照**)。

なお、ワンポイントシートへの曜日と時間の記載は、読んだ人の実感を格段に強める効果がある。例えば11時55分だったら、「ああ昼食前だったので、慌てたのかなあ?」と実感する。実感できると、しっかりと記憶に残り、結果として過去事例が伝承されやすくなる。そういう意味で、「曜日」と「時間」の記載が重要である。

2) 現地表示

ワンポイントシート化した内容を、掲示できる様式に変え、事故・トラブルが起こった現地に表示する。現地表示することによって10年先、20年先にも伝わる。

3) 繰り返し事故を紹介(事故発生月に)

当時をしのび、事故の起こった月の、始業ミーティング時などにワンポイントシートを紹介する仕組みにする。そうすれば、人が変わっても事故が起こった時期に毎年繰り返し紹介されるので、しっかりと伝わる。ただし、紹介する事例数があまり多くなり過ぎると、人の意識に残りづらくなってしまう(容量オーバー)。重要なものに限定し、2件/月程度にした方がよい。

4) 基準類に添付

基準類に反映させるために、ワンポイントシートを該当する基準類に添付する。

2. 事故・トラブルの未然防止

(1) リスク管理の強化（プロセスリスクアセスメント（PRA））

「Never Say Never」と言う英語のことわざがある。「『絶対にあり得ない』と決して言ってはならない」という意味である。1999年に起こった東海村のJCO臨界事故（バケツの中でウラン燃料が核分裂を起こして臨界になった原子力事故。放射線を被ばくした作業者2名が死亡し、周辺住民の被ばく者が数百人以上となった事故）の時に、新聞に掲載されたコラム（京都大学の中西輝政教授）の中で、このことが述べられていた。中西氏は、「このことわざは、単に、人知の至らなさを思い謙虚になることの大切さを説くだけではなく、ひとたび『絶対にあり得ない』とされると、そのことが実際に起こった時の結果は、そう言わなかった時とは比べものにならない程深刻なものになる」と述べている。

人間はミスをする動物である。ミスは絶対にあり得ないとするのではなく、ミスは有り得るかもしれないとの立場から、機会のあるたびに臨界についての教育がなされるべきであったし、ミスを犯しても致命的な臨界事故に至らせない設備的なガードを（非常に難しいかもしれないが）何とかかけられなかったかと思う。事故後20年が経過した2019年9月には、NHKで茨城県東海村のJCO臨界事故をテーマにした番組を放映、その中で当時の社員の方が、反省として同じ主旨のことを述べていた。

近年の日本での保安事故、不祥事は、JCO臨界事故時と同じで、既存プロセスにおける重大な潜在危険要因の発掘とそのガード（対策）をかけるリスク管理が不十分なために、同じことが繰り返されているのではないか。中西氏の言葉には、産業安全に携わる全ての人々が反省すべき点がある。

そのため、事故が起こる前に、致命的な現象につながる重大な潜在危険要因を摘出し、その危険性に気づき、設備改善、基準類の改訂に繋げるシステムが強く求められる。そのシステムがプロセスリスクアセスメント：PRA（Process Risk Assessment）である。

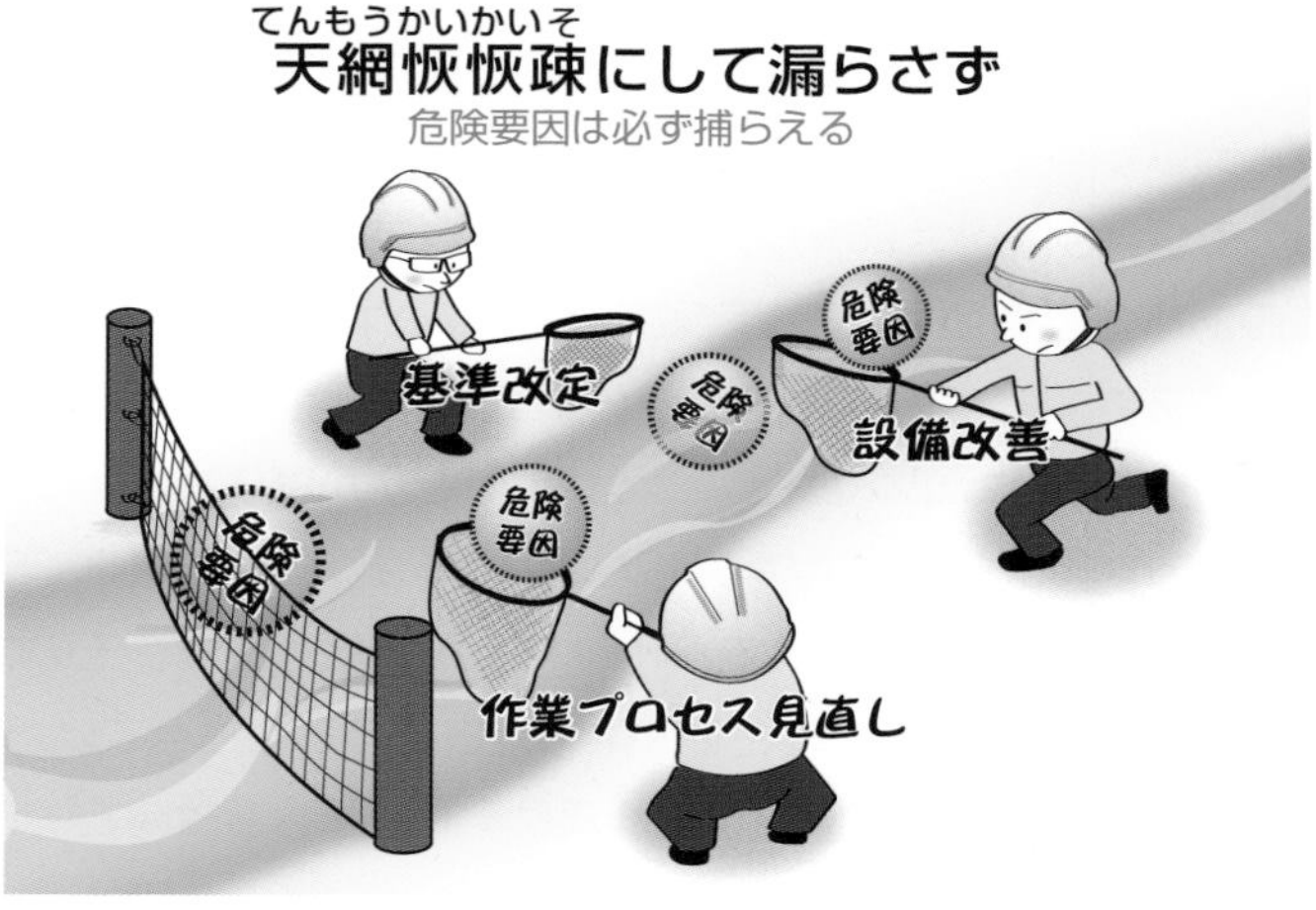

以下にプロセスリスクアセスメントの取り組み方法の例を記載する。

プロセスリスクアセスメントの取り組み方法の例

図Ⅱ-5.7に取り組み方法のフロー例を紹介する。

①目的（狙い）

○プロセスリスクアセスメントを通じてプロセスKnowWhyの充実を図る。

⇒自分たちの勉強

○潜在する問題のリストアップおよび対策を決め、安全なプロセスにする。

⇒ 設備対応、基準類の整備・充実

②課題

○既存のプロセスに潜在しているリスクは極めて気づきに

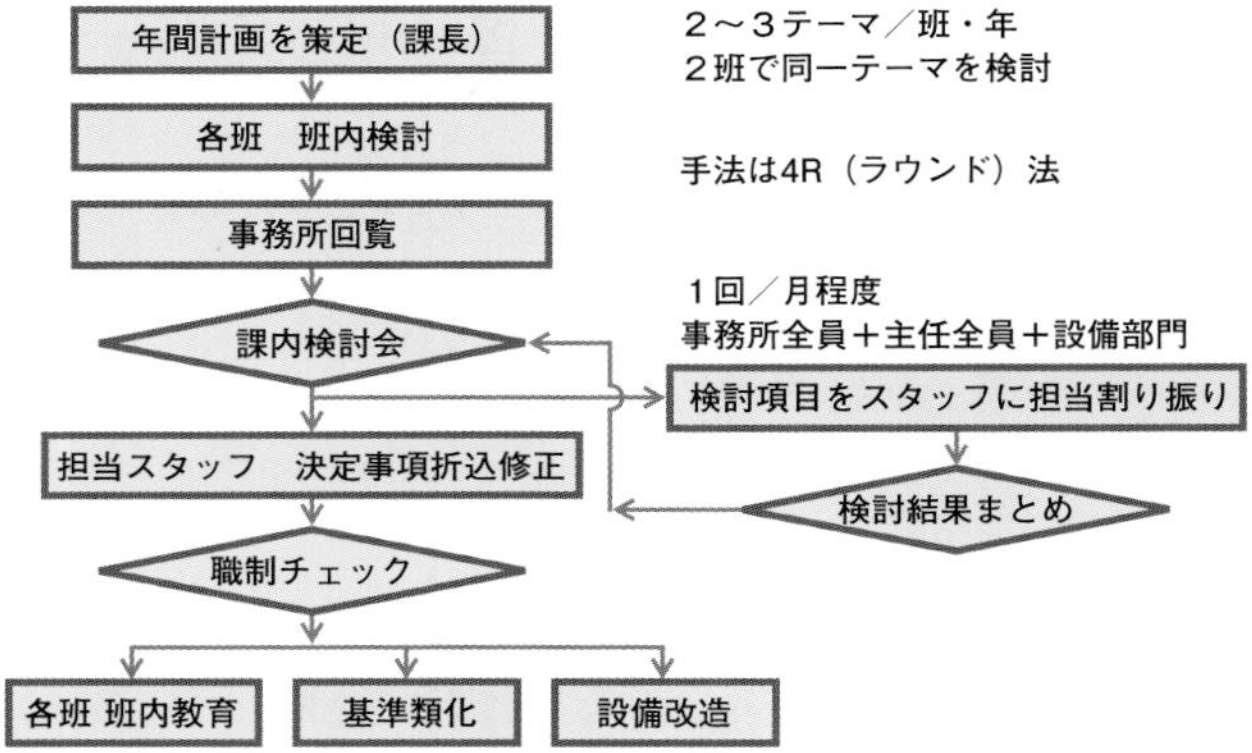

図Ⅱ-5.7

くい。(顕在化して初めて気づくことが多い)

⇒潜在化しているリスクを抽出する際には、具体的な危険要因を提示する。

立ち止まって考えるきっかけとなり、格段の気づきに結びつく。

③テーマ選定例(気づきのための具体的な危険要因の提示)

1) 急性毒性ガス漏えいのおそれと対処

2) 可燃性ガス爆発範囲形成のおそれと対処

3) 熱安定性、異常反応による爆発・火災および自然発火のおそれと対処

4) 可燃物の漏えいによる火災のおそれと対処・・・1) 項目に準じた形でチェック

5) 各ユーティリティー低下時の問題点および対処

①瞬時停電(部分停電)　②全停電　③計装空気

⑤窒素　⑥蒸気等

6) 予備機のない重要機器の故障停止時の問題点および対処

7) 排水関係の問題点と対処

①毒性液、酸、アルカリ、油分等の基準外の排水流出

8) 天災時の問題点と対策

①大地震　②大津波　③台風(強風、大雨洪水)

④異常寒波(低温)　⑤雷　⑥積雪 等

9) 品質管理面での問題と対処

①製品への異物混入(コンタミネーション)等

10) 加工型設備の労災のおそれと安全対策

①巻き込まれ、挟まれ　②墜落、落下

③フォークリフトによる労災等

11）定期修理時のリスクと対処

①停止時　②液抜き時　③洗浄時　④開放時

⑤工事時　⑥起動時

12）その他・・・気になる事項等

④年間計画策定例（図Ⅱ-5.8参照）

課にとって重大なテーマから取り組む（優先順位を決める）。重大テーマは、「異常時の影響の大きさ」と「発見のむずかしさ」から選定して、3年計画で一区切りを付ける。

⑤手法例

1）各ユーティリティー低下、重要機器の停止時の4R（ラウンド）法

1R：該当する機器・計器を全て記載する。

2R：記載した機器・計器一つ一つがどのような状況になるのかを記載する。

△：課内検討会

1年目計画	担当班	○○年度											
		4	5	6	7	8	9	10	11	12	1	2	3
急性毒性ガス漏えいのおそれと対処	A班 B班			△	△								
可燃性ガス爆発範囲形成のおそれと対処	B班 C班						△	△					
全停電時の問題点と対処	A班 C班										△	△	

図Ⅱ-5.8

3R：現状の対応（基準、設備）で十分か検証する。
（定性的でもよいので、関係者全員で判断する。）
4R：不十分な場合は、必要な方法、対策案を検討し、恒久対策までもっていく。

2）毒性ガス漏えいの怖れ、爆鳴気形成の怖れ、基準外の排水流出、天災、品質管理の問題（コンタミネーション等）、巻き込まれ等の労災等のケース時の4R法

1R：現地・現物で、あるいはプロセスフローを使い該当する潜在危険個所（系、機器）・作業をリストアップする。
2R：リストアップした危険箇所、作業に対して予想される問題点、被害程度を記載する。
3R：現状の対応（基準、設備）で十分かを検証する。
（定性的でもよいので、関係者全員で判断する。）
4R：不十分な場合は、必要な方法、対策案を検討し、恒久対策までもっていく。

⑥対策

対策は出来るだけ人が変わっても、新人でも対処できる対策とする。

①まずは人に頼らない設備面の対応を図る。
例えば、誤操作をしても、あるいは、全停電が起こっても致命的な爆発事故に至らないようにインターロックのガードをかける等。

②新人でも実践的に使用できる基準類（手順書、チェックリスト）とする。

出来るだけ新人でも趣旨が分かるようknow whyを織り込む。

③規則を守る風土作りを図る等。

⑦FTA (Fault Tree Analysis) にまとめる

重大事故につながるおそれのある下記のテーマは、FTA (Fault Tree Analysis・フォルトトリー分析) にまとめると、さらによい。(**図Ⅱ-5.9参照**)。

①毒性ガス漏えいのおそれと対処②可燃性ガス爆発範囲形成のおそれと対処

4R法で出たものをFTAにすることによって、ガードの弱い部分がわかる。

原因究明の際に役立つほか、教育資料にも使用できる。

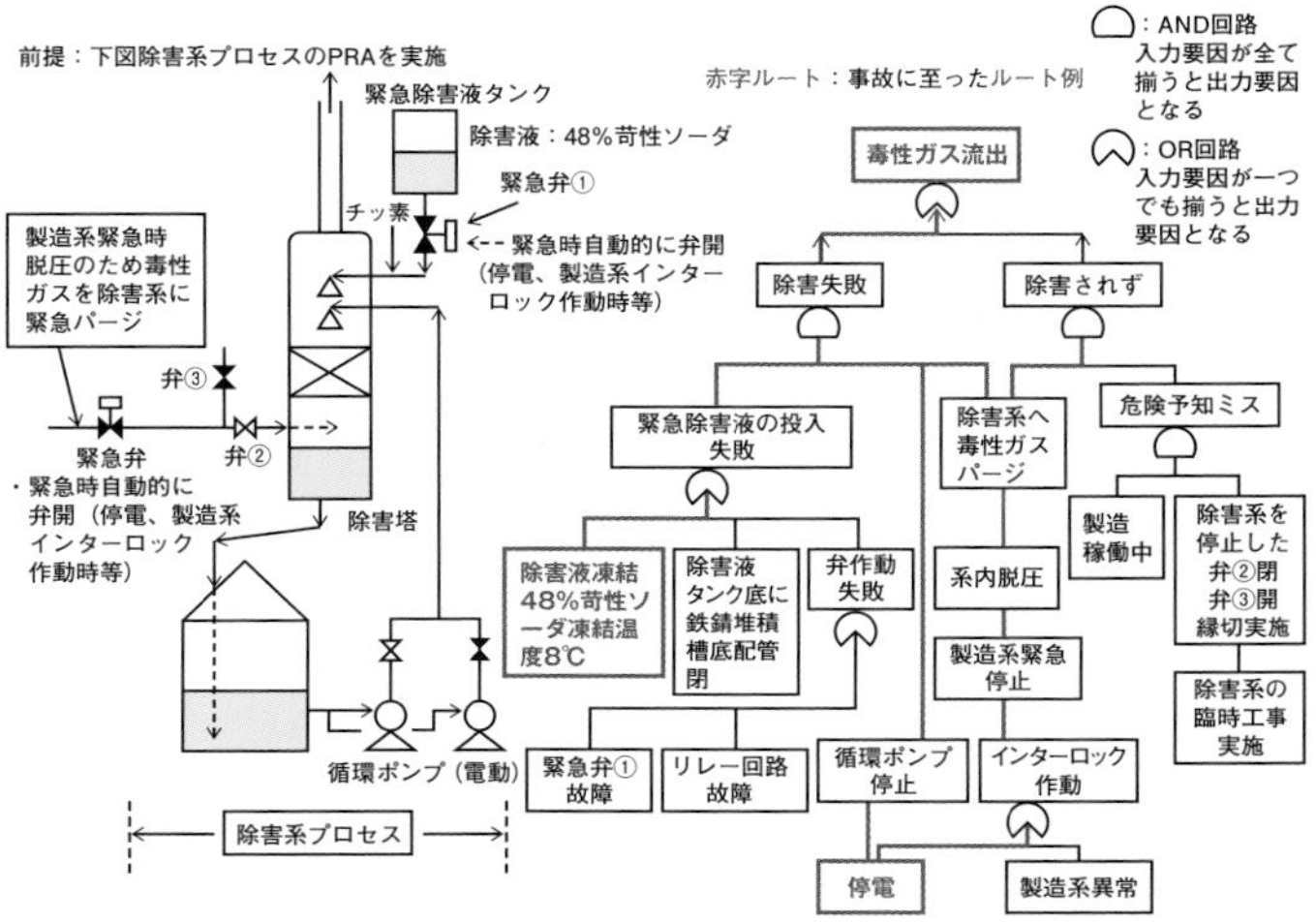

図Ⅱ-5.9

なお、AND、OR 回路のFTAを完成させ、各操作の余裕時間、機器の故障確率等を入力すれば各ルートの発生確率の算出が可能となる。　以上

(2) 変更管理

前項で述べた「既存」の製造プロセス（製造設備、製造方法、作業方法）におけるプロセスリスクアセスメント（PRA）に対して、「新設および変更」するもの全てにリスクアセスメント（Risk Assessment）を実施するのが変更管理（セーフティアセスメント：SafetyAssessment、安全性事前評価）である。セーフティアセスメントの仕組みを明確にし、抜けがないように確実にセーフティアセスメントの実施を図ることが重要である。なお、どういう観点でセーフティアセスメントを実施するかは、「(1) リスク管理の強化」の項で述べた既存のプロセスリスクアセスメントの実施例を参考にするとよい。

ここではセーフティアセスメントの仕組みの例を述べる。

1) 新設時のセーフティアセスメント

探索研究の段階から工業化検討、事業化検討、建設、製造、物流等の各段階でセーフティアセスメントを実施する。なお、各段階での担当部署、セーフティアセスメント結果の承認者を明確にしておく必要がある。

2) 変更時のセーフティアセスメント

既存の状態から変更するもの全てが対象となる。例えば、増強、改造、工事方法の変更（新たな工事も含む）、運転条件変更、

人の変更等。

変更の規模の大きさ、リスクの大きさによって、課レベル、部レベル、工場レベルのセーフティアセスメントの仕組みを確立しておくことが重要である。

(3) 不具合の改善

製造現場には、小さなものも含めると実に多くの不具合が存在している。この不具合に気づき、事故・トラブルの未然防止に向けた改善に結びつける手段として、ヒヤリハット活動、提案制度および小集団活動等があるが、ここではヒヤリハット活動について述べる。

1) 潜在ヒヤリハット活動

ただ単に、「顕在、潜在も含めヒヤリハットを出せ」と言ってもなかなか出てこないのが実情である。そこで、ある観点のテーマを提示（下記③テーマ例参照）すると、気づきのきっかけとなり、格段に多く出てくる。これが潜在ヒヤリハット活動である。

①予めの年間計画として1テーマ／２～3箇月を提示する。
②1～2箇月で潜在危険要因を摘出し、残り1ケ月で議論して課の対応を決定する。
③テーマ例

その職場にとって致命的になりうる重大リスクを取り上げることが肝要である。

4月～6月のテーマ　　　巻き込まれ、挟まれの恐れの

	ある危険箇所の摘出と対応
7月～9月のテーマ	墜落、落下の恐れのある危険箇所の摘出と対応
10月～12月のテーマ	環境問題が起こる怖れのある箇所：排水溝に油分流出の恐れ箇所の摘出と対応
1月～3月のテーマ	自由テーマ（各班でテーマ選定）

例えば、巻き込まれの観点のテーマが提示されると、現場での作業中に、巻き込まれの危険箇所がないかとの意識があるので、回転機器にカバーがない危険箇所等に気づき易くなる。結果として手が巻き込まれないように保護カバーの設置の不具合の改善につながる。

毎年テーマ選定し、この手法を繰り返す。毎年、新たな発見がある。

(4) 強い設備保全と作業・運転管理

事故・トラブルを起こさないための設備保全と作業・運転管理について述べる。

1) 強い設備保全

一般的な設計に基づく設備管理とともに、プラント・製造設備に固有の危険性に対する的確な設備管理が必要になる。そのため、

・今までの設備の保全点検記録　・過去の設備トラブル事例

を掘り起こし、部位別にまで落とし込んだ保全個別基準を

制定することが必要である。

また、過去の実績と点検結果より寿命予測を行い、例えば、予測される寿命の半分の時期に点検を行い、更新時期を精度を上げて決める。

なお、保全点検記録、過去の設備トラブルからは、プラント・製造設備の固有の設計に反映できる貴重な情報（材質の変更、施工時に必要な配慮等）が得られることが多い。固有の設計に反映できる情報を集大成すると独自技術になる。以下に一例を述べる。

・蒸留塔のトレイにひび割れが起こることがある。ひび割れの起点が、切り欠いたエッジ部から起こっている場合、エッジ部に応力が集中したためにその部分からひび割れが発生したものと思われる。応力集中を防ぐために、エッジ部にRを取るようにすれば、ひび割れを防ぐことが出来ると思われる。

→これらの固有の設計に反映できる情報を集大成する。

保全担当者は、メンテナンスを通じて、設計に反映できる貴重な事実を把握可能な立場であり、ぜひ設計への反映を意識してメンテナンスに臨まれるよう期待したい。

2) 運転・作業管理の強化

人にあまり頼らない、新人でも安全に運転・作業できるような仕組みにしておくことが重要である。

①特に、複雑な錯綜した作業となる起動準備（窒素置換、水張り運転、乾燥運転等）、起動、停止、洗浄の各作業において、

誤操作を起こさせない工夫が必要である。まずは、その例を述べる。

・実施すべき作業を時系列に記載した時系列手順書およびフローシートの完備がベースで、これに必要に応じて適宜チェックリストを添付する。（起動準備、起動、停止、洗浄の各時系列手順書を完備させる。）

・時系列手順書は、段階ごとに上司（主任、課長代理、課長）の許可をもらう仕組みにする。重要な作業時は、管理職の立ち会いとする。

・時系列に作業を進め、終了した項目は、透明カラーペン等で塗っていく。フローシートに、洗浄、置換状況を記載する。一つ一つ抜けのないように作業を進めることができるので、誤操作防止になる。また、どこまでステップが進んだか進捗を全員が一目瞭然で把握でき、申し送り時にも確実に伝わる。

②工事管理時の安全確保の仕組みの例を述べる。

　工事管理を考えた場合、製造現場課と工務（設備）課の責任のあり方が重要である。よく言われるのは、製造現場課と工務（設備）課の関係は、家主と施工主の関係と同じであるということである。自分の家を修理してもらう場合には、事前に修理内容と修理金額を把握し、了解してから工事に入ってもらうのが一般的である。

・工事に関する規則を決めておく。

　工事内容の承認者、工事の安全養生の承認者、工事の着工許可者等を決める。

最終承認許可者は、現場の状況を一番良く把握している現場課が担当すべきである。

(5) 異常や緊急時への対応力

異常や緊急の時こそ、人に頼らない、新人でも安全に対応ができるような仕組みを作ってておく必要がある。

1) 緊急措置チェックリストの品揃え

①緊急措置のチェックリスト化を図ることがまず必要である。一番のポイントは、担当者ごとに実施すべき項目を時系列に記載しておくことである。

・主任：計器室に課員全員を集合させる→何が起こったかを課員に説明→緊急措置を指示
→対外連絡（必要に応じ消防等）→課長に連絡→課員が実施した措置をチェックリストでチェックしていく

・パネル担当：計器室内での具体的な項目に沿って措置および確認を実施

・外回り担当：△△系の外回りの具体的な項目に沿って措置および確認を実施

上記のように各担当者の実施すべきことを明確にしておけば、新人でもそのチェックリストを見ながら自分の担当する操作項目を一つずつ実施することができる。

2) 防災訓練、緊急措置訓練の実施

防災訓練および緊急措置訓練を年間計画に組み込み、実施する。

3）緊急資材の品揃えと事前確保

万一の漏えい時などを想定し、漏えい液を受けるためのロート、ホース、ドラム缶、土嚢、オイルマット、水中ポンプ等の道具を準備する。また、どこに何を保管しているかを周知しておく。

以上、「備えあれば憂いなし」で、平生からしっかり準備しておくことが重要である。

❺ 安全環境の醸成と安全活動の強化

Ⅱ－5.4で保安力の安全基盤の要素である「安全の仕組みの確立」の具体的事項を述べた。

Ⅱ－5.5では、その安全の仕組みを活性化して本来の機能を発現させ、補強するための安全文化の要素である「安全環境の醸成」と「安全活動の強化」についての具体的事項を述べる。

1．安全環境の醸成（安全文化の要素）

1．価値観の共有化

製造現場には、勝ち残るために、「収益向上策」と「安全・安定運転の確保」の両方の取り組みが必要である。

では、この2つが対立する場合には、どうするべきなのだろうか。例えば、製造現場ではマニュアルに明文化されていない事象が起こることがある。安全を優先させプラントを止めるか、安全が犠牲になる可能性があるが運転を続行させるかを判断しなければならないこともある。現場の稼働が止まり、販売機会を逃したとしても、これはお金で済む話である。しかし人命はお金には変えられない。製造現場では、安全第一の価値観が必要である。安全第一は人間尊重であり、家族も含め皆の願いである。「一人ひとりが掛け替えのない人」なのである。

判断を誤らないように、最上位の概念である価値観の共有化を図っておかなければならない。その最上位の概念とする価値観が、「人間尊重の安全第一」とすべきである。後で後悔しないためにも自分自身が「安全第一」を実践していくことが必要である。

安全第一：全てにおいて安全を最優先させる。トップから第一線作業者まで全員が「安全を確保できない方法は採用しない」ことである。

2．モチベーションの向上

文献には経営学者である坂本光司氏が法政大学大学院の教授時代に、6500社以上の企業を訪問調査した結果が紹介されている。「業績の高い会社は、従業員のモチベーションが高いとは限らないが、従業員のモチベーションの高い会社は、全て業績が高かった」とのことである。安全活動の推進力も、現場に携わる人のモチベーションにかかっているといって過言ではない。

「製造現場の安全管理と安全活動」に携わる中で、モチベーションの向上につながる取り組み例について述べる。

(1) 人は仕事の全体像がわかり、かつ、自分が取り組んでいる作業の位置づけが分かると、その意義を理解し、仕事に魂が入るようになる。

第一線作業者の取り組みが、全体の中でどう位置付けられているかがわかるようにすることが重要である。

例1：保安・労働安全衛生・環境・品質の事故・トラブル防止のための種々の活動の全体像を明らかにし、自分たちの活動の位置づけがわかるようにする。

⇒事故・トラブル防止のためのスイスチーズモデル等

例2：現場の作業量削減に取り組む場合でも、まずは現状の全体像を把握し戦略を練る。人間は、全体の山が見えると無意識に征服してやろうと動くものである。また全体像が見えれば、自分たちだけでできるものと、スタッフ・管理職を入れた重複小集団で行うものとの仕分けが可能になり、効率化も図れる。

(2) 人は、上からの命令を受けて受け身（やらされているという感覚）で作業をするより、自ら主体性を発揮して行う作業に愛着を感じるものであり、そのような作業であれば魂を入れて実行することができる。

いかに第一線作業者の主体性を活かすかが重要である。

例1：規則を守る風土作り：「決められた」ルールから「自分たちで決めた」ルールへ

押し付けられたルールと比べ、自分たちで決めたルールは、それを守ろうとする意識が格段に強くなる。

例2：第一線作業者が主体となって操作手順書類を見直す

自分たちが主体的に参加して作った手順書、チェックリストは、愛着が湧くものであり、率先して使用するようになる。結果として手順書を守ろうとする意識（責任感）が強まる。主体的な取り組み例は、**Ⅱ－5.5.1.5「人財育成」**を参照されたい。

(3) 人は自らが気付いた潜在危険には、対策（設備面、基準類）を粘り強く実行する。

たとえ設備面の対応が未実施でも、そこで作業をする場合は、ソフト面で特段の安全配慮をするようになるし、グループ員への注意喚起も積極的に行うようになる。

いかに第一線作業者自らの気付きに結びつけるかが重要である。

例1：日常的に、自らが潜在危険に気付くような仕掛けを作る。

Ⅱ－5.4.1.2 (3) の「不具合の改善」で述べたように、潜在ヒヤリハット活動（ある観点のテーマを提示した潜在危険要因の発掘）を課全員で行うとよい。

3. 規律ある職場の構築

「決められた」規則を守ると言うのと、「決めた」規則を守るというのでは、大きな差がある。「決められた」では、本当は守りたくないのだが、決められたから仕方がないという意識があり、非常に後向きとなる。「決めた」は、自分達で納得して決めたということで非常に前向きとなる。守るべき規律・躾を第一線作業者が主体となって決めることが重要である。

以下、規則を守る運動に関しての具体的なポイント例を述べる。

①守るべき重要な規律・躾は、10項目程度に絞り込む。

②守れるルールとする。

③自己評価でも良いので、達成度を毎月チェックする。

④決めた項目を簡単に変えない。

半年ぐらいで身に付いたと判断し別の項目を重点項目に盛り込もうとする部署もあれば､結局は身につかないことが多い。少なくとも、グループ（課）にとって最重要と思われるルールについては未来永劫にわたり続けるくらいの心構えでないと真に身につかない。

4．チームワーク力の強化

日本人は古来より、和を尊んできた。聖徳太子の時代の十七箇条の憲法にも、「和を以（もっ）て貴（とうと）しとなす」と、冒頭に掲げられている。

製造現場でのチームワーク力は、大きく二つある。一つ目は課全体のチームワーク力で、特に事務所員（管理・監督者および技術スタッフ）と班員（交替班および日勤班の第一線作業者）の関係がポイントとなる。二つ目が班のチームワーク力である。

(1) 課全体のチームワーク力を高める

事務所員と班員との信頼関係が一番重要である。**Ⅱ－5.2.1.2** に記載したように、管理職のリーダーシップは非常に重要であるが、上からの目線では誰もついてこない怖れがある。日頃から第一線の主任クラスと双方向のコミュニケーションを図り、信頼関係を築いておくことが必要である。

(2) 班のチームワーク力を高める

「One for All、All for One（一人は皆のために、皆は一人のために）」という、ラグビーの精神は、人の行動を律し、かつ、お互いにカバーし合おうとするものである。班のメンバーがその精神を身に付ければ、全員のチームワーク力が高められる。主任は、日頃から私的なことも含め班員に関心を持ち、コミュニケーションを図り、信頼関係を築いておくようにしたい。これが全てのベースとなる。

ブレイクタイム⑩　不易流行

俳聖と言われる松尾芭蕉が残した言葉に「不易流行」と言う言葉がある。

「不易」とは、どんなに世の中が変化しても、絶対に変えてはいけない不変の真理を意味している。一方、「流行」とは、世の中の変化に従って、変えていかねばならないことを意味している。俳句を極める姿勢として、「不易」と「流行」の両方が必要だと云われている。

この言葉は様々に流用されているが、安全文化・風土を考えた場合にも適用できる。絶対に変えてはいけない不変の真理は、安全第一の人間尊重であり、また、会社の理念等は、長く続けることが大切である。一方で世の中の変化にはアメーバーのごとく適応していかねばならない。例えば、企業倫理も含めたコンプライアンスについては、世の中の変化とともに、そのとらえ方が大きく変わってきており、時代の変化に対応していかねばならない。

5. 人財育成

(1) ヒューマンエラーの真の原因と対応

事故・トラブルの原因となる「不安全行動」「管理面不備（例：基準類不備）」「不安全設備」は、全て「人」がつくり出している。全てはヒューマンエラーが原因であると言ってもよい。

「人」は、規格が統一された機械ではなく、千差万別である。感受性、感情、知力、体力、体調、習慣、育った環境など全て違う。また、事故を起こそうと思って起こすのではなく、事故のないように一生懸命やっているにもかかわらず事故を起こしてしまうのである。製造現場に携わる作業者、管理者等全員がヒューマンエラー防止力を向上させなければならない。

正しい判断で行動できるのも「人」である。実戦的な分かりやすい手順書（基準類）をつくるのも「人」であり、安全な設備をつくるのも「人」である。そういうことが出来る「人」、すなわちヒューマンエラー防止力を持った「人」となることが一番重要である。

製造現場におけるヒューマンエラー防止力の根源は、現場に根ざした危険予知力（感性）である。潜在危険を危険と意識できる（気づく）感性が高い「人」でないと、前述したようなことはできない。つまり、「現場を熟知し、日常的に危険予知力を高め、行動面、管理面（基準類など）、設備面の改善に結び付けられる人となる、また、そういう人を育てる」方向に向かって日々最善を尽くすべきである。

(2) 危険予知力の向上

1) know whyが危険予知力を高める

前述したように「人」は、規格通りに動く機械ではなく、感受性、感情、知力、体力、体調、習慣、育った環境など一人一人違いがあり、これらの影響を受けて行動をする。そのため「人」は、時には魔がさして間違った行動を取ることもある。正しく判断して行動できるようになるためには、know whyが非常に重要になってくる。「人」はknow why、すなわち「理由」が分かると、やってはいけないことなども理解し、危険予知力が高まり正しい行動を取る。

課としてknow whyを重んじる部署にすることが重要である。当然、マニュアルにもknow whyの明記が必要である。なお、化学物質関連業務に初めて携わる新人は、know whyがよく分からない場合は、先輩に遠慮せずにknow whyを尋ねるようにしなければならない。また、自分が指示を出す立場になった場合は、必ずknow whyも述べることが重要である。

2) 危険予知力（感性）向上のためのOJT（On the Job Training）

実際の現場で日々の仕事を通じて（OJTにより）危険予知を実践すると、危険予知力を身につけやすい。

例①作業時ＫＹ（危険予知）を実施する仕組みにする（習慣化する）。

作業前に必ず作業する者全員で話し合い、作業に潜む危険要因を摘出し、その対応を決めておく。これを作業時KY（危険予知）という。往々に、KYを実施せずに作業に取り掛かることがあるが、事故のもとになるので、日頃からKYの実施を習慣化することが重要である。そうすることで、危険予知力が身について行く。

・臨時作業（手順書がない作業）時は、臨時作業書の書式を制定し、KYを実施する。

・頻度が1～2回／月程度の、いわゆる非定常作業（手順書有り）時はもちろん、定常作業（手順書有り）時でもできるだけ作業書の書式を制定しKYを実施する。

・始業ミーティング時には、当日で一番危険と思われる作業について、白板やＫＹボードを使用して全員でＫＹを実施する。　等

なお、始業ミーティング場所には必ず白板やKYボードを用意したい。

例②現場員が主体となって手順書類を見直す仕組みを構築する。

現場員が主体となって手順書類を見直すこと、すなわち手順書と自分達の作業方法を見つめ直すことは、より安全な作業方法を考えるきっかけになり、危険予知力の向上にも大きく寄与することになる。

・各班において手順書の分担を決める。

・毎月、現場の長（主任）＋事務所員（課長、課長代理、スタッフ全員）参加で課手順書検討会を開催し、担当班からの見直し案、新規制定案を審議して承認する。

課全体が、四六時中、手順書類の見直しについて議論す

るようになれば、結果として、毎日の会話が生きた教育となり、危険予知力の向上が図られる。

3) 危険予知力(感性)向上のためのOFFJT(Off the Job Training)

OFFJTでは、仕事を通じて伝えることの難しい観点からの教育を実施する。

例①know why教育による危険予知力(感性)の向上。

「自然現象」は正直で、爆発の3要素が揃えば必ず爆発する。人間のように配慮はしてくれないので「自然現象」を正しく理解し対処しなければならない。現場での化学的、物理的な危険性に関しては、know whyをしっかり勉強する必要がある。

以上、例を示したが、一旦、立ち止まってKYを実施する、潜在危険箇所を摘出する、know why教育を施す、過去事例を紹介する等の仕組みを構築し、日常的に実践していくことが重要である。その仕組みを「習慣化」にまで高められるか否かで、危険予知力(感性)(ヒューマンエラー防止力)が真に身につくか否かが決まる。毎日が大切な勉強である。

(3) 行動面、管理面(基準類)、設備面への反映

前項でヒューマンエラー防止力を身に付けるためには、感性の高い人づくりが必要である旨を述べたが、次は実戦で「行動面」「管理面(基準類)」「設備面」へ反映させることが必要である。その例を**図Ⅱ-5.10**に記載した。

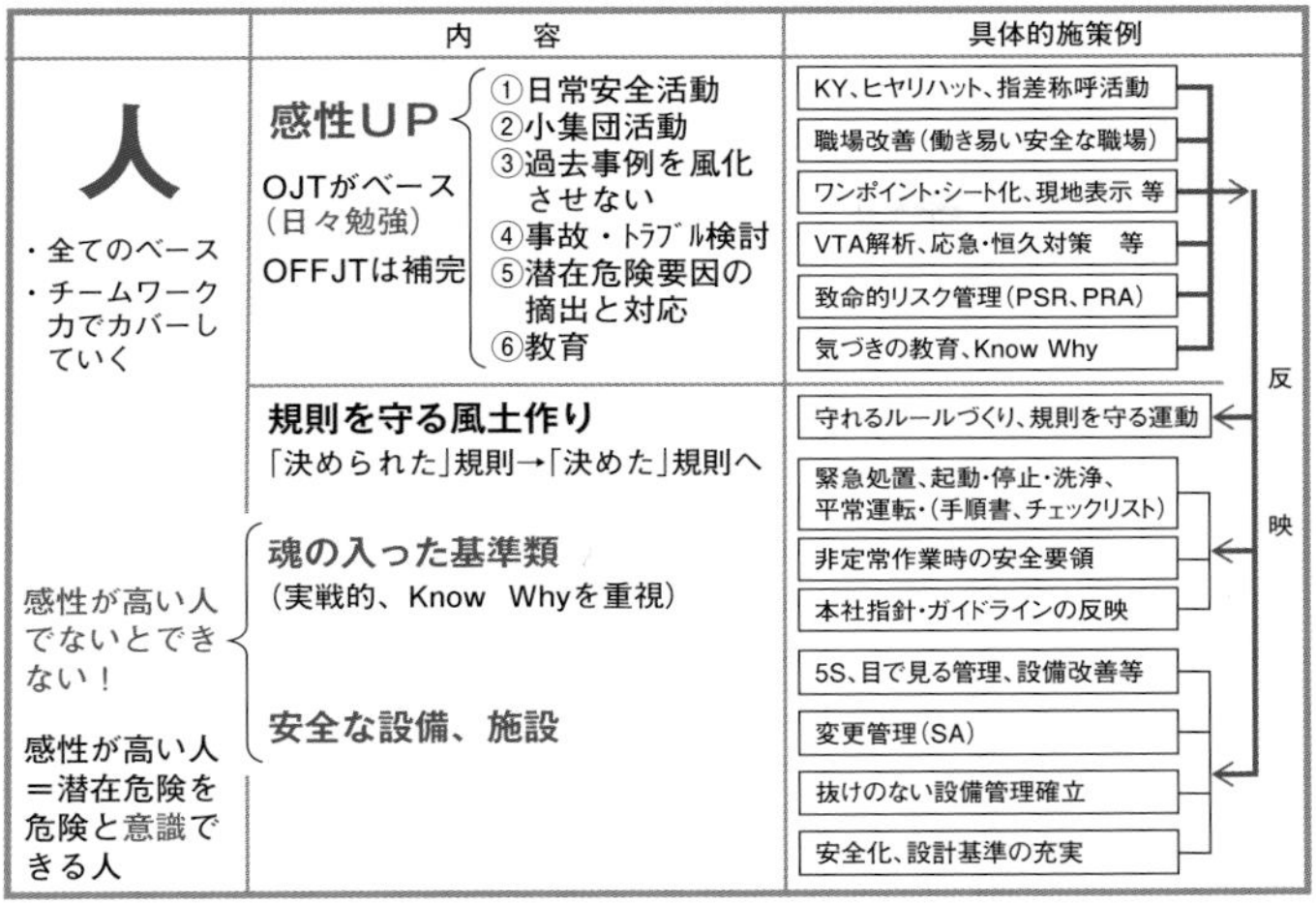

図Ⅱ-5.10

図中の①～⑥は、今まで述べてきたOJTとOFFJTによる、感性の高い人づくりを示している。また、育成した感性力を「行動面」「管理面（基準類）」「設備面」に反映させるフローを示すとともに、反映させるべき「行動面」「管理面（基準類）」「設備面」の具体的施策例を明示した。具体的施策例には、今まで述べてきた項目等が該当する。「行動面」では、「規則を守る風土作り」のための例を、「管理面（基準類）」では、「魂の入った基準類の作成」の例を、「設備面」では、「安全な設備、施設の構築」の例を示した。

(4) 現場トップに求められる能力と責務、および将来課長候補スタッフの育成

1) 現場を熟知したリスク管理と優先順位付け

製造現場では、保安事故、労災、環境事故、品質事故が致命的になり得るおそれがある。そのため、現場のトップにはリスク管理が第一に要求される。製造現場で致命的になり得るリスクを把握したうえで、ガードが十分かどうかを常に見極め、不十分であればガードをかけることがトップの一番重要な責務である。

2) 将来の課長候補スタッフの育成

現場のトップの責務として、リスク管理と並んで重要なことは、人財育成である。とりわけ、将来の製造現場を担うスタッフの育成が最重要課題である。

将来の課長候補には、まずは現場の実態を熟知させる必要がある。現場の実態には、人的な面、作業面および設備面の三つの面がある。これら現場の実態を理解させる一番良い方法は、3交替現場に入ってもらうことである。定員となって現場の人と同じ釜の飯を食べ、現場の人と一緒に実作業を体験させるのである。

大学を出たある新入社員が製造現場課に配属された例であるが、課長が新人スタッフをどう育成したらよいかをいろいろな人に聞いた結果、「3交替現場での実習期間が長ければ長いほど、本人のためになる」との結論に達したのである。そのため期限を決めずに3交替勤務をさせることになったのである。

結局、その新人スタッフは、オペレーター、班長、主任という2年間の3交替を経験することになった。これは本当に貴重な体験である。

実体験により、作業面、設備面の実態を否応なしに熟知していく。非常によい勉強になるのは、第一線作業者の視線で物事を考えられるようになることである。

この実体験が、その後の会社人生の大きな財産になる。

現場課に配属になった新人スタッフは、3交替実習のチャンスを逃さず、積極的に志願することが肝要である。ただし怪我をしないように現場の人の指示に従い、慎重な行動をとらなければいけない。

2. 安全活動の強化

1.「成果指標」と「活動指標」

課全体の安全活動を推進させるために、課の運営目標の中に安全目標を掲げるが、このときに配慮すべき点が2点ある。

1点目は、安全第一を明確に課員に伝えることである。課の運営目標を掲げる際には、第一番目に安全目標を持ってきた方がよい。一番目に掲げないと、「うちの課長は、実は安全より○○を優先しているのではないか」と邪推されてしまうおそれがある。

2点目は、結果系の目標以外に、活動系の目標も併せて掲げることである。両者の内容が連携したものとなっておれば、非常に分かりやすい目標となり、活動のための活動ではなく、明確な結果目標を達成するための活動であることが認識される。

また、安全目標として結果系の目標だけが設定されている場合、万一、開始月に労災等が発生してしまうと、初月から年間目標の未達が決定してしまい、モチベーションが上がらなくなってしまう。結果系の目標を成果指標、活動系の目標を活動指標と

成果指標（例）	・労働災害件数（休業、不休業） ・重大事故件数（保安、環境、品質） ・休業度数率 ・品質クレーム件数 ・安全表彰受賞 ・小集団発表最優秀賞受賞 ・トラブルゼロ継続日数 ・トラブルロス金額削減 ・ワースト10作業（削減率、削減時間）	
活動指標（例）	★安全の仕組みの確立 ☆再発防止活動 ・事故･トラブル解析、恒久対策件数 ・過去重大事例風化防止 →ワンポイントシート化率 →起きた月にトラブル紹介率 →現地標示の進捗率	☆未然防止活動 ・PSR実施件数、改善件数 ・リスク管理登録件数、進捗度 ・SA実施件数、指摘 ・処置件数 ・手順書、フローシート作成件数 ・作業安全指示書発行件数 ・設備個別点検基準作成件数 ・防災訓練、通報訓練実施件数 ・緊急チェックリストの品揃え数
	★職場の安全環境の醸成 ・安全（RC）会議開催頻度 ・活動版の設置状況 ・発表会頻度 ・OJT教育、階層別教育、自主啓発によるスキル評価点 ・KY実施件数、実施率 ・指差称呼実施率（自己評価点） ・規則を守る運動：自己評価点 ・5S（自主保全）実施時間 ・監査（ISO、RC）実施件数 ・パトロール件数、処置件数 ・小集団テーマ解決件数、等級 ・改善提案提出件数、等級 ・HH摘出件数、処置件数 ・潜在HH（危険要因）摘出件数	

図Ⅱ-5.11

した具体的例を提示する（**図Ⅱ-5.11参照**）。

2．ベクトル合わせ

安全方針および活動は、本社と工場、部、課および個人と連動しており、各々の活動を個人単位まで落とし込み、共有化を図ることが大切である。そうすることにより、ベクトルが一致し、力の結集が図られて大きな成果に結びつく。

3．「安全活動」から「安全運動」へ

「活動」とは働き動くこと、いきいきと行動することであり、「運動」とは目的を達成するために活動することで、まさしく「安全」という目的を達成するための活動を実施していく必要がある。

運動のあり方
～3年後のあるべき姿（目的）を明確にした上で、具体的なアクションプログラムを作成し取り組むことが重要だ～
1．「全員参画」の運動 2．「納得性」のある運動 3．「維持管理」ができる運動 4．「チームワーク力」のある運動 5．運動の「可視化」

本当に活動が「運動」にまで高められた事例はそう多くはない。一丸となって全員で取り組んだときには一人ひとりが前向きになり、驚くくらいの力が発揮され、大きな成果に結びつく。

ベクトルを合わせ、一丸となり「運動」にチャレンジするこ

とにより、真に実力のある安全な職場が構築されるであろうと期待される。

参考文献

1) 坂本光司、渡邉幸義「会社は家族社長は親」PHP研究所(2011)
2) 田村昌三、田口直樹「産業現場の事故・トラブルをいかにして防止するか」化学工業日報社(2017)

【監修者略歴】

北野 大（きたの まさる）

秋草学園短期大学学長、淑徳大学名誉教授
1942年生まれ。1972年東京都立大学大学院工学研究科博士課程修了（工学博士）。（財）化学物質評価研究機構企画管理部長、1994年淑徳短期大学食物栄養学科教授、1996年淑徳大学国際コミュニケーション学部教授、2006年明治大学大学院理工学研究科教授、2013年淑徳大学総合福祉学部教授、2014 年同大学人文学部教授を経て、2017年より秋草学園短期大学学長（現職）、淑徳大学名誉教授。

【著者略歴】

田村 昌三（たむら まさみつ）

東京大学名誉教授。工学博士。
1969年東京大学大学院工学系研究科燃料工学専門課程博士課程修了。1990年東京大学工学部反応化学科教授、1999年東京大学大学院新領域創成科学研究科環境学専攻教授。2005年安全功労者内閣総理大臣表彰受賞。
著書に『エネルギー物質と安全』［共著：朝倉書店（1999年）］、『化学プロセス安全ハンドブック』［編著：朝倉書店（1999年）］、『化学物質・プラント事故事例ハンドブック』［編集代表：丸善（2006年）］、『エネルギー物質ハンドブック』
［監修：共立出版（2010年）］などがある。

田口 直樹（たぐち なおき）

1952 年富山県富山市生まれ。1975年３月金沢大学工学部工業化学科卒業。同年４月三菱化成工業㈱（現三菱ケミカル）入社、同年７月水島事業所配属。1998年までの間に４製造課（４石化プラント）を担当し、その間２年間の３交替勤務、製造スタッフ、課長代理、課長を歴任。1998年～ＲＣ推進部（環境安全品質保証）グループマネージャー、部長を歴任。2004年本社・認定監査室長兼グループＲＣ推進担当部長。
2007 年～ 2014年三菱化学物流㈱（現三菱ケミカル物流）執行役員水島支社長、本社取締役執行役員技術本部長等を歴任。
著書に『産業現場の事故・トラブルをいかにして防止するか』［共著：化学工業日報社（2017年）］がある。

〈即戦力への一歩シリーズ　2〉

危険物の取扱い

2021年5月18日　初版1刷発行

監修者　北野　大

著　者　田村　昌三

田口　直樹

発行者　織田島　修

発行所　化学工業日報社

東京都中央区日本橋浜町3-16-8（〒103-8485）

電話　03（3663）7935（編集）

03（3663）7932（販売）

支社　大阪　支局　名古屋　シンガポール　上海　バンコク

ホームページアドレス　https://www.chemicaldaily.co.jp

印刷・製本：ミツバ綜合印刷

DTP：ニシ工芸

カバーデザイン：田原佳子

ISBN978-4-87326-740-1　C3043

不安がなくなるとモノが売れる

販促コンサルタント
岡本達彦

SOGO HOREI PUBLISHING CO., LTD

プロローグ

なぜ、あなたの商品が売れないのか？

本書を手に取っていただいて、ありがとうございます。

販促コンサルタントの岡本達彦です。私は日本全国を飛び回って、売上に悩んでいる中小企業に向けて売れる広告の作り方や効果的な販売促進の方法についてのセミナーを行っています。

良い商品・サービスを売っているにもかかわらず多くの店主や経営者が、売り上げが伸びない、商品が売れないと悩んでいるのですが、そうした人たちに共通していることがあります。それは、お客様が持っている「不安」を見落としている、ということです。

こう言うと読者の皆さんは、

「うちの商品は怪しいものではないから大丈夫」

「購入するためのホームページはおしゃれな雰囲気だし、信用あるポータルサイトで売っているから問題ない」

「店内は明るい雰囲気だし、不安なんて感じるはずがない」

という人が多いかもしれません。こうした傾向は特に老舗の会社や店舗の経営者に多いといえます。

しかし、そうではないのです。

お客様の不安の根源は、

「自分の大切なお金を使って、あなたの商品を購入する」

というところにあるのです。

言い換えると、自分の大切なお金を使うわけですから、その大切なお金が本当に価値あるものに使えたのか、ということを商品を手にするまでお客様は、問い続けるのです。

このため、あなたが商品を紹介するために用意したものすべてに不安を感じる可能性がある、ということです。

商品を提供している側は、とても気づきにくいのですが、お客様は、自分の大切なお金を支払って、さらにその商品の価値をも自分で保証しなければいけない（自分の期待が叶えられなくても、納得するしかない）ということになるのです。

これは商品を提供している側に比べて、あまりにリスクが高すぎると思いませんか？　マーケティングでは、このため、このような不安を抱く、お客様を安心させる不安対策を「リスク対策」と言ったりしています。

この商品を購入して、絶対に満足したいという脳の反応

お客様がどうしてそんなに不安を持つのか、少し別の角度からそのことを考えてみましょう。

最近は、マーケティングの分野にも脳科学を応用した考え方が広まってきて、脳科学と購買行動ということを研究した論文もたくさん出てきました。人間が商品購入に至るための脳のメカニズムは、狩猟時代の獲物を捕ろうとするときとあまり変わっていないということがわかってきました。

人間の脳は、商品を購入するときに大きく分けて2つの部位が反応するといわれています。

一つは、物が欲しいという気持ちを左右する部位（感情）ともう一つは、その物が欲しいという気持ちを冷静に精査する部位（理性）です。

商品購入までの脳内のメカニズムをとても簡単にいうと、感情の部位で、私たちは商品を見て、購入しようという気持ちが高まってきます。**ところが、そのまま購売行**

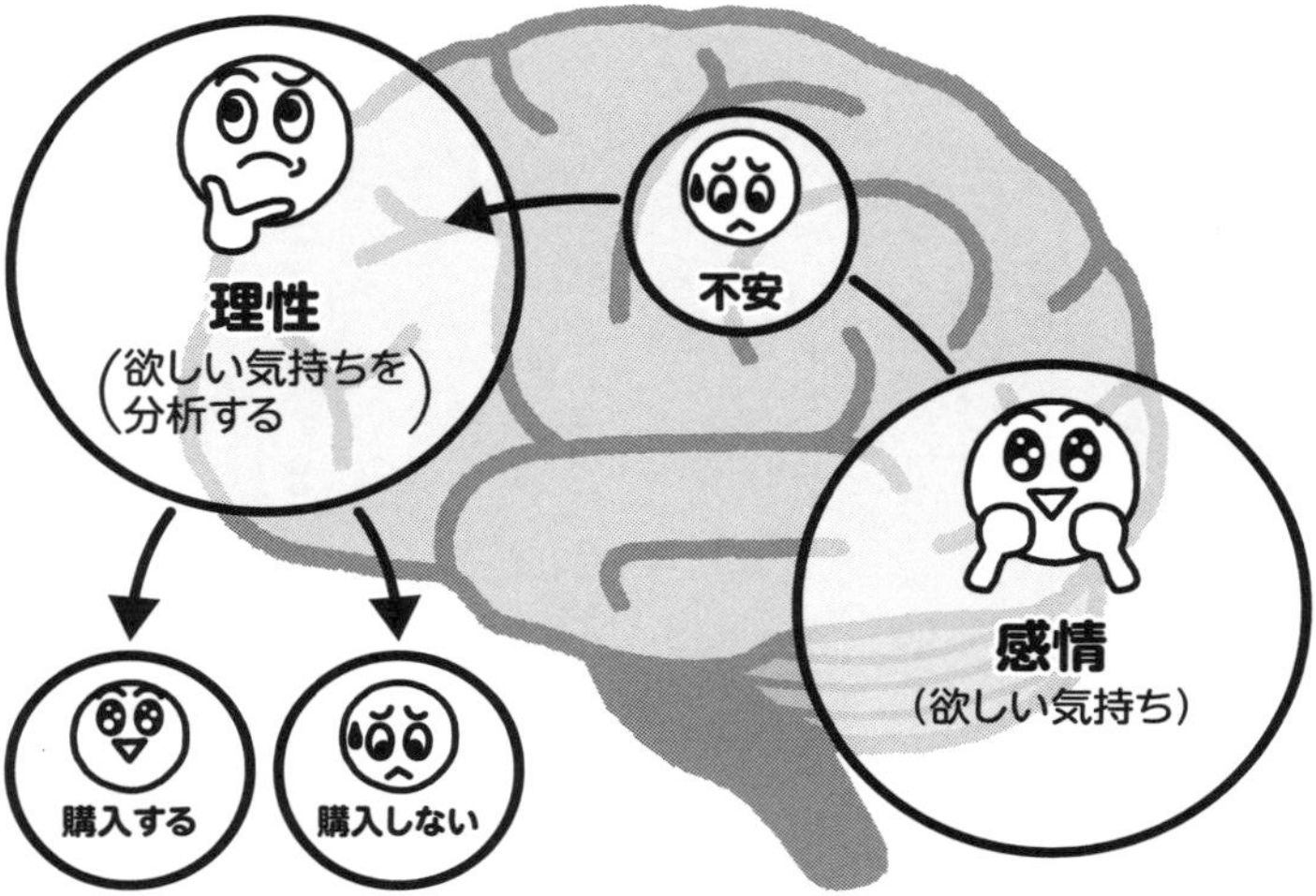

動に移らずに、その行動が本当に正しいのかどうかを理性の部位が最終判断するのです。

感情の部位で、少しでも不安なことがあれば、減点方式で理性の部位にまで伝えられます。**最終的に理性の部位で、期待値の計算が行われて、不安要素が多いと、買わないという判断が下されるのです。**つまり、商品を購入して満足できるかできないか、商品を購入する前にかなりシビアなジャッジをしている、というのが人間の脳なのです。

もちろん、表面的な情報でしか脳は判断できないので、あなたの商品がどんなに良くても、その人が感じる不安な情報を発信していれば、売れなくなってしまうということです。

この脳の働きをイメージしながら、次の問題を少し考えて見ましょう。

例えば、ＡとＢという同じ価格で、同じ効能の２つの商品があるとします。どちらを選んでも同じ価格で、同じ効果が得られます。

ところが、ＡとＢの商品で違うところがあります。

Ａは使い方や購入方法の説明、返金保証までついています。しかしＢはそれが全くありません。あなたはどちらを選ぶでしょうか？

もちろん、おわかりですね。**Ａを選ぶ人がほとんどだ**と思います。

この積み重ねが売り上げに影響してくるのです。売れないと嘆いている会社やお店に限って、説明不足だったり、不安を取り除く表現が少なかくなったりするのです。

わかりやすくいえば、いくらバケツに水を入れても（お客様を集めても）、下に穴が開いている（不安があって買ってくれない）状態だと、水はたまらないという事です。

世の中にはバケツに水を入れる（お客様を集める）本はたくさんあります。しかし穴を埋める本はほとんどありません。

この本では、消費者が購入前に感じるさまざまな不安や疑問の詳細に焦点を当て、それらをどのように克服し、顧客の信頼を築くかについて、くわしく紹介していきます。

脳は減点方式で、不安を採点していきます。そこで、各章末に不安対策チェックリストを記載しておきました。ぜひ活用してください。

それでは、さっそく始めていきましょう。

販促コンサルタント　岡本達彦

目次

第1章

お客様の不安とは何か？

第2章

お客様の不安を取り除く方法

第3章

商品やサービスの品質への不安

第4章 使い方への不安

第5章

価格や維持費に対する不安

装丁：別府拓（Q.design）
本文デザイン：木村勉
イラスト／DTP：横内俊彦
校正：髙橋宏昌

第1章

お客様の不安とは何か？

お客様の不安とは、期待した効果が得られないことを恐れる心理

「プロローグ」にも少し書きましたが、お客様の不安とは一体なんのことでしょうか？　ここでもう一度、考えてみましょう。

お客様の不安とは、次のような原因によって引き起こされます。

それは、自分の大切なお金（時間なども含む）と引き換えに、お客様が期待した効果を得られるかどうかに対する不安のことです。

お客様が期待した効果が得られると思えば、不安は少なくなり、「買う」という行動に移りますが、お客様が期待した効果が得られないのではと思えば、どんどん不安

が増大して、前述したように「買わない」という決断になってしまうのです。

お客様の不安をなくすためには、どうすればいいのでしょうか？　それはお客様があなたの商品やサービスの情報を知ることができる広告や店頭などの販売促進（販促）の場で、不安要素をなくしていくことです。

こう言うと、具体的にどのようなことがお客様の不安要素になるのかわからない、という人も少なくないでしょう。

では、具体的にはどのようなことにお客様が不安を感じるのでしょうか？　それを知るための一番簡単な方法は、自分が自分の商品を購入する立場になれば、何に不安を感じるのかは自ずと理解することができます。

お客様の不安を実感してみる

しかし、そうは言っても……イメージしにくいと思う人は少なくないでしょう。
では、次のような質問について考えてみましょう。

質問

あなたは帰りがけにラーメンを食べようと思い立ちました。ちょうど目の前に、ラーメン屋があります。入ろうかと思うのですが、入り口のガラスは白くなっていて、お店の中が見えません。あなたはこのときに、どのような不安を抱きますか？　書き出してみてください。

答え

多くの人が感じることかもしれませんが、店内が見えないお店の扉を開くのは、普通かなりの勇気が必要です。ガラッと扉を開けたら、店主一人だけだった、なんてかなり気まずい状況です。他にお客様が誰もいない、ということであれば、人気がないかもしれないということで、美味しくないラーメンかもしれません。

そもそも、ラーメン屋であることはわかりますが、どんなラーメンが出てくるのかもわからないわけですから、自分が期待した味と異なるかもしれません。

普通はこのような不安が湧き上がってくるのです。

仮に向かいに同じようなラーメン屋がある場合を考えてみましょう。そのお店は、店内が明るく、外から店内がのぞけて、お客様もそこそこ入っていることが確認できたとしましょう。そして、「本場家系のこってりラーメン」などの看板が立っていれば、こってりラーメンが好きな人だったら、そちらのお店に行ってしまうことは間違いありません。このような状態が続けば、店内の見えないラーメン屋は潰れてしまうかもしれません。

こうした不安を取り除いて、売り上げの機会損失を防ぐのが本書の目的です。しかしながら、なぜこのようなお客様を不安にさせる問題に気がつきにくいのでしょうか。

それは店主の立場に立ってみれば、ちょっと違う考え方になってしまうからです。店主としては、お客様に味に集中して食べてもらうために、外から他人に食べている姿を見られないように工夫したのかもしれません。

しかし、そうしたお客様とのちょっとしたズレが、売り上げを下げることにつながってしまうことがあるのです。

ホームページにも不安を増大させる要素があることが多い

ここまでは飲食店の実店舗の話を紹介しましたが、ホームページでもお客様の不安を増大させてしまっている事例をたくさん見かけることがあります。

例えば、**「どうやって購入すればいいのか？」がわからないホームページは意外とあります。**

トップページは、美しい写真やおしゃれな動画が流れていたり、さまざまな色を活用していたりして、見やすいのですが、いざ、商品の購入やサービスを依頼しようと思っても、値段が書いていなかったり、連絡先がわかりにくかったり、ひどい場合は、連絡先が掲載されていなかったり、というケースもあります。

例えば、ページ数が多いホームページでは、インデックス（目次）が重要になりますが、デザイン上、インデックスのボタンは小さくしたりして、見つけにくくなっていたりします。そうすると、せっかく興味を持ったお客様も連絡先がわからなくて、諦めてしまうというケースもあるのです。

このように、**きれいでおしゃれなホームページを作りたいという売り手側の意図とホームページ本来の意義（お客様に買ってもらうこと）がズレてしまい、購入に至らないというケースもあるのです。**

また、最近では、クレジットカードや現金払い以外にもさまざまな支払い方法が出てきましたが、支払い方法がお客様にとってわかりやすいよう順を追って書かれていないというものもあります。

このような話を聞くと、そんなことあるのかなと思う人もいるかもしれませんが、実際にあるのです。もう一度、自分のホームページなどを一人のお客様として調べてみて、使いやすいかどうか検証してみてください。

もしかしたら、わかりにくいところや、不安を掻き立てるようなところが見えてくるかもしれません。

満室にして家賃も上げた例

ここで一つの具体例を紹介しましょう。北関東のベッドタウンにある賃貸マンション24戸を所有されている不動産投資のオーナーです。しかし、所有物件の空室率は30%前後にもなり、管理会社に入居者募集を任せていますが、自分でも入居募集をしようと考え、不動産に詳しい「Ａ４」１枚アンケートアドバイザーの浅野さんに相談しました。

オーナーの所有物件は１Ｋが中心で、駅近ですが物件が古く、狭いというのがデメリットでした。一方で家賃は安く、単身者に人気がありました。近年、入居者の年齢層が高いので、20代女性を中心に新たに入居者を増やしたいと考えていました。

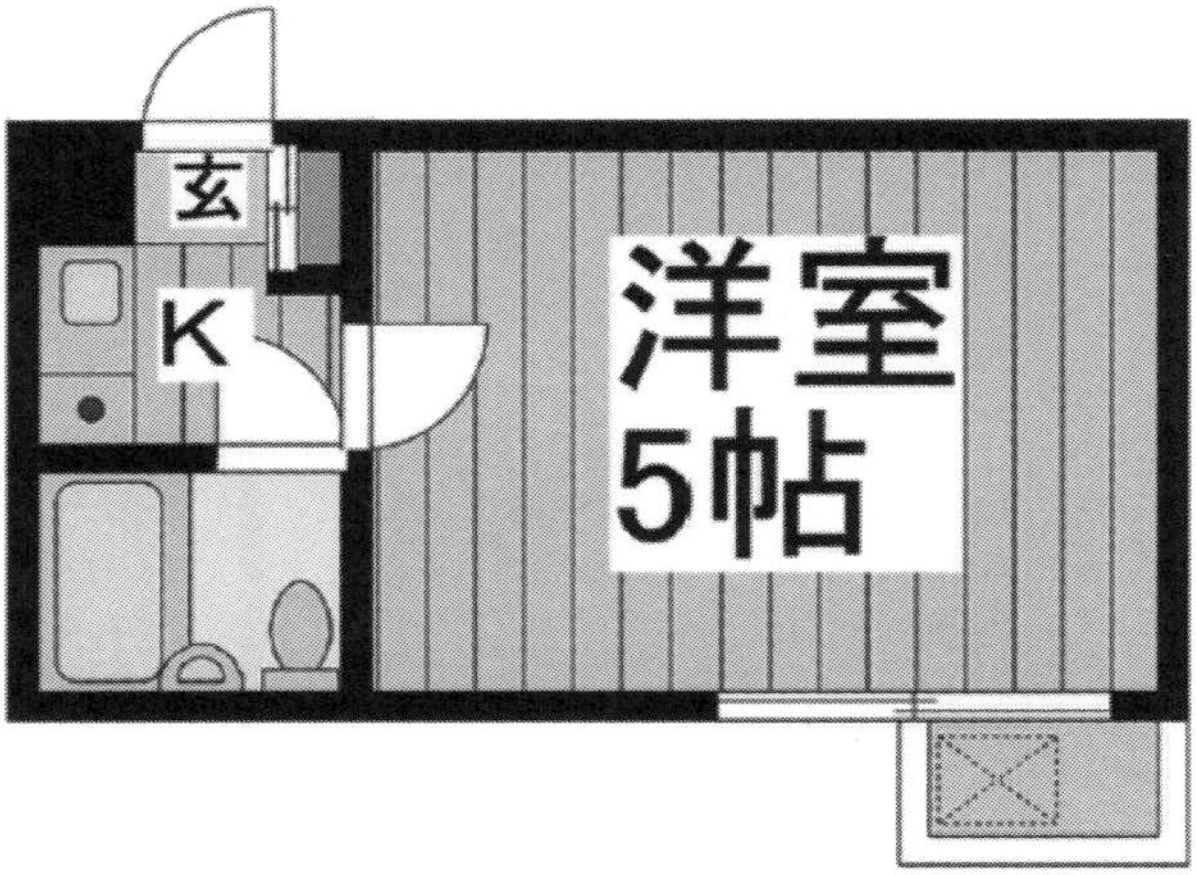

【物件概要】
間取り１Ｋ
面積１２・７６㎡
月額３万３０００円
　家賃３万円
　共益費３０００円
最寄駅徒歩４分
築35年

　すでに入居している人たちにどういうところが魅力で住んでいるのかアンケートを取ってみました。すると、初期費用や家賃を安くしたいというお客様が多く、駅の近くで安い物件を探していた人が多かったことがわかりました。

しかし、すぐに入居を決めるお客様は少なかったといいます。なぜならば、そこには不安があったからでした。

皆さんは、どのような不安だと思いますか？　あなたが住まいを探している学生になったつもりで入居することを考えてみましょう。

どのような不安が想定できるでしょうか？

質問

あなたは20代女性の学生です。家賃も手頃で、駅からも近い。この物件に少し気になる点があります。どのような不安が考えられますか？　イメージしてみてください。イメージができたら、書き出してみてください。

答え

もしかしたら、セキュリティの問題が不安と答える人もいるかもしれません。それも一つの不安ですね。

これはあなたのサービスではないし、既存のお客様に聞くことができないので、若い女性という新規のお客様を募集するというイメージで、お客様の気持ちになりきって、不安を挙げてみてください。こうした不安を列挙するトレーニングが、自分のビジネスの不安を見つけることにも役立つからです。

狭い部屋には収納の不安があった

では、実際にオーナーが入居者に聞いたところ、どのような不安があったのでしょうか？

その不安とは、

「部屋が狭い分、収納をどうするのか？」という不安です。

これから若い女性をターゲットに賃貸需要を高めていきたいと考えるのならば、その不安を解消することがとても重要になります。

不安というのは、少し冒頭で話しましたが、それを放置しておくと、お客様の脳内の中で減点方式で商品やサービスの良い部分を打ち消し、マイナスにしてしまうぐらいのインパクトがあるのです。

商品やサービスを提供しているあなたが、正しく対処しないと、お客様の脳内で悪いイメージがどんどん広がってしまいます。もちろん、気心が知れているお客様であれば別ですが、新規のお客様はあなたと信頼関係が築けていないので、自分の不安について、積極的に話してはくれません。

これが不安が広がってしまう大きな原因なのです。

そこで、この不安を解消するにはどうすればいいのかを考えてみましょう。もちろん、いくら狭いとはいえ、物件の大きさを変えるというわけにはいきません。

あなただったら、どのようにこの不安を解消するでしょうか？　少し考えてみて、空欄に答えを入れてみてください。

質問

入居者募集をしている物件が狭い。収納をどうすればいいのか悩んでいるお客様に対して、あなたなら、どのような解決法でお客様の不安を払拭しますか？

答え

不安の解消とは、問題を解決することではない

どうでしょうか？　お客様の不安を解消するポイントは思いつきましたか？　ここで考え方のヒントを出しましょう。勘違いをしてしまう人が多いのですが、**不安を解消するというのは、問題を解決するということで、デメリットを修正することではな**

いのです。

事例でいえば、**物件が狭いのは、直しようがありません。**それはお客様もわかっています。お客様は、そのこと自体に不安を感じているわけではありません。狭い物件に住もうと検討してはいるものの、**実際に住んだときに生じる不便さや問題について、心配をしているのです。**その不安は実際に住んでみないとわからないことですから、悪いイメージが広がってしまい、際限がありません。お客様のその不安を止めないと、入居をすることをやめるという判断に至ってしまうのです。

狭い部屋をなんとかしようではなく、**狭い部屋によって生じる不安や心配を取り除くことが販促では重要になるのです。私はこれを「不安対策マーケティング」と名づけました。**

不安対策マーケティングでは、問題を解決するのではなく、**ある不安や心配ごとに対してお客様に納得してもらったり、安心してもらったりするためには、どうすればいいのか？**

ということを考えるだけでいいのです。

こう考えるとやり方は色々あると思います。オーナーが丁寧に説明する方法もあるでしょう。実際に住んでいる人が「その不安や心配は杞憂《きゆう》ですよ」と話す機会を設ける方法もあるでしょう。実際にお試しで住んでもらうというのもいいかもしれません。

あなたが思いついた答えを先ほどの空欄《くうらん》に書き出してみてください。

あなたのお客様に不安解消法を聞く

そして、最も重要なことは、**不安を解消する方法を知りたければすでにあなたのお客様になっている人に聞くということです。**なぜなら実際にお金を払った人が不安を解消したという実績に基づいているからです。

そこで例えば、次のようにすでにお客様になっている人に質問をしてみましょう。

「何があれば不安なく購入（契約）できましたか？」
「何があればその不安がなくなりましたか？」

このように聞けばいいのです。そうすればお客様がその不安の解消方法の答えやヒントを教えてくれます。とても簡単です。

お試し（サンプル）を用意する

不安の解消の方法はいろいろ考えられますが、このオーナーが選んだ方法は、お試し品（サンプル）を用意するということでした。

お試しは空いている部屋を利用して作られました。部屋の狭さと収納の少なさという弱みをカバーするため、部屋を立体的に有効活用できるロフトベッド（兼収納家具）を中心に家具、小物を購入し配置した家具付きモデルルームを用意したのです。

お客様が、このモデルルームを見ることで、ここに住むとどんな生活ができるのかイメージが理解できて、部屋の大きさや収納への不安を解消することができます。

また、すでにこの物件を利用している住人に対するアンケートによれば「駅から近い」「都心にアクセスが良い」と言う声が聞かれたので、それを1枚のチラシにまとめて、部屋のアピールをしました。

さらにサンプルの部屋には、部屋の寸法が測れるメジャーを置いたり、オーナーからのお礼の手紙などを置いたりしておきました。

このモデルルームの部屋は、家具・備品付きとして家賃も高く設定して入居募集を募りました。それまで月額３万３０００円の部屋を月額３万９０００円にしました。

すると、モデルルーム設置して、初日に申し込みがありました。そして家賃を上げたことでモデルルームの家具や備品の投資分も回収できることになりました。

お客様の不安を解消することがビジネス成功の鍵

このようにお客様心理の理解は、ビジネスが成功するための鍵です。特に、購入における不安を軽減することは、顧客満足度を高め、長期的な顧客関係を築く上で非常に重要です。

お客様が商品やサービスを購入する際、多くの選択肢から最適なものを選び出す必要があります。この過程では、商品の疑問、そして不安が生じることがあります。購入不安は、製品の品質、価格の適正性、アフターサービスの信頼性など、さまざまな要因に起因することがあります。こうした不安を軽減することで、お客様は安心して購入決定を行うことができ、これは顧客満足度の向上に直結します。

購入不安を減らすことの一つの重要な意義は、信頼の構築です。お客様が製品やサービスに対して安心感を持つことで、そのブランドや企業に対する信頼が築かれます。信頼が築かれると、お客様はリピーターになりやすく、また、そのポジティブな経験を周囲に伝えることで新しい顧客を引き寄せる可能性も高まります。これは、口コミの力が強い現代において特に重要な点です。

また、購入不安を減らすことは、顧客満足度の向上にも寄与します。安心して購入できる環境が提供されると、お客様はそのブランドや店舗を選ぶ傾向が強くなります。これは、継続的な売り上げの安定化につながり、競合他社との差別化要因となることがあります。

さらに、購入不安を減らすことは、製品やサービスの改善にもつながります。お客様の不安を理解し、そのフィードバックを製品開発やサービス向上に活用することで、より顧客ニーズに適した提供が可能になります。これは、ビジネスが市場で競争力を持続させるために不可欠です。

このように、お客様の購入不安を理解し、それを減らすことは、ビジネスにとって多くの利点をもたらします。信頼の構築、顧客満足度の向上、製品の改善、そして売り上げの安定化に直結するこのアプローチは、長期的なビジネスの成功に不可欠な要素です。お客様心理を深く理解し、**購入時の不安を軽減することで、ビジネスはより広範な顧客層にアピールし、持続的な成長を遂げることができるのです。**

不安対策で１カ月の問い合わせが15件に

もう一つ事例を紹介しましょう。一般的に販促用のチラシの反応率は、０・３％と言われています。例えば、１万枚配布して、１〜30人程度から反応があれば良いほうです。しかし、不安対策をした結果、この問い合わせを０・５％まで伸ばすことができた例があります。

なぜそのようなことが可能になったのかといえば、不安対策を正しくしたからです。

それは愛知県安城市にある和紙屋（かずしや）安城北店さんです。ふすまや障子、畳や網戸の張り替えを行っています。

同社の本業は工務店や住宅会社、リフォーム会社の広告を作成している地域密着型の広告会社です。

そんな会社が新しいビジネスとして、「ふすま・障子・畳・網戸の張り替え屋　和紙屋（かずしや）」の事業をスタートさせました。なぜなら「Ａ４」一枚アンケートアドバイザーとしてのノウハウを活かして、その知見を地域密着型のビジネスである工務店・リフォーム会社さんの販促にも活かせると思ったからです。

実はこの地域では日本家屋が多く、障子や網戸の張り替えやふすまの張り替えなど、自分でやっている人も少なくなかったのですが、年齢的に難しいと考えて不便さを訴えるお客様が多かったのです。

そうは言っても、プロの表具職人に頼むと値段が高い。そこで、プロの職人に研修を受けたスタッフが施工する新しいビジネスを思いついたのです。ただし、熟練の職人が行うわけではないので、依頼するのに迷うお客様が出てくる事が予想されます。

ここで、お客様の不安を放置してしまっては、不安が増大して、サービスの利用をしないということになってしまいます。

そこで、チラシやホームページに地域密着型のお店であること、お客様の喜びの声やお店の写真、スタッフの雰囲気が伝わるように写真などを配置することにしました（上の写真）。

「地元の職人だからすぐに訪問ができる」

「地元の職人だから責任を持って仕事をする」

「地元の職人だから気軽に相談ができる」

など地元色を強調。チラシには、地元のお寿司屋さんとタイアップして、さらにその強みを強調しました。

「最初は騙《だま》されるのでは？」と怪しんでいたお客様もいらっしゃったようですが、これで不安が解消され、徐々に依頼が増えていきました。

チラシの反応率も驚異的に上がり、3000枚配って15件、0・5%の問い合わせがあるなど、大きな反響を得ることができたのです。

期待通りの効果が得られるかの不安を払拭する

不安とは本章の冒頭で紹介した通り、自分が出したお金に対して、期待した効果や効能が本当に得られるのかという不確実性や将来の不明確さに対する反応です。購入する際、私たちは商品やサービスが期待に応えてくれるかどうか、価格が妥当かどうか、品質が約束されているかなど、多くの不確実性に直面します。

こうした不確実性は、心理的なストレスを引き起こし、お客様が購入から遠ざかる原因になります。和紙屋のような新しい事業をスタートする場合には、お客様も警戒しています。いくら需要があるということがわかっていても、広告会社が張り替えの店を開業するとなったら、お客様は不安を抱くものなのです。だから、その不安を丁

安城市で「ふすま・障子・畳・網戸」を張り替えたいみなさんへ
ふすま・障子・畳・網戸の手張り職人の店
和《かず》紙《し》屋《や》
仕上がりに自信あり。
1本だけでもOKです！
よろこんでご自宅まで引き取りに伺います。
一般的な
18メッシュネット
網《あみ》戸《ど》
2,800円
（税込価格 3,080円）
お値段優先!とにかく
張替えたい方へ!
格安
襖《ふすま》
※弊社指定の色柄内から選べます。
2,500円
（税込価格 2,750円）
お値段優先!とにかく
張替えたい方へ!
格安
障《しょう》子《じ》
2,500円
（税込価格 2,750円）
見た目は美しい!とにかく張替えたい方へ!
格安
畳《たたみ》
表替え
※弊社指定の縁（へり）・色・柄となります
3,500円
（税込価格 3,850円）
こんな悩みをお持ちの方にもご利用いただいています。
◆どこに頼めばよいのか、わからなかった方。
◆自分でやろうと思ったけど、うまく出来るか不安な方。
地元、安城市の手張り職人なら安心です。
1 地元の職人だから、「すぐに」訪問できます！当然ですが、遠くの業者よりも近いから早いです。
2 地元の職人だから、「やりっぱなし」にしません。地元だから評判を落とすような事は出来ません。
3 気軽に相談ができ、「説明が丁寧」と言われます。襖・障子・畳・網戸の実際のサンプルを見せて説明をするので、わかりやすく納得できます。
お客様からのお喜びの声
張り替えを自分でやっていたけれど年齢的にやれなくなり、どこに頼めばよいのか考えていました。大変結こうな出来上りで安心しました。満足です。
安城市 Y.S様
張り替えた網戸をバックに!
~施工の流れ~
①お電話にて修理内容をお伝えください。（無料）
②後ほど訪問してお見積もりをいたします。（無料）
③張り替えが終わりましたら、ご都合の良い日時に納品いたします。お支払いは仕上がり確認後にお願いしております。
第五弾!!
ランチ880円~のまちのお寿司屋
「栄寿司」さんを応援!!
いいね!
網戸・ふすま・障子・畳
4本（枚）以上で
「栄寿司」さんで使える
1,000円（税込）分の
お食事券進呈!!
安城大好き!
地元応援コラボ企画!
第五弾開催中!!
先着
30名様
地元が大好き。和装・襖・障子・網戸・畳 手張り表具職人の店
和紙屋 -かずしや- 安城北店
営業時間／9:30~17:30 定休日／日曜日
通話料無料!!お気軽にご相談ください。
[redacted]
〒446-0019 安城市新明町24番地2 電話:0566-73-6388
ホームページはこちら https://www.kazushiya-anjokita.jp/ 和紙屋 安城 検索
和紙屋 安城北店
ミニストップ
和紙屋

寧に払拭することが大事です。

もちろん、お客様の不安はそれだけに止まりません。例えば、商品やサービスに関する不十分な情報や、価格に対する疑問、アフターサービスに対する不信感などがあります。これらの要素はすべて、購入決定において重要な役割を果たします。

お客様が購入に踏み切るためには、これらの不安を和らげる必要があります。これを実現するためには、まず商品やサービスの透明性を高めることが大切です。例えば、製品の詳細な説明、お客様評価の提供、わかりやすい価格表示などが挙げられます。これにより、お客様は情報に基づいた決定を下すことができるようになります。

さらに、購入後のサポートや保証も不安を軽減する重要な要素です。返品ポリシー、保証期間、カスタマーサービスへのアクセスなどは、お客様が安心して購入できる環境を作り出します。こうした措置は、信頼と安心感を築き、長期的な顧客関係を構築する基盤となります。

また、マーケティングや広告では、正直さと透明性を重視することが重要です。感情を煽《あお》るような誇大広告は、一時的な売上増にはつながるかもしれませんが、長期的には顧客の信頼を失うことになりかねません。代わりに、製品の実際の価値と利点を正確に伝えることで、お客様の不安を和らげ、信頼を築くことができます。

不安を和らげるための一番の鍵は、**顧客との継続的なコミュニケーションです。**アンケートなどを使い顧客からのフィードバックを聞き、それに基づいてサービスを改善することで、お客様は自分の声が届いていると感じ、より信頼を寄せるようになります。購入時の不安は、お客様が製品やサービスに対して持つ自然な反応です。この不安を理解し、それに対応することで、ビジネスは顧客の信頼を獲得し、長期的な成功への道を築くことができるのです。

代替わりした天ぷら屋さんが新規で50名の顧客を獲得した理由

もう一つだけ事例を紹介しましょう東京の世田谷区上野毛にある「天富良　天露」は、先代が45年間経営して、築き上げた老舗天ぷら屋さんです。

２０２２年７月から先代の甥の石井さんがその老舗店舗を引き継ぎました。石井さんは、銀座をはじめ世界各国で店舗を展開している新進気鋭の有名な天ぷら屋で料理長を務め、技術力も高く、天ぷら料理に対する情熱も高く、アイデアも豊富な職人です。しかし、集客については、わからないことが多かったといいます。

新たな顧客獲得の柱としたのがＳＮＳでの集客でした。インスタグラムやGoogleビジネスプロフィールでの情報発信を始めましたが、新型コロナウイルスの影響もあってか思うような成果が得られませんでした。

そんな折、インスタグラムにて、A41枚アンケートアドバイザーの神南さんがサポートして、集客に成功した成功事例を目にし、新たな販促戦略を取り入れることにしたそうです。

アドバイザーの神南さんにコンタクトを取り、現状の問題を伝えたところ、次のような集客上の問題点が明らかになってきたのです。

老舗の天ぷら屋さんとして、同地で長年経営していたとはいえ、昔からの馴染みのお客様も代替わりをしたことを知らない人もいます。近くに住んでいて、来店したくてもちょっと敷居が高いと敬遠していた人もいるでしょう。

そこで、ウェブでの集客も重要だけれども、まず近隣のお客様に知ってもらうことを優先する方針に切り替えました。具体的には、お店から徒歩圏のエリアにチラシのポスティングを実施することになったのです。

チラシの作成で気をつけたのが、老舗の天ぷら屋に食べに行くときの不安を解消することです。

まず、どんな人が店主をやっていて、天ぷらを提供しているのかということを細かく、顔写真入りで紹介しました。誰がお店を引き継いだのか、顔写真と地元出身であり、先代の甥であることと、天ぷら料理にかける想いを伝え、安心感を与えることを意識しました。

次に代替わり後に、初めて来店されるお客様や目の前で揚げて食べる天ぷらを食べたことがない人に対して、どのような天ぷらを提供しているのか、実際に来店された方のリアルな声をスペースが許される限り、細かく書きました。

また、同店ではディナーは２つのコース料理から選ぶ形式で、単品で食事はできません。そこで、どのようなコース料理が出てくるのかわからないため、各コースのお品書きを細かく掲載しました。

「銀座天ぷら おのでら」で8年間 料理長を務め 地元 上野毛に戻ってきました
カウンター席の目の前で揚げる
＼サクッ＆フワッの／
こだわり野菜と海鮮 天ぷら
雲丹の大葉巻
2023年5月末までに
ランチ・ディナーコースのご注文で
天露 秘伝の味
「特製天つゆ＆太白胡麻油で揚げた
サクッと軽い揚げ玉セット」
プレゼント
「新」天富良 天露　3つのこだわり
サクッとした軽い衣で食材の味を最大限活かします
こだわりの太白胡麻油でからりと揚げる出来立ての天ぷらは、サクサクとした軽やかな食感が魅力です。
鮮度の良い食材にこだわっています
食材は豊洲市場から新鮮なものを仕入れています。
海老は生きたままの状態で捌き、天ぷらにしています。
五感で楽しめるカウンター席
店主が天ぷらを揚げる様子を間近でご覧いただけるライブ感たっぷりのカウンター席は、ここ一番の接待や大人のデートに最適です。
店主
石井 宏道
45年もの間、上野毛の皆様に育てていただいた「天富良 天露」は、先代の甥である私が昨年7月より継がせていただいております。
新しい「天富良 天露」では、先代のこだわりを残しつつ、私が料理長として8年間務めた「銀座天ぷらおのでら」のスタイルを組み合わせ、"明日また食べたくなるテンプラ"をコンセプトに、日々精進しております。
私自身が生まれ育った地元上野毛の皆様にも、是非一度ご賞味いただければ幸いです。
ここでしか食べられない「天富良 天露」の一品
ディナーコースは裏面▶
名物
鮮度抜群！目の前で捌く
穴子の天ぷら 1,650円～(税込)
おろしたての穴子は臭みが全く無く、口の中に広がるフワトロの食感に思わず笑みがこぼれます。
おろしたての穴子を食べられるお店はあまりないので、是非お試しいただきたい一品です。
▶ランチコース（要事前予約）
・旬の野菜中心
檜コース　5,500円（税込）
・こだわり魚介と旬の野菜中心
蘭コース　7,700円（税込）
▶その他おすすめランチメニュー
・野菜天丼 1,650円（税込）
・海鮮かき揚げ天丼　2,530円（税込）
上野毛駅から徒歩1分
天富良 天露
ご予約の際は「チラシを見た」とおっしゃっていただくとスムーズです
〒158-0093 世田谷区上野毛1-27-9 八千代ハイツ
☎ [redacted]
水～土　11:30～14:30, 17:30～22:00
火・日　17:30～22:00（ディナーのみ）
定休日　月曜日

天ぷらのディナーコースで ご来店ただいたお客様の喜びの声

さくっ、ふわっとした天ぷらで一品一品が全て美味しく大満足

家族3人で天ぷらのコースをいただきました。
さくっ、ふわっとした天ぷらで一品一品が全て美味しく大満足なディナーでした！
また食べている間も、食べ終わったあとも全く胃もたれせずでびっくりしました。
あまりにも美味しいので、追加注文し、最後の〆のご飯も思わず天丼を頼んで
しまいました。本当は誰にも紹介したくないな、と思うくらいの名店です...!!
また是非食べに行きたいと思います。

さっぱりとした天ぷらで油が残らないので最後まで美味しい

去年の7月に代替わりでリニューアルとの事で先代からは45年やってたそうです。
清潔感のある綺麗なレストランでした。
さっぱりとした天ぷらで油が残らないので最後まで美味しく頂き、こんな天ぷらを
食べたのは初めてでした。オリジナルのお塩もとても美味しくて食材の味がとても
分かりやすく何を食べても美味しかったです！
是非また直ぐにでも食べに行きたくなる天ぷら♪近々利用させて頂きたいと思います！

銀座の洗練された素晴らしいコスパの高い天ぷら

先代からの大ファンです。先代の甥が昨年夏より天露を継承しておられます。
今のご主人は銀座おのでらの天ぷら部門で活躍された経歴をお持ちで、
生まれも育ちも、上野毛だそうです。先代とは違った銀座の洗練された
素晴らしいコスパの高い天ぷらがいただきました。また来ます。

ディナーは２つのコースからお選びいただけます

初めての方におすすめ
天露コース　9,900円（税込）

■ 先付け ■小鉢 ■ 車海老/2 ■ 魚/3 ■ 野菜/3
■ かき揚げで食事　白飯/天茶/ 天丼
（3種類よりお選び出来ます。）
■ シジミ赤出汁　■ 香の物　■ デザート
※仕入れ状況により料理が変更になる場合がございます。

記念日やお誕生日などの特別な日に
大将おすすめコース　17,600円（税込）

大将が厳選した旬の食材（毛蟹、ウニ、鮑、おろしたての穴子）
を中心に楽しんで頂けるコースとなっております。

■先付け ■小鉢 ■車海老/2 ■ 魚/4 ■ 野菜/4
■一皿（毛蟹の天ぷらなど）
■かき揚げで食事　白飯/ 天丼 /天茶/天バラ
（4種類よりお選び出来ます。）
■シジミ赤出汁　■香の物　■デザート
※仕入れ状況により料理が変更になる場合がございます。

天ぷらに合う日本酒・焼酎・ワインも
取り揃えております

公式LINE登録でお得な特典プレゼント！
LINEからのご予約・お問い合わせも
お気軽にどうぞ

上野毛駅から徒歩１分
天富良 天露

ご予約の際は「チラシを見た」とおっしゃっていただくとスムーズです
〒158-0093 世田谷区上野毛1-27-9 八千代ハイツ
☎ [redacted]

水～土　11:30～14:30, 17:30～22:00
火・日　17:30～22:00（ディナーのみ）
定休日　月曜日

徒歩圏内に６５００部チラシを配布した結果、新規のお客様がランチで30名、ディナーで20名が、チラシを見て来店いただけることができました。

不安にならない情報をいかに伝えるのかが重要

現代の購買行動は、以前の時代と比較して大きく変化しています。この変化に伴い、お客様の購入に対する不安も増大しています。なぜ現代社会で購入不安が増大しているのでしょうか？

皆さんはデマが広がる理由というのをご存じですか？

実はデマが広がる原因の一つに、不安を解消したいという心理がきっかけになっているのです。不安を解消したいからこそ、さまざまな情報を調べる、情報の中には真偽が明らかになっていないものあれば、明らかにデマというものもあるでしょう。しかし、たくさんの情報を調べているうちに、そのデマを信じてしまうことがあるのです。

だからこそ、お客様が抱かれている不安に対して一つひとつ解消していかなければいけないのです。

お客様は不安であるが故に、より多くの情報を得ようとします。インターネットの普及により、お客様は以前にも増して多くの情報にアクセスできるようになりました。製品サービスに関する詳細情報、レビューが、比較サイトなどで簡単に手に入ります。これにより、選択肢が増える一方で、どの情報を信じるべきか、どの商品やサービスが最適かを判断することが難しくなっています。この情報の多さが、購入に対する不安を引き起こす一因となっています。

次に、オンラインショッピングの利用増加も影響しています。オンラインでの購入は便利ですが、実際に製品を手に取って確かめることができないため、購入前に製品の品質や実際の使用感に対する不安が生じます。また、オンライン詐欺や個人情報の安全性に対する不安も、オンラインでの購入不安を増大させています。

さらに、ソーシャルメディアの影響も見逃せません。ソーシャルメディアでは、多くの人々が製品やサービスについての意見を共有しています。これにより、お客様は他人の意見に影響を受けやすくなり、自分自身の判断に自信を持てなくなることがあります。また、マーケティングがソーシャルメディアを介して行われることも多いため、宣伝と実際の製品の間にギャップが生じることがあり、これが不安を増大させます。

加えて、経済的な不安定さも購入不安の要因として挙げられます。経済状況が不安定であると、お客様はお金を使うことにより慎重になります。特に高価な商品や長期的な支出を伴うサービスの場合、その購入が将来に与える影響について深く考え、不安を感じることがあります。

このように、現代社会では多様な要因が絡み合い、購入不安が増大しています。この不安を理解し、適切に対応することが、ビジネスにとって重要な課題となっています。

お客様の不安を軽減するためには、透明性の高い情報提供、信頼できるカスタ

マーサービス、安心できるオンラインショッピング環境の提供などが必要です。これにより、お客様はより安心して購入決定することができるようになり、ビジネスとお客様の両方にとってプラスの効果をもたらすことができるのです。

不安を和らげるコミュニケーション

ビジネスにおいて、信頼は最も重要な資産の一つです。信頼を築くことは、お客様の不安を和らげ、強固な顧客関係を構築するための鍵となります。

まず、透明性が非常に重要です。ビジネスが提供する情報は明確で正確であるべきです。製品やサービスに関する情報、価格設定、利用規約、返品ポリシーなど、顧客が知る必要がある情報はすべて開示することが大切です。

透明性が高ければ高いほど、お客様は安心して購入決定を行うことができます。次に、一貫性も重要な要素です。企業のコミュニケーション、ブランディング、顧客サービスは一貫したメッセージを持つべきです。一貫性は、その企業が信頼できるという印象を顧客に与え、不安を軽減します。

さらに、顧客との対話を大切にすることも信頼構築には欠かせません。顧客からの質問や不安に迅速かつ適切に対応することで、顧客は自分の声が聞かれていると感じます。これは、特に問題発生時に重要で、迅速な対応は顧客の不安を大きく和らげることができます。また、誠実さも信頼構築の鍵です。誇大広告や不正確な情報は、一時的に顧客を引き付けるかもしれませんが、長期的には信頼を失うことにつながります。代わりに、製品やサービスの実際の利点と限界を正直に伝えることで、お客様は企業をより信頼するようになります。

フィードバックの活用も重要です。顧客からのフィードバックは、製品やサービスを改善する貴重な情報源です。顧客の意見を真剣に受け止め、それを製品開発やサービス向上に活用することで、顧客は自分の意見が価値あるものであると感じ、企業に対する信頼を深めます。

最後に、感謝の表現は信頼構築において非常に効果的です。顧客への感謝を示すことで、顧客は大切にされていると感じます。例えば、リピーターへの特典やサンキューメッセージなど、小さなジェスチャーが大きな影響を与えることがあります。

信頼は一朝一夕に築けるものではありません。継続的な努力と、お客様のニーズに対する真摯《しんし》な対応が必要です。これらのコミュニケーション技術を通じて信頼を築くことで、ビジネスはお客様の不安を和らげ、長期的な成功を確実なものにすることができるのです。なお、顧客からの効果的なアンケートの取り方、フィードバックの詳しい活用の仕方は、『「Ａ４」一枚アンケートで利益を5倍にする方法』（ダイヤモンド社）をご覧下さい。

レビューと評価はお客様に一定の行動を促す

お客様は、購入前に製品やサービスについてのレビューや評価を参考にすることが一般的です。なぜそのようなことをするのでしょうか。

人間の脳の意思決定は大きく分けて2つあります。**習慣による意思決定と目標志向による意思決定です。**これについては、ニューヨーク大学の脳神経科学のダウ博士がその存在を明らかにしています。

私たちの脳は省エネで動いています。なるべく余計なことを考えたくないのです。そのため習慣で意思決定をすることが多いです。実際に通勤で道に迷うことはありませんし、通勤の途中で寄るコンビニエンスストアで自分の好きな飲料を購入するときには、考えるより先に行動をしているはずです。

２００３年に行われたカリフォルニア大学の下條信輔博士らの研究で、２枚１組にした異性の写真を実験協力者に見せて、どちらが魅力的か判断させる実験が行われました。この実験では、実際に判断するよりも先に気に入ったほうに視線が向けられていたことが明らかになっています。好きなものや興味のあるものは、ある程度、脳の判断を介さずに行動が習慣化されているのです。

習慣に基づいて意思決定することは、馴染みの店で商品を購入するのに似ています。お金を払うリスクに見合った期待通りの効果があると私たちの脳が学習しているから、購買行動も即決、短時間で済みます。

ところが、**新しいお店や飲食店での注文や、新しい商品を購入するときには、目標志向モードに脳が切り替わるのです。**将来に得られる成功報酬、つまり、商品やサービスに期待できる効果を予測しながら、買うか買わないかを前頭前野という、おでこの部分で選んでいるのです。**しかしながら、これは脳にとって、非常に骨の折れる作業なのです。**

そんな状態で脳が悩んでいるときに、**他のお客様が効果を実証した感想があればどうでしょうか？　脳にとっては渡りに船、ですよね。**

つまり、レビューと評価は、私たちの脳が選びやすくする信頼と安心感を得るための重要なツールなのです。

レビューと評価の最大の利点は、実際のお客様の声を反映している点です。製品やサービスについての実体験に基づいた意見は、企業の宣伝文句よりもはるかに説得力があります。お客様は、他の人が実際にその製品を使用して得た経験を知ることで、購入に対する不安を軽減できます。

レビューが提供する透明性も非常に重要です。良い点だけでなく、悪い点も含めて公開することで、お客様は製品やサービスに対してより現実的な期待を持つことができます。この透明性は、企業が自信を持って製品を提供している証であり、お客様に安心感を与えます。また、レビューは多様な視点を提供します。お客様一人ひとりのニーズや好みは異なるため、多様な意見があることで、より多くのお客様が自分に合った情報を見つけることができます。この多様性は、お客様が自分に最適な選択をする際の重要な助けとなります。

さらに、レビューは製品やサービスの改善に役立ちます。お客様からの直接的なフィードバックは、企業にとっても貴重な情報源です。企業はこれを活用して、顧客のニーズにより適した製品やサービスを提供することができます。このように製品が改善されると、お客様からの信頼はさらに強まります。

レビューと評価は、新しい顧客を引き付ける効果もあります。良い評価は新しいお客様に対して製品の魅力を伝える効果的な方法です。また、良いレビューは、他のお客様にも同じ経験ができるのではという期待をさせます。

しかし、レビューと評価の管理には注意も必要です。偽のレビューや過度に操作された評価は、長期的には企業の信頼性を損なう可能性があります。正直で透明なレビュー管理は、企業の誠実さを示し、お客様の信頼を築くために不可欠です。

このように、レビューと評価は、お客様が購入決定を行う際の重要な要素です。これらを適切に管理し、活用することで、企業はお客様の信頼と安心感を高め、ビジネスの成功に寄与することができるのです。レビューと評価は、現代のビジネスにおける信頼構築の重要なツールといえるでしょう。

S. Shimojo, C. Simion, E. Shimojo, C. Scheier : Gaze bias both reflects and influ- ences preference, Nature Neuroscience, 6,1317/1322 (2003)

安心と不安は紙一重

ここで少し面白い話をしましょう。『選択の科学』というベストセラー作家で、コロンビア大学経営大学院のシーナ・アイエンガー博士の研究成果です。選択肢が多いと購入率が下がるという研究です。

アイエンガー博士は、お店のジャム売り場でお客様に2つのコーナーでジャムを選ばせました。一つ目のコーナーは24種類の味を選べるフルーツジャムが置いてあります。もう一つ目のコーナーは6種類の味を選べるフルーツジャムが置いてあります。感覚としては選択肢が多い方が、売れそうのように思えますが、実は違うのです。

24種類の中からジャムを選んだ人はたったの3％でした。しかし、6種類の中からジャムを選んだ人は30％にも上ったのです。あまりに選択肢が多いと、脳が選ぶのに疲れてしまうということです。選択肢が多すぎるのも不安になるのです。

仮に24種類のコーナーからジャムを購入してもらいたいのであれば、有名なユーチューバーなどの影響力のある人のオススメとか、「爽やかな朝に食べたいジャム」みたいに食べる状況をイメージさせることが不安解消のポイントになるでしょう。

ところが、アイエンガー博士の研究と逆の研究成果もあります。スタンフォード大学経営大学院のジョナサン・レバーブ博士による研究です。博士はドイツの新車販売店で52種類の内装と26種類の外装色をお客様に選んでもらう実験を行いました。こちらの実験では不安にはならず、カスタマイズできる喜びを感じた人が多かったようです。逆にカスタマイズできないことが不安になってしまうこともあるのです。

このように、商品やサービスの特徴によって、安心や不安が変化するということを知る必要があります。お客様に聞くということがとても大事なことなのです。

Iyengar, S. S., & Lepper, M. R. (1999). Rethinking the value of choice: A cultural perspective on intrinsic motivation.Journal of Personality and Social Psychology, 76 (3), 349-366.

不安対策チェックポイント

- 新しい商品やサービスを購入するときに、お客様は多くの選択肢から最適なものを選び出します。不明点や疑問、そして不安が生じることがあります。購入不安は、さまざまな原因から生じるので、不安を軽減しましょう。

- 購入不安を減らすことで、お客様と信頼構築ができます。お客様が安心感を持つことで、そのブランドや企業に対する信頼が高まります。信頼が築かれると、リピーターになったり、口コミが広がったりします。

- 不安を和らげるための一番の鍵は、顧客との継続的なコミュニケーションです。顧客からのフィードバックを聞き、それに基づいてサービスを改善することで、お客様は自分の声が届いていると感じ、より信頼を寄せるようになります。

- 顧客への感謝を示すことで、顧客は大切にされていると感じます。例えば、リピーターへの特典やサンキューメッセージなど、小さなジェスチャーが大きな影響を与えることがあります。

- レビューが提供する透明性も非常に重要です。良い点だけでなく、悪い点も含めて公開することで、お客様は製品やサービスに対してより現実的な期待を持つことができます。

第2章

お客様の不安を取り除く方法

不安を取り除くための5つのステップ

第1章では、具体的な事例を中心にご紹介してきましたが、この章では不安を取り除くための具体的なステップについてお伝えしましょう。

不安を取り除く第1のステップは、**不安の原因の特定です。**お客様が何に対して不安を感じているのかを理解することが重要です。

お客様の声を聞きながらどのようなことに不安を感じているのかということを収集することが必要です。アンケート、レビュー、直接のカスタマーサポートを通じて、お客様がどのような不安を抱えているのかを把握しましょう。

あなたのビジネスでお客様がすでにいらっしゃるのであれば、なぜ私の商品やサー

ビスを選んだのか、そして選ぶときに不安はなかったのかということをお客様に聞いてみて下さい。不安がある場合は具体的に話してくれます。

例えば、不動産賃貸の場合では、部屋が狭いということが不安の原因になっていました。ふすまや障子の張り替えのビジネスでは、どのような人がサービスを展開しているのかということがわからなかったということが不安の原因になっていました。

こうした不安の原因はある程度、自分でも見当がついているのかもしれませんが、お客様の声を真摯に聞いておくことはとても大事です。なぜならば、不安を放置しておくことによってお客様があなたの商品やサービスを購入してくれなくなるからです。

手にとったものを「戻す」ときを見逃すな

お客様に不安を感じさせることが、いかにいけないのかということについて、脳の観点からも研究が進んでいます。

購買行動というのは、脳の中の報酬系という神経回路が働くことがわかっています。

しかし、一度、購入しようと思って手に取ってみても、元に戻すという行動をすることがあります。実をいうとこれは、脳の中で活動している部位が切り替わった証拠です。せっかく手に取ったものを元に戻す行動をしてしまうのは、私たちのおでこにある部位である理性をつかさどる前頭前野のエリアで脳がフル回転しているからなのです。

不安があると自分の記憶を洗い出し、間違った情報に基づいた過去の誤解も含めて、よりネガティブな判断をしてしまう可能性が高まります。

また、フィンランドのトゥルク大学のマシュー・ハドソン博士らの研究では、不安が長時間続くほど、周囲の状況を深く観察するように脳が活動するという研究結果も発表されています。

お客様の脳に不安を感じさせれば、させるほどお客様はいろいろな不安を次々と思いついて、期待値を下げてしまう可能性があるということなのです。お客様を不安にさせないことがとても重要になってくるのです。

不安の原因と解消策を考える

第2のステップは、不安の原因を分析します。根本原因を理解することで、より効果的な解決策を見つけることができます。例えば、製品の品質に関する不安であれば、製造プロセスの見直しや品質管理の強化が必要かもしれません。サービスに対する不安であれば、お客様サポートの改善や情報提供の方法を見直すことが効果的です。

第3のステップは、不安解消策を考えます。繰り返しになりますが、お客様の不安の解消で重要なことは、**問題を解決するのではなく、お客様が不安に感じているその原因を解消するということです。**一見するとデメリットと思われることも、丁寧にお客様に説明することで、不安を取り除くことはできます。

例えば、賃貸物件で狭い部屋なので、収納家具をセットにした状態で紹介したところ、お客様の不安は解消されました。また、熟練の職人がふすまや障子を張り替えるわけではないけれども、地元密着の顔が見える担当者が丁寧に仕上げることを説明したら、お客様の不安は払拭され、問い合わせが増えています。このように解消策は、具体的で実行可能なものでなければなりません。また、お客様のニーズに合わせてカスタマイズされていることも重要です。

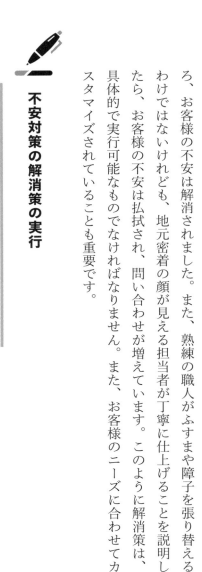

不安対策の解消策の実行

第4のステップは、不安解消策の実行です。ここで大切なのは、迅速な行動になります。解消策を立てても、それを実行に移さなければ意味がありません。不安解消策の実行は、お客様に対する企業の誠実さを示す機会でもあります。

不安解消策を実行しないと、前述したように、お客様の脳内でどんどん不安が広がってしまうことになります。せっかくお金をかけて集客をしても、不安を感じるポイントはお客様によってさほど違いはありません。つまり、購入に至らないお客様を増やすだけです。このため、不安を見つけたら、可能な限り迅速に不安解消策を実行することが大切です。

第5のステップは、不安解消策の効果を評価し、必要に応じて調整します。不安解消策が実際に不安を解消できているかどうかを確認するためには、改めてお客様の声をフィードバックすることが重要です。効果が十分でない場合は、不安解消策を見直し、改善する必要があります。

また、お客様の不安は一つではありません。さまざまなことに対して不安を感じることがあります。一つひとつ不安の原因を見つけてそれに対処することが必要です。

お客様の不安を取り除くことで、お客様との間に信頼関係を構築することができます。この積み重ねが、ビジネスを長く続ける上で重要になるのです。そのためには信頼を一つひとつ丁寧に築くことです。信頼は時間をかけて構築されるもので、一貫した品質の提供、透明なコミュニケーション、誠実なお客様サービスを通じて築かれます。

不安を払拭して、信頼関係ができれば、お客様はお得意様になります。そうした固定客がいれば、安定した売り上げをもたらすだけでなく、口コミが広がって、新しいお客様を連れてきてくれるきっかけにもなります。

それでは、次からは、どのようなものに不安を感じるのか？　お客様の不安を感じるものと不安解消策について挙げていきましょう。

無料コンサルティングはお互いの不安を取り除く

私は「Ａ４」１枚アンケートアドバイザー協会というのを運営していますが、この協会では毎年特別なイベントを行っています。それは「体験販促コンサルティング無料キャンペーン」と呼ばれるものです。このキャンペーンを行う背景には、コンサルティングを受けたいと考えている人々が抱える不安対策があります。

不安を取り除くための5つのステップ

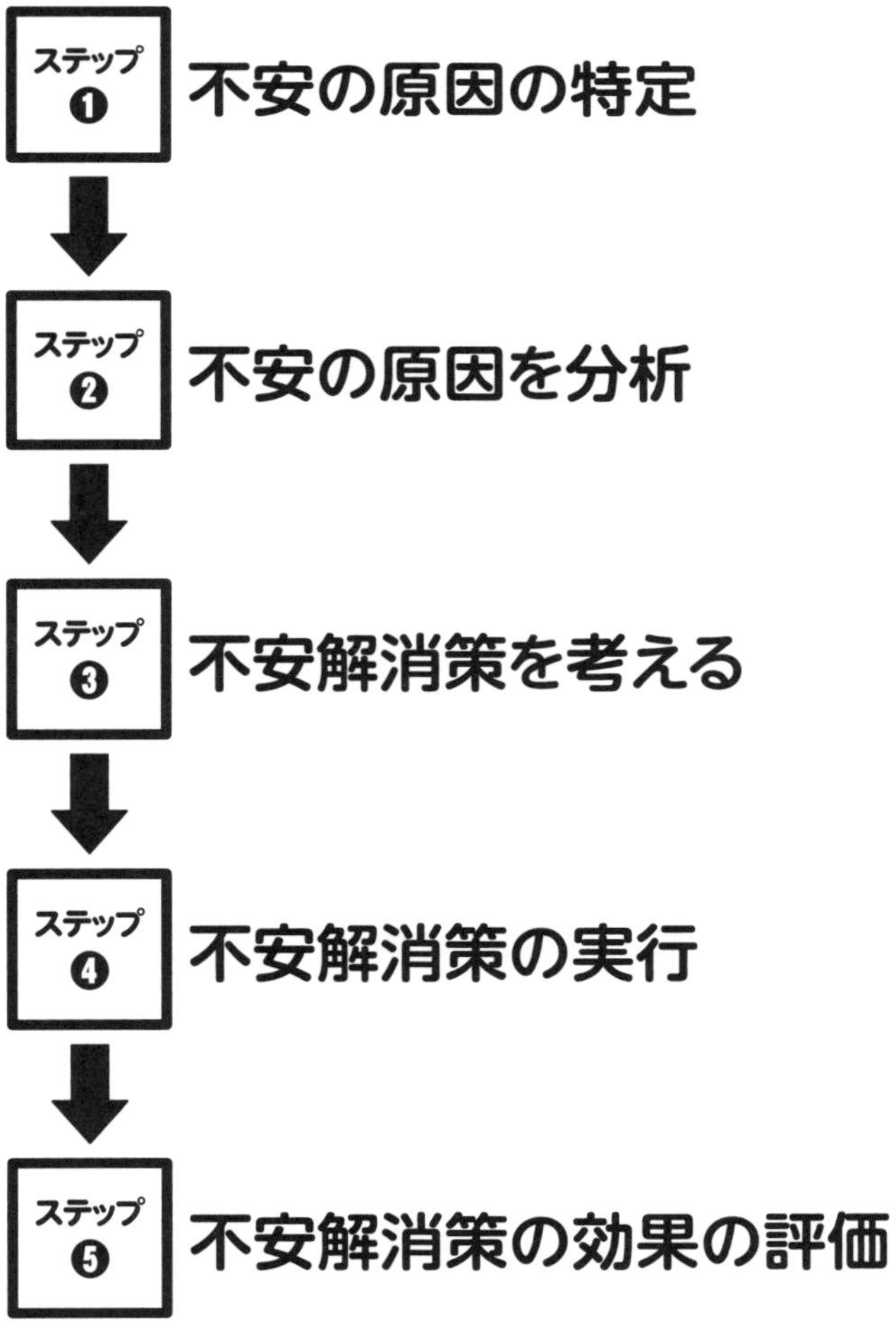

多くの人がコンサルティングを受ける際、**どのようなアドバイスを受けることができるのか、それが自分の問題解決に本当に役立つのかという不安を持っています。**これは非常に自然なことです。なぜなら、知らない人にアドバイスを求めることは勇気が要るからです。

そこで私たちの「体験販促コンサルティング無料キャンペーン」があります。この体験販促コンサルティング無料キャンペーンを通じて、私たちのアドバイスがどのように問題を解決していくのか具体的にお伝えします。これにより、**相談者はコンサルティングが実際にどのようなものか、どのようなメリットがあるかを理解できるようになります。**そして、そのアドバイスが良ければ、納得して有料コンサルティングを受けることが出来ます。

しかしこれは相談者だけでなく、アドバイザーにとっても利点があります。どういうことか？　アドバイザーは、相談者が教えたアドバイスをもとに実際に行動に移されるかについて不安を感じています。なぜならいくら良いアドバイスをしても、それが実行されなければ何の意味もありません。行動しない人と有料コンサルティング契約を結んでしまった場合、結果がでないのでクレームにつながるのです。アドバイザーはこのキャンペーンを通じて、相談者が真剣に考え、行動に移す人かどうかを判断できます。この相互の理解が、より良い結果へとつながるのです。

このキャンペーンは、相談者とアドバイザー双方にとって、不安を取り除き、信頼関係を築く絶好の機会なのです。

あえて不安対策を行わないこともある

ビジネスの世界では、お客様の信頼を得ることが何よりも重要です。信頼を得るには、まずお客様の不安や疑問を解消することが必要です。実際、お客様の不安を取り除くことで、お客様はより安心して製品やサービスを購入することができます。これは、お客様の増加につながり、結果としてビジネスの成長に繋がります。

しかし、人手には限りがあります。特に小さな会社や個人事業主の場合、顧客サービスの質を保ちながら顧客数を増やすことは難しいです。もし人手が足りずにお客様に適切なサポートできなくなれば、それは逆効果です。顧客は満足せず、クレームに変わることがあります。これはビジネスにとって望ましくない結果です。

このような問題を避けるために、**時にはあえてお客様の不安を完全に取り除かないという選択もあります。**これは、顧客数を自然に調整し、質の高いサービスを維持するためです。たとえば、私自身の場合を見てみましょう。私は販促コンサルタントとして日々仕事をしています。しかし、どんなコンサルティングをしているかを知ってもらうための無料のお試しコンサルティングは提供していません。なぜなら、限られた時間とリソースの中で、私が個々のクライアントに対して質の高いサービスを提供するためには、受け入れるクライアントの数に制限を設ける必要があるからです。

無料のお試しコンサルティングを行ってしまうと、あまり真剣にビジネスを成長させたいと思っていない人までがサービスを利用しようとするかもしれません。これは、私の時間とエネルギーの浪費にもなります。そのため、私はあえて少し不親切かもしれませんが、無料の**お試しコンサルティングを行っていないのです。私は私のサービスを本当に必要としている、そして私の専門知識を最大限に活用しようとする意欲的なクライアントだけに来て欲しいのです。**

もちろん、これは私のやり方です。すべてのビジネスオーナーがこの方法を採用すべきだとは思いません。しかし、人手が限られている中で高品質のサービスを提供し続けるためには、顧客層を適切に管理することが不可欠です。そして、時にはお客様の数を自然に調整するために、あえて不安を残すこともその一つの方法です。

最終的には、このバランスを見つけることがビジネスの成功への鍵です。顧客の信頼を築きながらも、自分自身のリソースと時間を最大限に活用すること。これは簡単な道のりではありませんが、適切な戦略と計画をもって取り組めば、確実に成果を上げることができるでしょう。それではどんな不安があるのか具体的にみていきましょう。

実際に使う機会が少ないかもしれないという不安

「実際に使う機会が少ないかもしれない」という使用頻度の低さに関する不安は、多機能のオーブンなど特に利用シーンが限られる製品や高価な商品を購入する際に重要です。**お客様は製品のコストパフォーマンスや日常生活での実用性を検討します。この不安を解消するためには、製品の多用途性を強調し、さまざまなシーンでの使用例を提示することが重要です。**

まず、製品の多用途性や汎用性に焦点を当てます。製品が提供するさまざまな機能や利用シナリオを紹介し、日常生活の多様な場面でどのように役立つかを示します。例えば、キッチンアイテムであれば、さまざまな料理に対応する多機能性、テクノロジー製品であれば、仕事、学習、娯楽などさまざまな用途に適応する汎用性などを強調します。

次に、製品の日常生活での使用例を具体的に提示します。実際に製品を使用する典型的なシナリオや、製品がもたらす具体的なメリットを紹介します。これにより、お客様は製品が日常生活にどのように組み込まれるかを簡単にイメージできます。

さらに、製品のコストパフォーマンスに関する情報を提供します。製品の価格に対する長期的な価値、耐久性、維持費用などを考慮した総合的なコスト効果分析を行い、お客様が製品の価値を理解できるようにします。また、製品の柔軟な使用方法やクリエイティブな利用アイデアを提供します。製品を異なる方法で利用するためのアイデアやヒント、クリエイティブな活用事例などを紹介し、お客様が製品の可能性を広げることができるようにします。

最後に、製品のサポートとアフターサービスを強調します。お客様サポート、使用方法のガイド、メンテナンスサービスなど、製品を長期間にわたって安心して使用できるサポート体制を案内します。

これらの対策を通じて、「実際に使う機会が少ないかもしれない」という使用頻度の低さに関する不安に対応し、製品が日常生活で広範囲に活用できることを示します。

お客様が製品の多用途性や長期的な価値を理解し、購入に対してポジティブな見方を持つことができるようになります。

買って後悔するかもしれないという不安

「後で後悔するかもしれない」という購入における後悔の可能性は、お客様が製品やサービスの購入を検討する際に一般的な不安です。**このような不安を解消するためには、製品の価値と満足度を高め、お客様が自信を持って購入できるような環境を提供することが重要です。**

まず、製品の品質と性能に関する詳細な情報を提供します。これには、製品の優れた特性、革新的な機能、耐久性、効率性などが含まれます。例えば、今でこそ高級時計の最高峰の地位を維持しているロレックスですが、ロレックスが今の地位を築けたのも、創業者であるハンス・ウイルスドルフ（１８８１〜１９６０）の優れた不安対策のおかげなのです。**このため、ロレックスの不安対策方法は、現在でも教材として活用されているほどです。**

20世紀初頭、現在のアップルウォッチのように懐中時計を小さくした腕時計をしている男性が現れました。ところが、懐中時計を単に小さくしたものなので、とても壊れやすかったのです。そこでウイルスドルフは設計を根本から見直して、製作した防水の時計ケースが「オイスターケース」と言われるものでした。一つの金属の塊から削り出し、牡蠣の殻のようにぴったり閉じているこの時計はオイスターと名付けられました。こうして１９２６年、世界初の防水時計が完成しました。

しかし、これまでの常識を覆す新製品なので、**それまで懐中時計を使っていた人たちは「防水といっても、水が入ったらどうするの？」という不安を抱きました。**そこで、ウルスドルフが考えた不安対策が**実際に防水を証明することです。**

当時、余暇活動としてスポーツが注目されていました。そこで、ウイルスドルフは、メルセデス・グライツという女性の秘書にオイスターを着用させて、イギリスとフランスの間にあるドーバー海峡を水泳で横断してもらいました。彼女はイギリス人女性として初めて海峡横断に成功したのです。現在では、海のエベレストといわれる有名なオープンスイマーの聖地になりましたが、当時はドーバー海峡の横断に挑戦する人はほとんどいなかったため、グライツは一躍人気者となりました。

最も過酷な条件下で10時間以上水に浸かっていたにもかかわらず、その完璧な時を刻む時計は壊れることなく、その後の検査でもわずかな腐食や結露も見られませんでした。そのことをウィルスドルフは、ロンドンの新聞『デイリー・メール』の一面に全面広告を掲載し、お客様の不安を払拭したのです。

サポート体制を充実させる

次に、お客様サポートとアフターサービスが充実していることをアピールします。質問に対する迅速な対応、製品の取り扱いやトラブルシューティングに関するサポート、保証期間内の修理や交換サービスなど、購入後も継続的なサポートを提供します。

また、返品や交換ポリシーについて明確に説明します。お客様が製品に満足しない

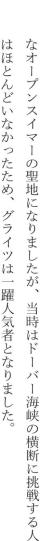

場合の返品や交換の条件、プロセス、期限などを詳細に説明し、購入後のリスクを軽減します。最後に、製品の継続的な改善とアップデートに取り組むことをアピールします。市場のフィードバックや技術の進歩に基づいて製品を定期的にアップデートし、お客様の期待に応え続けることで、長期的なお客様満足を囲い込みます。

これらの対策を通じて、後悔の可能性に関するお客様の不安を和らげ、製品の購入が高い満足度をもたらすことを確信させることができます。お客様が製品の価値と品質に自信を持ち、サポートと保証が提供されることを理解することで、安心して購入を決断することができます。

他の人はこの商品をどう思っているのか？　という不安

購入した商品の評判への不安は、特に衣服など新しい製品やあまり知られていないブランドの購入時に重要です。**お客様は、他のお客様の意見や製品の市場での評価を知りたがります。このような不安を解消するためには、製品の評価とレビューを透明にし、実際のお客様の経験を共有することが重要です。**

まず、製品のレビューと評価を公開して透明性を高めます。オンラインプラットフォーム、製品ページ、ソーシャルメディアなどでお客様のレビューを公開し、良い点だけでなく改善の余地がある点についても正直に示します。実際のお客様の声が製品の信頼性と価値を証明する強力な証拠となります。

次に、製品の評判に関する客観的な情報を提供します。製品が受賞した賞、業界での評価、独立したレビューサイトや消費者団体からの評価などを示し、製品の市場での位置付けを明確にします。

さらに、製品の成功事例やケーススタディを共有します。実際のお客様が製品をどのように利用しているか、それがお客様の問題をどのように解決したか、製品の使用によって得られた具体的な利益などの事例を紹介します。

また、お客様からのフィードバックに基づく製品の改善についても説明します。お客様の声を製品開発やサービス向上のためにどのように活用しているかを示し、お客様の意見が大切にされていることをアピールします。

最後に、製品の評判を高めるためのマーケティングとコミュニケーション戦略について説明します。インフルエンサーとの提携、お客様参加型のキャンペーン、ソーシャルメディアでの積極的なコミュニケーションなどを通じて、製品のポジティブな側面を強調し、より広いお客様層にリーチします。

これらの対策を通じて、「他の人はどう思っているのか？」という評判の不明確さに関するお客様の不安を和らげ、製品の信頼性と市場での評価を明確に伝えることができます。お客様が他のお客様のポジティブな体験や製品の市場での成功を知ることによって購入を決断することができます。

家族や友人にどう思われるかという不安

「家族や友人にどう思われるか」という不安は、特に社会的な影響を重視するお客様にとって重要です。このような不安を解消するためには、製品が広く受け入れられる魅力を持ち、社会的な承認や評価を得られる要素を強調することが重要です。

まず、製品の普遍的な魅力を強調します。製品が多様な年齢層や背景を持つ人々に受け入れられている事例、幅広いお客様層にアピールするデザインや機能、文化的に普遍的な価値を反映した特徴などを紹介します。例えば、全世代に愛されるデザインの家具、若者から高齢者まで使いやすいスマートデバイス、多様な文化背景の人々に受け入れられるファッションアイテムなどが挙げられます。

次に、製品の社会的な評価と承認について説明します。**製品が受賞した賞、業界での評価、影響力のある人物やメディアによる推薦などを示し、製品が広く認められていることをアピールします。**これにより、お客様は製品が社会的に評価されていることを認識し、家族や友人からの好印象を期待できます。さらに、製品のコミュニティやお客様の愛着心を強化します。ソーシャルメディアでの活動、コミュニティイベント、お客様グループなどを通じて製品のコミュニティを形成し、お客様が製品を通じて他の人々とつながり、共有する機会を提供します。

また、製品を使っている家族や友人の実際の事例やストーリーを共有します。製品を使った家族の楽しいエピソード、友人との共有体験など、実際のお客様が製品をどのように楽しんでいるかの事例を伝えます。

最後に、製品がどのようにお客様のライフスタイルやアイデンティティを強化するかをアピールします。製品がお客様の個性やスタイルを表現する手段となり、家族や友人からの評価を高めることができます。

これらの対策を通じて、「家族や友人にどう思われるか」という不安に対応し、製品が広く受け入れられ、社会的な承認を得られることをアピールすることができます。お客様が製品を通じて家族や友人からの好印象を得られると信じることで、安心して購入を決断することができます。

ブランドイメージが自分に合わないかもしれないという不安

「ブランドイメージが自分に合わないかもしれない」という不安は、自動車や腕時計などお客様が自分のアイデンティティや価値観に合致する製品を選びたいと考える場合に重要です。ブランドイメージはお客様の購入意思決定に大きな影響を与えるため、

この不安を解消するためには、ブランドの価値観やアイデンティティを明確にし、多

様なお客様層にアピールすることが重要です。

まず、ブランドのアイデンティティとコアバリューを明確にします。これには、ブランドの創設ストーリー、掲げる価値観、対象とするお客様層、ブランドが代表するライフスタイルなどが含まれます。ブランドがどのようなメッセージや経験を提供するかを示し、お客様がブランドのアイデンティティに感情的なつながりを感じられるようにします。

次に、ブランドの多様性と包括性を強調します。異なる文化的背景やライフスタイルを持つ人々を対象としたマーケティングキャンペーン、多様なお客様層にアピールする製品ラインナップ、包括的なコミュニケーション戦略などを示し、幅広いお客様層にリーチします。さらに、ブランドのコミュニティやお客様とのエンゲージメントについて説明します。お客様との直接的な対話、コミュニティイベント、ソーシャルメディアでのインタラクティブな活動などを通じて、お客様がブランドの一部と感じられるような体験を提供します。

また、ブランドの評判や影響力に関する情報を提供します。ブランドが受賞した賞、業界での評価、影響力のある人物やメディアによる推薦など、ブランドの信頼性と影響力を証明する要素を伝えます。

最後に、ブランドのアイデンティティと価値観の進化と成長について説明します。市場のトレンドやお客様からのフィードバックに応じて、ブランドがどのように進化し続けているか、新しい価値観やトレンドをどのように取り入れているかを示します。

これらの対策を通じて、「ブランドイメージが自分に合わないかもしれない」という問題に関するお客様の不安を和らげ、ブランドが多様なお客様層にアピールし、それぞれのアイデンティティや価値観に合致することを強調することができます。お客様がブランドのアイデンティティと価値観に共感し、自分に合ったブランドであると感じることで、安心して購入を決断することができます。

自分のライフスタイルに合うかどうかわからないという不安

「自分のライフスタイルに合うかどうか」という適合性の不安は、カバンや自転車など**お客様が製品やサービスを自身の日常生活に合わせる際に考えることです。製品がお客様のライフスタイル、個人的な好み、または生活環境に適合するかどうかは、購入決定に大きく影響します。**この不安を解消するためには、製品の柔軟性、適合性、およびカスタマイズ可能性を強調し、お客様のライフスタイルに合わせた使用事例を提供することが重要です。

まず、製品の柔軟性と適応性について説明します。異なるライフスタイルや使用環境に適応できる製品の特性を強調し、製品が多様なニーズにどのように対応できるかを示します。例えば、スペースを有効に活用できる折り畳み式の家具、エネルギー効率が良くて場所を選ばない電化製品、活動的なライフスタイルに合わせた耐久性のあるガジェットなどを紹介します。次に、製品がお客様のライフスタイルにどのようにフィットするかの具体的な事例を提供します。実際のライフスタイルシナリオを用いて、製品が日常生活のどの部分を改善し、どのような利便性を提供するかを示します。例えば、忙しい朝に役立つ時間節約のキッチンアイテム、小さな空間に最適な多機能家具、アウトドア活動に便利なポータブルデバイスなどです。

さらに、製品のカスタマイズ可能性を強調します。お客様が自分の好みやニーズに応じて製品をカスタマイズできるオプションを提供し、製品が個々のライフスタイルに合わせやすいことを示します。カラーオプション、アクセサリーの追加、ソフトウェア設定のカスタマイズなどが考えられます。

また、製品の試用やデモンストレーションの機会を提供します。お客様が実際に製品を試し、自分のライフスタイルにどの程度適合するかを実感できるようにします。店頭でのデモ、試用期間の提供、体験型イベントの実施などが有効です。

最後に、返品や交換ポリシーを明確にします。製品がお客様の期待に沿わなかった場合の返品や交換に関するガイドラインを設け、購入に対するリスクを軽減します。

これらの対策を通じて、「自分のライフスタイルに合うかどうか」という適合性の不安に対応し、製品がお客様の多様なライフスタイルや個人的な好みにフィットすることを確信させます。お客様が製品の適合性と柔軟性に自信を持ち、自分の生活に合った選択ができると理解することで、安心して購入を決断することができます。

すぐに時代遅れにならないかという不安

「すぐに時代遅れにならないか？」という流行遅れのリスクに関する不安は、**特に急速に進化するSNSサービスやアプリケーション、スマートフォンなどのテクノロジーやファッショントレンドに敏感な製品の購入時に重要です。**お客様は、購入した製品が長期間にわたって現代的で価値のあるものであることを求めます。この不安を解消するためには、製品の長期的な価値、アップデートとアップグレードの可能性、タイムレスなデザインへの取り組みが重要です。

まず、**製品の長期的な価値と耐久性をアピールします。高品質な素材の使用、堅牢な構造、耐久性のあるデザインなど、製品が長く使える理由を明確にします。また、**

長期的な性能保証や製品保証を提供し、お客様が長期間安心して使用できるようにします。

次に、製品のアップデートとアップグレードの可能性を示します。ソフトウェアの定期的なアップデート、ハードウェアのアップグレードオプション、モジュラーデザインによる拡張性など、製品が最新のトレンドや技術に合わせて進化できる機能を提供します。さらにタイムレスなデザインへの取り組みをアピールします。流行に左右されないクラシックなデザイン、普遍的な美学、多様なスタイルに合わせやすいシンプルなデザインなど、長期間にわたって魅力的であるデザインコンセプトを伝えます。

また、製品のアフターサービスとサポートを提供します。長期的なカスタマーサポート、製品の修理やメンテナンスサービス、消耗品の供給保証など、製品が長期間にわたって最適な状態で使用できるようにサポートします。

最後に、お客様との継続的なコミュニケーションとフィードバックの取り組みを行います。製品の改善やアップデートに関するお客様の意見を積極的に取り入れ、市場の動向やお客様のニーズに応じた製品の更新を行います。

これらの対策を通じて、「すぐに時代遅れにならないか？」という不安に対応し、製品が長期的に価値を持ち続けることを理解してもらいます。お客様が製品の長期的な価値、進化の可能性、普遍的なデザインに自信を持ち、長期間にわたって満足する購入ができることを理解してくれます。

評価やレビューが少ないのではという不安

「評価やレビューが少ない」という不安は、**特に新しい製品やまだ広く知られていないブランドに対して顕著です。お客様は他人の意見や体験を参考にして購入決定を下すことが多いため、利用者からのフィードバックが不足していると購入を躊躇することがあります。**この不安を解消するためには、お客様の声を積極的に集め、透明性のある方法で共有することが重要です。

まず、**製品の初期お客様からのフィードバックを積極的に集めます。製品を早期に購入したお客様に対して、レビューや意見を投稿するよう奨励し、その経験を共有す**

るためのプラットフォームを提供します。次に、製品レビューを公開し、透明性を保ちます。ウェブサイトやソーシャルメディア上での正直でリアルなレビューの展示、良い評価だけでなく批評も含めた全体的なレビューの提示が重要です。

さらに、インフルエンサーや業界の専門家によるレビューを促進します。製品の試用品を関連分野の影響力のある人物や専門家に提供し、彼らの意見や評価を求めることで、信頼性のある評価を集めます。

最後に、製品の評価とレビューに基づいて製品を改善します。お客様からのフィードバックを真摯に受け止め、製品の改善に活かすことで、お客様の信頼を得られるようにします。これらの対策を通じて、「利用者からの評価やレビューが少ない」という不安に対応し、製品に対する実際のお客様の意見や体験を提供します。お客様が他の人々のフィードバックを参考にして製品についての理解を深め、安心して購入を決断することができるようになります。

メーカーやブランドを信頼できるか？という不安

「メーカーやブランドを信頼できるか？」という信頼性の不安は、**特に化粧品や健康食品など新しいブランドや市場に新登場した製品の購入時に顕著です。お客様は、製品の品質やメーカーの信頼性を重視します。この不安を解消するためには、品質保証、透明なコミュニケーション、信頼を築くための取り組みが重要です。**

まず、製品の品質保証と安全基準の守っていることをアピールします。製品が満たしている業界標準や安全規格、品質保証のプロセス、独立した機関による認証や評価など、品質の高さを証明する情報を伝えます。

次に、ブランドの歴史、経験、および業績に関する透明な情報を伝えます。会社の創業背景、製品開発の経緯、市場での実績、お客様の体験談やレビューなど、信頼を築くための背景情報を伝えます。さらに、お客様とのコミュニケーションを強化し、透明性を高めます。オープンなカスタマーサポート、ソーシャルメディアやフォーラムでの積極的なコミュニケーション、お客様からのフィードバックに対する迅速かつ誠実な対応を行います。

また、製品の試用やデモンストレーションの機会を提供します。お客様が実際に製品を体験し、その品質や性能を自ら確認できるように、店頭でのデモ、無料サンプル配布体験型イベントなどを実施します。最後に、長期的なお客様関係の構築に努めます。お客様に長期的な価値を提供することに重点を置き、継続的なアフターサービス、ロイヤリティプログラム、製品アップデートや改善に関する情報の提供などを行います。

これらの対策を通じて、「メーカーやブランドを信頼できるか?」という不安に対応し、製品とブランドの信頼性を確立します。お客様が製品の品質とメーカーの信頼性に自信を持ち、安心して購入を決断することができるようになります。

自らスーツを着て動画を配信。借金25億円から年商32億円へ

この手法は現在でも廃れていません。実際に、この不安対策で売上を大きく上げている企業があります。

東京のオーダースーツメーカー「オーダースーツのＳＡＤＡ」です。佐田社長は、１９２３年の創業の老舗オーダースーツ販売の会社を父親から受け継ぎました。佐田社長が事業を受け継いだ時には、競合他社との熾烈な価格競争で会社は25億円の借金を抱えて倒産寸前でした。

そこで、佐田社長は販売業からスーツメーカーへ事業を大きく変換。２万円台でオーダースーツができることを売りに新しい事業を始めました。**しかし、「お客様の多くは本当にそんな低価格でオーダースーツができるのか？」「安かろう悪かろうの製品ではないか？」と不安に思ったそうです。**

そこで、**知名度の低い自社のオーダースーツとその品質の良さをアピールするため**

にユーチューブを使って、動画マーケティングを行いました。

動画には社長自ら出演。自社のオーダースーツと革靴を着用して、ダイビング、フルマラソン、富士山登頂、スキージャンプ、果ては欧州の最高峰モンブラン登頂まで成功させています。**スキージャンプの動画では、派手に転倒していますが、スーツは全く破れなかったので、その品質を正しく証明できたといいます。**

この結果、年商32億円に到達し、全国で48店舗を展開するほどになったといいます。それほど、不安対策は重要なのです。

頻繁にアップデートが必要かもしれないという不安

「頻繁にアップデートが必要かもしれない」というアップデートの頻度に関する不安は、特にセキュリティソフトや会計ソフトなどソフトウェアやテクノロジー製品を購入する際に重要です。定期的なアップデートは製品の性能を維持し、セキュリティを強化するために必要ですが、**頻繁なアップデートはお客様にとって負担になることがあります。この不安を解消するためには、アップデートプロセスの簡便性、その重要性とメリットの明確化、およびサポート体制の強化が重要です。**

まず、**アップデートプロセスが簡単かつ効率的であることを強調します。自動アップデート機能、ワンクリックでのアップデート、お客様に負担をかけないバックグラウンドでのアップデート実行など、お客様が簡単に最新の状態を維持できる方法を提供します。**次に、アップデートの重要性とメリットを明確にします。セキュリティの強化、新機能の追加、パフォーマンスの改善、バグ修正など、アップデートが製品の機能性や安全性をどのように向上させるかを説明します。

さらに、アップデート通知とガイダンスの提供を行います。お客様にアップデートの必要性を通知し、新しい機能や改善点に関する情報、アップデートの手順やタイミングに関するガイダンスを提供します。また、アップデートに関するカスタマーサポートを強化します。アップデートに関する疑問や問題に対応する専門のサポートチーム、オンラインＦＡＱ、チュートリアル動画、ヘルプデスクなどを通じて、お客様がアップデートに関連するあらゆる問題を解決できるようサポートします。

最後に、アップデートの頻度とスケジュールを明確にします。アップデートがどれくらいの頻度で行われるか、メジャーアップデートとマイナーアップデートの違い、予定されているアップデートのスケジュールなどを事前に伝え、お客様が準備できるようにします。

これらの対策を通じて、「頻繁にアップデートが必要かもしれない」という不安に対応し、アップデートが製品の価値を高め、お客様の体験を向上させるために重要であることを示します。お客様がアップデートプロセスを簡単かつ効率的に管理できることを確認させ、製品の最新状態を簡単に維持できるようにします。

新しいモデルがすぐに出るかもしれないという不安

製品アップグレードの不確実性、つまり新しいモデルがすぐに出るかもしれないという不安は、特にスマートフォンなどのテクノロジーや家電製品の市場でよく見られます。**このような不安を払拭するためには、お客様が現在のモデルを購入することの長期的価値を強調し、将来的なアップグレードに対する安心感を提供することが重要です。**

まず、現在の製品モデルが長期間にわたって価値を提供する理由を明確にすることが有効です。例えば、現在のモデルが最新の技術を採用している、あるいはお客様のニーズを十分に満たす機能を備えているといった点を強調します。また、製品が時間とともに価値を失わないようなデザインや機能を持っていることを示すことも効果的です。

次に、将来的なアップグレードの可能性に対するお客様の不安を和らげるために、アップグレードプログラムを提供することが考えられます。たとえば、新しいモデルが発売された際に現在のモデルを割引価格でアップグレードできるオプションを提供することで、お客様は最新の製品を手に入れる機会を失わないと感じることができます。これにより、お客様は現在のモデルを購入することに対する不安を軽減できます。

また、製品の寿命や将来性に関する透明なコミュニケーションも重要です。製品の開発ロードマップや将来のアップグレード計画についてオープンにすることで、お客様は製品の寿命をよりよく理解し、長期的な計画を立てやすくなります。例えば、次のモデルの発売予定時期や予定されている新機能について情報を提供することが有効です。さらに、お客様のニーズに合わせた製品のカスタマイズオプションを提供することも考慮に値します。お客様が自分のニーズに合わせて製品をカスタマイズできることで、製品への満足度が高まり、新しいモデルへのアップグレードの不安を感じにくくなります。これには、追加のアクセサリーやソフトウェアのオプションが含まれます。

最後に、製品の耐久性と品質を保証することで、お客様は現在のモデルに対する信頼を高めることができます。例えば、長期間の保証や高品質の素材の使用、そしてお客様サポートの充実は、お客様が製品に対して安心感を持つのに役立ちます。

これらの対策を通じて、お客様の製品アップグレードに対する不確実性を軽減し、現在のモデルの購入を促進することが可能です。

定期的なメンテナンスが必要になるのではという不安

「定期的なメンテナンスへの不安」は、**特に空気清浄機や掃除機などメンテナンスが複雑または高コストである製品を購入する際に重要です。お客様は、製品の維持管理が自分にとって負担にならないかを考えます。**この不安を解消するためには、メンテナンスの簡便性、サポート体制の充実、および維持コストの透明性を提供することが重要です。

まず、製品のメンテナンスが簡単であることをアピールします。簡単な清掃手順、メンテナンスガイド、メンテナンスに必要な基本的な工具や材料について説明します。例えば、掃除が簡単なフィルターシステム、一般的な家庭用工具で行える基本的な修理手順、お客様自身で交換可能な部品などを紹介します。

次に、**維持管理に関するサポート体制を整えます。質問に答えるカスタマーサービス、メンテナンスサービスの提供、オンラインでのサポートリソース（ＦＡＱ、チュートリアルビデオ、お客様フォーラムなど）を提供し、お客様が必要なサポートを簡単に得られるようにします。**さらに、製品の維持管理に関するコストの透明性を高めます。定期的なメンテナンスが必要な場合の推定コスト、消耗品の交換頻度と費用、長期的なメンテナンスプランのオプションなどを明確にし、お客様がすべての所有コストを理解できるようにします。

また、製品の長期的な耐久性と信頼性をアピールします。高品質な素材の使用、厳格な品質管理プロセス、製品の長期的な耐久性に関するテスト結果などを紹介し、メンテナンスが少なくても製品が長持ちすることを示します。最後に、メンテナンス契約や拡張保証プランの提供を検討します。定期的なメンテナンスサービス、修理費用のカバー、消耗品の定期的な供給など、追加料金で利用できるメンテナンス関連サービスを提供し、お客様が長期的な維持管理に関する心配を軽減できるようにします。

これらの対策を通じて、「定期的なメンテナンスが必要かも」という不安に対応し、製品のメンテナンスが容易であり、必要なサポートが提供されることを確認させます。お客様が製品の維持管理が自分にとって負担にならないと理解し、安心して購入を決断することができるようになります。

必要以上に維持コストがかかるかもしれないという不安

「必要以上に維持コストがかかるかもしれない不安」は、特に月額制などのサブスクリプションの製品や、頻繁な購入やアップグレードを要求する製品で顕著です。お客様は、製品が実際のニーズに応じたものか、または不必要な消費を促進していないかを検討します。この不安を解消するためには、製品の実用性と価値を強調し、わかりやすく製品の紹介を心がけることが重要です。

まず、**製品の実用性と長期的な価値に焦点を当てます。製品がどのようにお客様の日常生活を改善するか、長期間にわたって価値を提供する方法、耐久性や多用途性な**

ど、製品が実際のニーズを満たす理由を明確にします。次に、ィングを行います。誇張された主張や不正確な情報提供を避け、製品の特性や利点を正確かつ客観的に伝えます。お客様に誤解を与えないクリアなコミュニケーションを心がけます。

さらに、製品のコスト効率と環境を重視している側面を強調します。製品のエネルギー効率、環境に優しい素材の使用、リサイクル可能なパッケージなど、持続可能な消費を促進する要素を前面に出します。

また、お客様の意見とフィードバックを積極的に取り入れます。製品の改善や新しい製品開発にお客様の声を反映させ、市場のニーズに基づいた製品提供を行います。

最後に、頻繁なアップグレードを促す代わりに、製品の耐久性やアフターサービスに重点を置き、お客様が製品を長期間安心して使用できるようにします。これらの対策を通じて、「必要以上に維持にコストがかかる製品かもしれない」という不安に対応し、製品が実際のお客様のニーズに基づいた価値を提供することを確認させます。お客様が製品の実用性と長期的な価値に自信を持ち、必要以上の消費を強いられることなく購入を決断できるようになります。

後で売りたいときの値段が維持されているかという不安

リセールの可能性の不明確さに関する不安は、特に自動車やブランド品など高価値の商品や投資としての購入を考えているお客様にとって悩みになります。この不安を解消するためには、製品の耐久性と普遍的な魅力の強調、ブランド価値の維持、透明な情報提供が重要です。

まず、製品の品質と耐久性を強化します。高品質な素材の使用、堅牢な構造、長期間にわたる信頼性の確保など、製品が時間を経ても価値を維持できるような設計に注力します。

次に、ブランドの評判と価値を維持します。強いブランドイメージの構築、品質へのコミットメント、一貫したブランドコミュニケーションなどを通じて、長期的なブランド価値を確保します。さらに、製品の普遍的な魅力やデザインのアピールを行います。時代を超越したデザイン、普遍的な機能、流行に左右されないスタイルなど、長期間にわたって人々が魅力的と感じられる要素を前面に出します。

また、再販価値に関する透明な情報提供を行います。過去の販売実績、市場での評価、同様の製品の再販価格の傾向など、お客様が再販価値を判断するための客観的なデータを提供します。最後に、製品のメンテナンスとケアに関するガイドラインを提供します。製品の状態を良好に保つための適切な保管方法、定期的なメンテナンスの重要性、製品のケアに関するアドバイスなどを提供し、再販時の価値を最大化するための支援を行います。

これらの対策を通じて、「後で売りたいときの再販価値が不安」という不安を取り除き、製品が長期間にわたって価値を維持し、再販時に適切な価値を得られることを伝えます。お客様が製品の品質、ブランド価値、および長期的な再販価値に自信を持ち、購入に対する不安を軽減できるようになります。

メンテナンスが困難かもしれないという不安

「メンテナンスが困難かもしれない」というメンテナンスのアクセシビリティに関する不安は、特にコンピューターやプリンターなどメンテナンスが頻繁に必要な製品や専門的な技術が要求される製品の購入時に重要です。**この不安を解消するためには、維持管理の容易化が必要です。**

まず、メンテナンスの簡易化を目指します。お客様が自分で簡単に行えるメンテナンス手順を提供し、専門的な技術やツールが不要な設計にすることが重要です。取り外し可能な部品、自己診断機能、お客様に優しい使いやすさなどメンテナンスを簡単にする要素を組み込みます。

次に、包括的なメンテナンスサポートを提供します。オンラインでのFAQ、電話やメールによるサポート、チャットサービスなどを通じて、お客様がメンテナンスに関する疑問や問題を解決できるサポート体制を整えます。さらに、正規のメンテナンスサービスを提供します。定期的なメンテナンスや修理を行うための正規サービスセンターを設置し、専門的な技術者によるサービスを提供します。これにより、お客様は安心して製品の維持管理を任せることができます。

また、消耗品や交換部品の容易な入手性を確保します。オンラインストア、正規代理店、小売店などを通じて、必要な部品や消耗品が簡単に購入できるようにします。

最後に、メンテナンスコストを透明にします。定期的なメンテナンスの必要性、推定コスト、保証範囲など、メンテナンスに関するコストと条件を明確に提示します。これらの対策を通じて、「メンテナンスが困難かもしれない」という不安に対応し、お客様が製品のメンテナンスを簡単に、そして安心して行えるようにします。

アップデートで問題が生じるかもという不安

「アップデートで問題が生じるかも」という予期せぬアップデートの問題に対する不安は、ゲームやアプリケーションなどソフトウェアやデバイスの安定性と機能性に直

接関わります。この不安を解消するためには、安定したアップデートプロセスの確立、透明なコミュニケーション、及び迅速なサポート体制の構築が必要です。

まず、安定性を重視したアップデートの開発とテストを行います。アップデート前に厳格なテストを実施し、可能な限りバグや問題を排除します。ベータテストやお客様フィードバックを活用して、アップデートが実際の使用環境で安定して機能することを確認します。

次に、アップデートプロセスの透明性を高めます。アップデートの内容、目的、利点などを明確にし、お客様がアップデートの必要性と影響を理解できるようにします。また、アップデートのスケジュールや手順に関する情報を提供し、お客様がアップデートを計画的に行えるようにします。さらに、アップデート後のサポートとトラブルシューティングを強化します。アップデートに関連する問題に迅速に対応するためのサポートチームを設置し、問題発生時のガイダンスや解決策を提供します。オンラインヘルプ、ＦＡＱ、チャットサポートなどを通じて、アップデートに関するお客様の問題を解決します。

また、アップデートを選択可能にします。お客様がアップデートを選択的に行えるようにし、必要に応じて以前のバージョンに戻すことができるオプションを用意します。これにより、お客様は自分のペースでアップデートを管理できます。

最後に、アップデートのフィードバックを積極的に収集し、製品改善に反映させます。お客様からのフィードバックを定期的に評価し、今後のアップデートの品質向上に活かします。

一年中使えないかもしれないという不安

「一年中使えないかもしれない（季節依存性）」という季節性の制限に関する不安は、特にアウトドア用品やスポーツ用品など季節商品や季節に依存する製品の場合に重要です。この不安を解消するためには、多用途性の強化、季節を越えた利用シナリオの提供、耐候性や耐久性の向上、適切な機器の管理情報の提供、および製品の多様な使用方法に関する明確な情報提供が必要です。

まず、製品の多用途性を強化します。季節に限定されず、年間を通じて使用できる機能や特性を持つ製品の開発に注力し、一年中役立つ製品を提供します。

次に、季節を越えた利用シナリオを提供します。季節に依存しないさまざまな使用方法や活用シーンを提案し、製品の汎用性を強調します。さらに、製品の耐候性や耐久性を向上させます。天候の変化に強い素材の使用、防水・防塵《じん》機能の追加など、製品が厳しい環境でも機能するように設計します。

また、オフシーズンの適切な管理の方法を提供します。製品を保管するためのコンパクトな収納方法、保管時のケア指示、専用のカバーなどを提供し、使用しない期間でも製品を適切に管理できるようにします。

最後に、製品の多様な使用方法に関する情報を伝えます。製品が提供するさまざまな機能、オールシーズンでの利用例、製品の長期的な価値などを明確に伝え、お客様が製品の全体的な利点を理解できるようにします。これらの対策を通じて、「一年中使えないかもしれない（季節依存性）」という不安に対応し、お客様が季節にかかわらず製品を有効に活用できることを伝えます。これにより、季節性の制限による不安を減らし、製品の利用をより柔軟にし、その価値を最大化することができます。

不安対策チェックポイント

- 不安対策の第１は不安の原因の特定です。第２は不安の原因の分析です。第３は不安解消策を考えることです。不安の原因を解消する方法を考えます。第４は不安解消策の実行です。第５は不安解消策の効果の評価です。

- 「実際に使う機会が少ないかもしれない」という使用頻度の低さに関する不安は、特に利用シーンが限られる製品や高価な商品を購入する際に重要です。お客様は製品のコストパフォーマンスや日常生活での実用性を検討します。

- 購入における後悔の可能性は、お客様が製品やサービスの購入を検討する際の一般的な不安です。このような不安を解消するためには、製品の価値と満足度を高め、お客様が自信を持って購入できるような環境を提供することが重要です。

- 購入した商品の評判への不安は、特に新しい製品やあまり知られていないブランドの購入時に重要です。お客様は、他のお客様の意見や製品の市場での評価を知りたがります。評価とレビューを充実させましょう。

- 「家族や友人にどう思われるか」という不安は、特に社会的な影響を重視するお客様にとって重要です。このような不安を解消するためには、製品が広く受け入れられる魅力を持ち、社会的な承認や評価を得られる要素を伝えることが重要です。

第3章

商品やサービスの品質への不安

すぐ壊れるのではないかという不安

第3章では、商品やサービスの品質に対する不安を取り上げていきたいと思います。

商品やサービスの品質については、多くの経営者や店主が自信を持っている人が少なくありませんが、お客様にその自信の根拠を示していないケースが多く見られます。それが、逆にお客様の不安を掻き立てている場合もあるので、お客様の品質対する不安については、丁寧に説明することが大切です。

耐久性に関する不安は、お客様が製品を購入する際の大きな障壁となることが多いです。この問題に対処するには、いくつかのアプローチが有効です。まず、製品の耐久性を強調するために、具体的なデータや事例を提供することが重要です。例えば、製品が厳しい品質検査をクリアしていること、長期間にわたる使用を想定したテストを行っていること、または特定の耐久性基準を満たしていることをお客様に伝えます。これにより、お客様は製品の品質に対して信頼感を持つことができます。

さらに、製品がどのようにして耐久性が高められているかについての具体的な情報を共有することも効果的です。例えば、耐水性や耐衝撃性を高めるために使用されている素材、製造過程での厳格な品質管理、または耐久性を高めるための特別な設計の詳細を提供することが挙げられます。これにより、お客様は製品が単に「丈夫」と言われているだけでなく、どのようにしてその品質が実現されているのかを理解することができます。

また、製品の保証期間を延長することも有効です。長期保証を提供することにより、お客様は製品に何か問題が発生した場合にも安心して使用できるようになります。さらに、保証に加えて、修理や交換サービスも提供することで、お客様の不安を軽減することができます。例えば、製品が故障した場合の迅速な修理サービスや、特定の期間内であれば無償での交換を提供するなどのサービスです。加えて、お客様の声を反映した製品改善も重要です。お客様からのフィードバックを積極的に収集し、それを製品開発に生かすことで、より耐久性の高い製品を開発することができます。お客様が実際に製品を使用して感じた問題点や改善提案を聞き、それを製品の改善に役立てることができます。

最後に、お客様への教育も重要です。製品の適切な使用方法やメンテナンスの方法を教えることで、製品の寿命を延ばすことができます。製品の取扱説明書やオンラインチュートリアル、ワークショップなどを通じて、お客様が製品を適切に扱えるようにサポートします。これにより、お客様は製品を正しく使用し、長期間にわたってその価値を享受することができるようになります。これらの対策を通じて、お客様の耐久性に対する不安を解消し、信頼を獲得し、最終的には製品の購入へと導くことができます。製品の品質を保証し、お客様の不安を軽減することで、より良いお客様体験を提供することができるのです。

音質や画質が期待に満たないかもしれないという不安

「音質や画質が期待に満たないかも」という不安は、特にオーディオ機器、ビデオ機器、またはマルチメディア関連の製品を購入する際に重要です。高品質な音質や画質を求めるお客様にとって、製品がその期待を満たすかどうかは重要な決定要因です。この不安を解消するためには、**製品の音質や画質に関する詳細情報を提供し、品質保証を伝えることが重要です。**

まず、**製品の音質や画質に関する具体的な仕様と特徴を明確に説明します。**オーディオ機器の場合は、スピーカーの周波数応答、歪み率、出力パワーなどの技術仕様を示し、ビデオ機器では解像度、コントラスト比、色再現性などの画質に関する詳細を提供します。これにより、お客様は製品の音質や画質が自分の期待を満たすかどうかを判断できます。次に、製品の音質や画質に関する客観的なレビューと評価を提示します。専門家によるレビュー、独立した評価機関による評価、オーディオビジュアル愛好家のフォーラムやコミュニティからのフィードバックなど、製品の品質を客観的に評価する情報を伝えます。

さらに、製品のデモンストレーションや体験機会を提供します。店頭でのデモ、オンラインでのサンプル動画や音声ファイル、展示会やイベントでの展示など、お客様が直接製品の音質や画質を体験できる機会を設けます。また、製品の品質保証とアフターサービスを強化します。製品の保証期間、不具合が発生した場合の修理や交換サービス、カスタマーサポートによる技術サポートなど、お客様が安心して製品を使用できるサポート体制を整えます。

最後に、製品の品質向上に向けた継続的な取り組みを示します。技術革新、お客様からのフィードバックに基づく改善、最新のオーディオビジュアル技術の導入など、製品の品質を常に向上させるための努力をアピールします。これらの対策を通じて、「音質や画質が期待に満たないかも」という不安に対応し、製品の高品質な音質や画質を保証します。お客様が製品の品質に対する信頼を持ち、期待に応える製品であると確信することで、安心して購入を決断することができます。

使用時にうるさくなるかもしれないという不安

使用中の騒音問題に関する不安は、洗濯機や掃除機など家電製品、工業機器、または特定の電子機器を購入する際に一般的です。**お客様は、製品が使用時に騒がしいことで周囲に迷惑をかけるか、自身の生活環境に悪影響を与えるかもしれないと心配します。**このような不安を解消するためには、製品の騒音レベルを低減する設計への取り組みを強調し、使用時の快適性を保証することが重要です。

まず、製品設計における静音性への配慮を強調します。製品がどのようにして騒音を低減しているか、例えば特殊な防音素材の使用、静かなモーターの採用、振動を抑えるための設計工夫などを詳しく説明します。これにより、お客様は製品の使用が周囲の環境や日常生活に最小限の影響しか与えないことを理解し、安心して購入を検討できます。

次に、製品の騒音レベルに関する客観的なデータを提供します。デシベル（dB）単位での騒音レベル、同種の製品との比較、使用環境における騒音の影響などの情報を明確に伝えます。このような情報は、お客様が製品の騒音レベルを具体的に理解し、他の製品と比較する際の基準となります。さらに、製品の使用時における騒音対策やヒントを提供します。例えば、最も静かな運転モードの選択、使用時間の調整、適切な設置場所の選定など、お客様自身ができる騒音低減のための対策を案内します。これにより、お客様は製品をより快適に使用できる方法を知ることができます。

また、製品のレビューやお客様の体験談を通じて、実際の使用状況での騒音の影響を示します。他のお客様がどのように製品を使用しているか、騒音レベルが日常生活にどの程度の影響を与えているかの事例を共有することで、潜在的なお客様の不安を和らげることができます。

最後に、製品の騒音に関するアフターサービスやサポートを強化します。例えば、騒音に関連する問題が発生した場合の迅速なサポートや、必要に応じた製品の調整や修理サービスを提供することで、お客様が購入後も安心して製品を使用できるようにします。

これらの対策を通じて、使用中の騒音問題に関するお客様の不安を和らげ、製品の快適な使用体験を保証することができます。お客様が製品の騒音レベルを正確に理解し、使用時の快適性に自信を持つことで、購入に向けた一歩を踏み出すことができるようになります。

気温によって性能が変わるかもしれないという不安

高温や低温での性能問題に関する不安は、屋根や外壁の塗装など特に屋外で使用される製品や電子機器において一般的です。**お客様は、気温の変化によって製品の性能が低下することを心配することがあります。**このような不安を払拭するためには、製品の耐候性と信頼性を強調し、気温変化に対する耐性を証明することが重要です。

まず、製品がどのようにして厳しい気候条件下でテストされ、その性能が保証されているかを明確に伝えることが効果的です。例えば、製品が極端な高温や低温の環境でのテストを経ていること、特定の気温範囲内での性能が保証されていることなどをお客様に伝えます。これにより、お客様は製品がさまざまな気候条件下で信頼できる性能を発揮することを理解し、安心して購入を決断できます。

次に、製品の設計と素材選択が気温変化にどのように対応しているかをアピールすることが重要です。耐熱性や耐寒性のある素材を使用していること、製品設計が温度変化による影響を最小限に抑えるように工夫されていることなどをお客様に伝えます。これには、断熱材の使用、熱伝導を防ぐ設計、冷却システムの組み込みなどが含まれることがあります。

さらに、製品のメンテナンスとサポートに関する情報を提供することも有効です。気温変化による影響を最小限に抑えるための製品の適切なメンテナンス方法や、万が一性能に問題が発生した際のサポート体制について明確に説明します。これには、定期的なメンテナンスのスケジュールや、問題発生時の迅速な修理サービスの提供が含まれます。

また、**実際の使用事例やお客様の体験談を共有することで、製品が実際にさまざまな気温条件下でどのように機能しているかを示すことができます。**他のお客様が同様の気候条件下で製品を使用し、満足している事例を紹介することで、潜在的なお客様の不安を和らげることができます。

最後に、製品の保証や保証延長プランを提供することで、お客様の不安を軽減することができます。製品に何か問題が発生した場合に、修理や交換が可能であることを保証することで、お客様はより安心して購入を決断できます。

これらの対策を通じて、高温や低温での性能問題に対するお客様の不安を和らげ、製品への信頼を築くことができます。製品がさまざまな気候条件下で信頼性の高い性能を提供することを明確に示すことで、お客様は安心して購入を決断し、長期的なお客様関係を築くことができるようになります。

電力消費が多いかもしれないという不安

「電力消費が多いかもしれない」というエネルギー消費の心配は、冷蔵庫や照明など**特に電気を多く使う製品や環境意識の高いお客様にとって重要です。**エネルギー消費量の多さは、長期的なコストと環境への影響に関連しています。この不安を解消するためには、エネルギー効率の高い製品を提供し、その省エネ性能を明確にすることが重要です。

まず、製品のエネルギー効率に関する具体的な情報を伝えます。エネルギースター認証やその他のエネルギー効率基準への準拠、製品の消費電力、年間の推定電気使用量など、お客様がエネルギー消費を評価できるデータを明確にします。次に、エネルギー効率の高い技術と機能を強調します。LED照明、エネルギーセービングモード、高効率の絶縁材料、最新の省エネチップセットなど、製品が省エネルギーに貢献するための特性や技術を紹介します。

さらに、**製品の長期的なコスト削減効果を示します。エネルギー効率の高い製品が初期投資に対してどのように長期的な電気料金の節約につながるかの計算例やケーススタディを提供し、お客様が経済的なメリットを理解できるようにします。**

また、お客様が製品のエネルギー消費を管理できるツールや機能を提供します。使用状況のモニタリング、エネルギー消費の自動調整、など、お客様が自分のエネルギー使用を最適化できるオプションを紹介します。最後に、製品のエネルギー効率向上に向けた継続的な取り組みを強調します。研究開発による新しい省エネ技術の導入、など、企業としての持続可能なエネルギー管理へのコミットメントを示します。

これらの対策を通じて、「電力消費量が多いかもしれない」というエネルギー消費の心配に対応し、製品がエネルギー効率が高く、長期的なコスト削減と環境保護に貢献することを理解してもらいます。お客様が製品のエネルギー効率に自信を持ち、経済的および環境的なメリットを理解することで、安心して購入を決断することができるようになります。

長期間使用しても大丈夫かという不安

「長期間使用しても大丈夫かという不安」という長期的な信頼性の不明確さに関する不安は、電動工具やパソコンなど耐久性や信頼性が重要視される製品において特に重要です。**お客様は、購入した製品が長期間にわたって性能を維持し、故障しにくいことを求めます。**この不安を解消するためには、製品の耐久性の強化、品質保証、長期的なサポートの提供が重要です。

まず、**製品の耐久性と信頼性をアピールします。高品質な素材の使用、厳格な製造プロセス、堅牢な設計など、製品が長期間にわたって使用できるようにするための工夫を紹介します。**

次に、製品の品質保証を伝えます。長期保証、製品保証プログラム、交換や修理のサービスなど、製品に問題が生じた場合にお客様が安心できる保証を提供します。

さらに、製品の信頼性を証明するためのテスト結果や認証を公開します。第三者機関による耐久性テストの結果、安全性の認証、業界標準への準拠など、製品の信頼性を裏付ける情報を提供します。また、長期的なカスタマーサポートとメンテナンスサービスを提供します。定期的なメンテナンスサービス、製品のアップデートやアップグレードの提供、技術的な問題への迅速な対応など、製品が長期間にわたって最適な状態で使用できるようにサポートします。

最後に、製品の長期的な使用に関するお客様の体験談やケーススタディを共有します。実際に製品を長期間使用しているお客様の声や事例を紹介し、お客様が製品の耐久性と信頼性に対する信頼を持てるようにします。

これらの対策を通じて、「長期間使用しても大丈夫か」という不安に対応し、製品が長期的に信頼できる品質を持っていることを確認させます。お客様が製品の耐久性と信頼性に自信を持ち、長期間にわたって安心して使用できることを理解することで、安心して購入を決断できるようになります。

技術的なトラブルが心配という不安

技術的な問題に対する不安は、パソコンやスマートフォン特に新しいテクノロジー製品や複雑な機器の購入において一般的です。お客様は、製品が期待通りに機能しない、または技術的な問題に直面することを恐れることがあります。このような不安を払拭するためには、製品の信頼性を強調し、万が一のときに支援を提供する体制を整えることが重要です。

まず、製品の信頼性を証明するために、品質保証プロセスについて明確に伝えることが効果的です。製品がどのようにして厳しい品質検査を通過しているか、どのようなテストを経て市場に出ているかを詳細に説明することで、お客様に安心感を与えることができます。また、製品がどのような実績を持っているか、特に技術的な信頼性に関する実績を示すことも重要です。

次に、万が一技術的な問題が発生した場合のサポート体制を充実させることが求められます。お客様サポートチームが迅速かつ専門的に対応できるようにトレーニングを行い、お客様が問題に直面した際にはすぐにサポートを受けられるようにします。これには、電話、メール、オンラインチャットなど、さまざまなコミュニケーションチャネルを通じたサポートが含まれます。また、製品の使い方やトラブルシューティングに関する情報を提供することも有効です。詳細な取扱説明書、オンラインのFAQセクション、チュートリアル動画などを通じて、お客様が自分自身で基本的な問題を解決できるようにします。さらに、製品の定期的なメンテナンスやアップデートを通じて、技術的な問題が発生する可能性を最小限に抑えることも重要です。

さらに、製品の保証や保証延長プランを提供することで、お客様の不安を軽減することができます。製品に何か問題が発生した場合に、修理や交換が可能であることを保証することで、お客様はより安心して購入を決断できます。

最後に、製品のレビューやケーススタディを活用することも有効です。実際に製品を使用している他のお客様やビジネスの成功事例を紹介することで、潜在的なお客様に対して製品の信頼性を間接的に証明することができます。特に、技術的な問題を経験して解決した事例を紹介することで、お客様の信頼を得ることができます。

これらの対策を通じて、お客様の技術的な問題に対する不安を和らげ、製品への信頼を築くことができます。信頼性の高い製品と万全のサポート体制を提供することで、お客様は安心して購入を決断し、長期的なお客様関係を築くことができるようになります。

品質が保証されているのかの不安

品質に関する不安は、お客様が製品購入をためらう一般的な理由の一つです。これを解消するためには、**製品の品質保証を明確にし、信頼を築くことが重要です。**まず、製品の品質を証明するためには、具体的な品質基準や認証をお客様に伝えることが有効です。

例えば、国際的な品質認証や業界標準に準拠していることをアピールすることで、製品が一定の品質基準を満たしていることを客観的に示すことができます。また、製品の製造過程が厳格な品質管理のもとで行われていることを強調することも効果的です。これには、生産設備の先進性や専門技術、品質管理システムの詳細などを紹介することが含まれます。

さらに、実際のお客様の声を活用することも非常に有効です。**満足しているお客様の体験談やレビューを公開することで、潜在的なお客様に対して製品の品質を間接的に証明することができます。これは、特に新しいお客様が他のお客様の経験を基に信頼を高めるのに役立ちます。**

製品の保証期間の延長も、品質に対する信頼を高める一つの方法です。長期間の保証を提供することで、お客様は製品に何らかの問題が発生した場合でも安心して購入できるようになります。これには、保証期間内の無料修理や交換サービスの提供が含まれることが多いです。また、製品の返品ポリシーを柔軟にすることも、お客様がリスクなく製品を試すことができます。

製品のデモンストレーションや体験イベントの開催も有効です。実際に製品を手に取って試すことができれば、お客様は製品の品質を直接確認することができます。展示会や体験イベントでは、専門のスタッフが製品の特徴や利点を説明し、お客様の質問に直接答えることができます。また、透明性のあるコミュニケーションも重要です。製品に関する詳細情報、特に品質に関わる部分についてオープンにすることで、お客様は製品に対する信頼を高めることができます。これには、使用されている材料、製造過程、品質検査の結果など、お客様が知りたいと思う情報を提供することが含まれます。

最後に、お客様サービスの強化も重要です。お客様が製品に関して疑問や問題を抱えたときに迅速かつ適切に対応することで、製品への信頼を高めることができます。これには、簡単にアクセスできるカスタマーサポート、ＦＡＱセクション、オンラインチャットサポートなどが含まれます。

これらの対策を通じて、製品の品質に対する疑問を解消し、お客様との信頼を築くことができます。製品の品質を保証し、透明性のある情報提供を行うことで、お客様は安心して購入決定を下すことができるようになります。

すでに持っている他の製品と機能が重複するという不安

「既に持っている他の製品と機能が重複する」という機能の重複性に関する不安は、**特に複合機やコピー機など多機能製品や類似製品が多い市場において重要です。お客様は、新たに購入する製品が既存の製品と異なる付加価値を提供するかを気にします。この不安を解消するためには、独自の機能や特徴の強化、統合されたソリューションの提供、およびお客様の生活における製品の位置づけを明確にすることが必要です。**

まず、製品に独自の機能や特徴を組み込みます。競合製品との差別化を図るため、独自の技術、革新的な機能、特許取得済みの設計など、他の製品にはないユニークな要素を提供します。次に、製品の統合されたソリューションを提供します。複数の機能を一つの製品でカバーし、お客様が複数の製品を持つ代わりに一つの製品で幅広いニーズを満たせるようにします。

さらに、製品が提供するユニークな体験や価値を強調します。製品の使用によって得られる特別な体験、生活の質の向上、利便性の増加など、単に機能だけでなく、製品がお客様の生活にもたらす総合的な価値を訴求します。また、カスタマイズ可能な機能や設定を提供します。お客様が自分のニーズや好みに合わせて製品の機能を調整できるようにし、既存の製品とは異なる使用体験を提供します。

最後に、製品のエコシステムや連携機能を強化します。他の製品やサービスとの連携を促進し、製品をより広範なエコシステムの一部として位置づけます。

これらの対策を通じて、「既に持っている他の製品と機能が重複する」という不安に対応し、新しい製品が既存の製品とは異なる独自の価値を提供することを確認させます。これにより、お客様は新たな製品の購入に対して、既存の製品との重複ではなく、追加される利便性や体験に焦点を当てることができます。

エネルギー効率が悪い可能性があるのではという不安

エネルギー効率の低さに関する不安は、省エネ家電などの電気製品やハイブリッド車などの車両、その他のエネルギーを消費する製品の購入時に顕著です。**お客様は、製品のエネルギー効率が低いと長期的なコスト増や環境への悪影響を心配します。このような不安を解消するためには、製品のエネルギー効率を強化し、お客様にコスト削減と環境保護の両方の利点を伝えることが重要です。**

まず、製品のエネルギー効率に関する具体的なデータと特徴を提示します。これには、省エネルギー技術、高効率のコンポーネント、エネルギー消費量の削減に寄与する設計などが含まれます。例えば、エネルギースター認証を受けた家電製品、高効率のエンジンを搭載した車両、ＬＥＤ照明などが挙げられます。これらの特性がどのようにエネルギー使用を効率化し、長期的なコスト削減に寄与するかを明確にします。

次に、製品のエネルギー効率に関する第三者認証や評価を示します。エネルギースターのような認証は、製品が高いエネルギー効率基準を満たしていることを客観的に証明します。また、独立した評価機関によるエネルギー効率のレーティングや評価を提示し、製品のエネルギー効率の高さを裏付けます。さらに、製品のエネルギー効率がお客様にもたらす経済的利益を強調します。省エネルギーによる電気料金の削減、燃料コストの節約、長期的なコスト効率などを具体的に説明し、お客様が製品の購入によって経済的なメリットを享受できることを示します。

また、製品のエネルギー効率に関するお客様の体験談やレビューを共有します。実際にお客様が製品を使用してエネルギーコストをどの程度削減できたかの事例を提示し、潜在的なお客様の不安を和らげることができます。

最後に、製品のエネルギー効率に関する継続的な改善と革新に取り組むことを強調します。技術革新や市場の動向に基づいて製品を定期的にアップデートし、エネルギー効率の向上に努めることで、環境への影響を減らしつつ、お客様の経済的利益を最大化します。

これらの対策を通じて、エネルギー効率の低さに関するお客様の不安を和らげ、製品のエネルギー効率の高さとその経済的・環境的利点を強調することができます。お客様が製品のエネルギー効率性に自信を持ち、長期的なコスト削減と環境保護の両方のメリットを享受できることを理解することで、購入に向けた一歩を踏み出すことができます。

他のデバイスやシステムと互換性がある という不安

互換性の問題に関する不安は、特にスマートウォッチやワイヤレスホンテクノロジー製品や電子機器の購入時に重要です。**お客様は、新しい製品が既存のデバイスやシステムとスムーズに連携できるかどうかを検討します。この不安を解消するためには、製品の互換性の範囲を明確にし、簡単な統合プロセスを提供することが重要です。**

まず、製品の互換性に関する詳細情報を提供します。製品がサポートするオペレーティングシステム、接続可能なデバイスの種類、対応する通信プロトコルなど、具体的な互換性情報を明確にします。例えば、スマートホームデバイスがiOSとAndroid両方に対応していること、新しいオーディオ機器がブルートゥースやWi-Fi接続に対応していることなどが挙げられます。

次に、製品の互換性を強化するための技術と解決法を紹介します。ユニバーサルポート、標準化された通信プロトコル、マルチプラットフォーム対応アプリケーションなど、さまざまなデバイスやシステムとの互換性を保証するための特徴や技術を伝えます。互換性の設定と統合のプロセスを簡素化します。簡単なセットアップガイド、ステップバイステップのチュートリアルビデオ、オンラインヘルプなどを提供し、お客様が製品を既存のシステムに簡単に統合できるようにします。

また、製品の互換性に関するお客様の体験談やレビューを共有します。実際のお客様が製品を既存のデバイスやシステムとどのように連携させているかの事例を提示し、製品の互換性の実用性を伝えます。

最後に、製品の互換性に関する継続的な改善とサポートを伝えします。新しいデバイスやシステムが市場に登場するたびに互換性を評価し、必要に応じてファームウェアやソフトウェアのアップデートを提供することで、製品が常に最新の技術に対応できるようにします。これらの対策を通じて、「他のデバイスやシステムとの互換性があるか？」という不安に対応し、製品が広範なデバイスやシステムとスムーズに連携できることをわかってもらいます。お客様が製品の互換性に自信を持ち、既存の環境に簡単に統合できると理解することで、安心して購入を決断することができます。

独自規格により他製品との互換性がないのではという不安

独自規格による制約に対する不安は、お客様が製品の互換性や将来の拡張性を重視する場合に特に顕著です。**製品が一般的な規格や市場の標準と異なる場合、お客様は他製品との連携や拡張が困難になることを心配します。このような不安を解消するためには、独自規格の利点を強調し、独自規格による独特な価値提案を明確に伝えることが重要です。**

まず、独自規格がもたらすユニークな利点と特性を明確にします。例えば、独自規格による性能の向上、セキュリティ強化、特定用途への最適化など、標準規格では実現できない特徴を強調します。また、独自規格により提供される独特の体験や機能について詳細に説明し、その独自性がお客様にとってどのようなメリットをもたらすかを伝えます。

次に、製品の互換性と拡張性に関する不安を軽減するための対策を伝えます。例えば、**独自規格を採用しつつも他の標準規格との互換性を部分的に保持するアダプターやコンバーター、拡張モジュールなどを提供します。**これにより、お客様は製品が他のデバイスやシステムと連携可能であることを理解し、使用の幅が広がることがわかります。

さらに、独自規格の採用による長期的なサポートとアップデートの計画を明確にします。製品の将来的なアップデートやサービスの拡張についての情報を提供し、独自規格が長期的なサポートの枠組みの中でどのように機能するかを説明します。これにより、お客様は製品が時代遅れにならず、継続的に価値を提供し続けることを確信できます。

また、独自規格製品の使用例や成功事例を共有します。実際のお客様が製品をどのように活用しているか、独自規格による特定のシナリオでの成功体験を示すことで、潜在的なお客様の不安を和らげることができます。最後に、お客様サポートと教育を強化します。独自規格製品の効果的な使用方法、問題発生時のサポート、製品の活用方法に関する教育資料やトレーニングを提供し、お客様が製品を最大限に活用できるよう支援します。

これらの対策を通じて、独自規格による制約に関するお客様の不安を和らげ、製品のユニークな価値と長期的な利点を強調することができます。お客様が独自規格の利点を理解し、製品の使用に自信を持つことで、購入に向けた一歩を踏み出すことができます。

別途アクセサリーが必要になるかもしれないという不安

ベビー用品やキャンプ用具など外部アクセサリーへの依存に関する不安は、製品の追加投資や利便性に影響を及ぼす可能性があります。**この不安を解消するためには、**

包括的なパッケージ提供、互換性の高い設計、アクセサリーの価値の明確化、コスト効率の良いオプションの提供、および透明なコミュニケーションが必要です。

まず、必要なアクセサリーを含む包括的なパッケージを提供します。基本機能に必要なアクセサリーを製品に同梱することで、追加の購入が不要になるようにします。

次に、**標準化された接続や一般的なアクセサリーとの互換性を確保します。**市場で広く利用されている規格やインターフェースを採用し、お客様が既に持っているアクセサリーや汎用品を使用できるようにします。さらに、アクセサリーの付加価値と必要性を明確に伝えます。アクセサリーが提供する具体的な利点、機能向上の例、使用シナリオなどを通じて、その価値をお客様に理解させせます。

また、コスト効率の良いアクセサリーオプションを提供します。手頃な価格のアクセサリー、パッケージディール、アクセサリーのバンドルなど、お客様にとって経済的な選択肢を用意します。最後に、アクセサリーに関する透明なコミュニケーションを行います。必要なアクセサリー、オプションのアクセサリー、価格、入手方法など、アクセサリーに関する詳細な情報を提供します。

これらの対策を通じて、「別途アクセサリーが必要になるかもしれない」という不安に対応し、お客様が追加のアクセサリーに関するコストや利便性を理解し、製品の全体的な価値を評価できるようにします。これにより、アクセサリーへの依存による不安を減らし、製品の利用を最大限に楽しむことができるようになります。

製品が健康に悪影響を及ぼすのではないかという不安

健康への影響不安は、特にＩＨ（電磁誘導加熱）などの電子機器、殺虫剤など化学製品、または長時間の使用が予想されるマッサージ器などの製品の購入時に一般的です。**お客様は、製品の使用が健康に悪影響を及ぼす可能性があるかどうかを心配します。このような不安を解消するためには、製品の安全性と健康への配慮を強調し、安心感を提供することが重要です。**

まず、製品の安全性と健康への配慮に関する情報を明確に伝えます。これには、厳格な安全基準の遵守、有害物質の使用を避けるための素材選定、長期間の使用においても安全であることを示すテスト結果などが含まれます。例えば、放射線レベルが低いことを証明する電子機器、無毒素材を使用した製品、皮膚への刺激テストをクリアした化粧品などが挙げられます。これにより、お客様は製品が健康に与える影響が最小限であることを理解し、安心して購入を検討できます。

次に、製品の安全使用に関するガイダンスとリソースを提供します。適切な使用方法、安全上の注意点、推奨される使用頻度や期間などを詳細に説明し、お客様が製品を安全に使用できるようにします。また、製品の使用に関連する健康上のヒントやアドバイスを提供し、お客様の安全意識を高めることも重要です。

さらに、製品の安全性と健康への影響に関する第三者機関からの認証や評価を提示します。例えば、ＣＥマーク、ＦＤＡ承認、ＲｏＨＳ準拠などの認証を受けた製品を強調し、製品の安全性と信頼性を証明します。製品の安全性に関するお客様の体験談やレビューを共有します。**実際のお客様が製品を使用している様子や、健康への影響**

が最小限であることを示す体験談を提示することで、潜在的なお客様の不安を和らげることができます。

最後に、製品の安全性と健康への影響に関する継続的な監視と改善に取り組むことを強調します。市場のフィードバックや最新の科学的研究に基づいて製品を定期的にレビューし、必要に応じて改善を行います。これらの対策を通じて、健康への影響不安に関するお客様の不安を和らげ、製品の安全性と健康への配慮を強調することができます。お客様が製品の安全性に自信を持ち、健康への影響が最小限であることを理解することで、購入に向けた一歩を踏み出すことができます。

家族に安全かどうかという不安

家族の安全、特に子供や高齢者に対する安全性の不安は、食器やおもちゃなどの家庭用製品や日用品の購入時に特に重要視されます。お客様は、製品が家族の健康や安全に悪影響を及ぼす可能性があるかどうかを心配します。このような不安を解消するためには、**製品の安全性を徹底的に確保し、安全配慮を強調することが重要です。**

まず、製品の安全設計と特徴を明確にします。これには、有害物質の不使用、安全な素材の使用、子供や高齢者でも使いやすいデザイン、誤操作を防ぐ安全機能などが含まれます。例えば、小さな部品や危険なエッジがないこと、非毒性素材の使用、大きくて読みやすい操作パネル、自動オフ機能などが挙げられます。これにより、お客様は製品が家族の安全を考慮して設計されていることを理解し、安心して購入を検討できます。

次に、製品の安全使用に関するガイダンスとリソースを提供します。適切な使用方法、安全上の注意点、特に子供や高齢者の使用に関する推奨事項などを詳細に説明します。また、製品の安全に関する教育資料やトレーニングを提供し、お客様が家族全員が安全に製品を使用できるよう支援します。さらに、製品の安全性に関する第三者機関からの認証や評価を示します。例えば、ＣＥマーク、ＦＤＡ承認、子供用製品の安全基準準拠などの認証を受けた製品を強調し、製品の安全性と信頼性を証明します。

また、製品の安全性に関するお客様の体験談やレビューを共有します。**実際のお客様が製品を家族でどのように使っているか、特に子供や高齢者の安全性についての体験談を提示することで、潜在的なお客様の不安を和らげることができます。**製品の安全性に関する継続的なモニタリングと改善に取り組むことを強調します。市場のフィードバックや最新の科学的研究に基づいて製品を定期的にレビューし、特に子供や高齢者の安全に関する基準に従って改善を行います。

これらの対策を通じて、子供や高齢者の安全性に関するお客様の不安を和らげ、製品の家族向けの安全配慮を強調することができます。お客様が家族全員にとって製品が安全であることに自信を持ち、安心して購入を決断することができます。

使用中の事故や怪我のリスクがあるかもという不安

使用上のリスク、特に事故や怪我の可能性に対する不安は、特にシュレッダーなどの機械的な製品、電気ストーブなどの電気製品、または健康器具などの身体活動に関連するアイテムを購入する際に重要です。**お客様は、製品の使用中に事故が発生するリスクや怪我をする可能性を心配します。**これらの不安を解消するためには、製品の安全性を徹底して確保し、使用中のリスクを最小限に抑える対策を講じることが重要です。

まず、製品の安全設計について詳細に説明します。これには、安全な素材の使用、安全性を高めるための設計特徴（例えば、安全ガード、自動停止機能、非毒性の塗料使用など）、安全基準への準拠などが含まれます。これらの特徴が、使用中の事故や怪我のリスクをどのように低減しているかを明確にします。

次に、製品の安全使用に関するガイダンスとリソースを提供します。適切な使用方法、安全上の注意点、推奨される安全対策などを詳細に説明し、お客様が製品を安全に使用できるようにします。また、製品の安全使用に関する教育資料やトレーニングビデオを提供し、お客様が安全意識を持って製品を使用できるよう支援します。

さらに、**製品の安全性に関する第三者機関からの認証や評価を提示します。**例えば、ＣＥマーク、ＵＬ認証、安全基準に準拠していることを示すマークなどの認証を受けた製品を強調し、製品の信頼性と安全性を証明します。また、製品の安全性に関するお客様の体験談やレビューを共有します。実際のお客様が製品を安全に使っている様子や、事故や怪我のリスクが低いことを示す体験談を提示することで、潜在的なお客様の不安を和らげることができます。

最後に、製品の安全性に関する継続的なモニタリングと改善に取り組むことを強調します。市場のフィードバックや安全に関する最新の研究に基づいて製品を定期的にレビューし、安全性を常に向上させる努力を行います。これらの対策を通じて、使用上のリスクに関するお客様の不安を和らげ、製品の安全性を強調することができます。お客様が製品の安全性に自信を持ち、安全対策が徹底されていることを理解することで、購入に向けた一歩を踏み出すことができます。

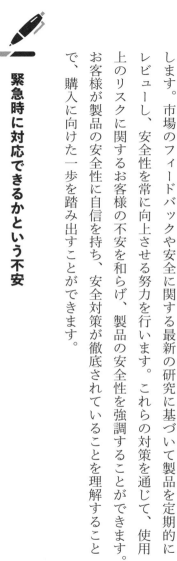

緊急時に対応できるかという不安

緊急時の対応不足に関する不安は、特に防犯カメラなどのセキュリティシステム、マッサージ器など健康・医療機器、またはその他の安全関連製品を購入する際に顕著です。**お客様は、緊急事態が発生した際に製品が適切に対応できるかどうかを心配します。**このような不安を解消するためには、製品の緊急対応機能を強化し、お客様に安心感を提供することが重要です。

最初に製品の緊急対応機能と安全機能を詳細に説明します。これには、自動的な緊急通知システム、緊急時に迅速に対応するための機能、危険を感知するセンサー技術などが含まれます。例えば、火災感知器が火災を検知した際に自動的に警報を発する機能、医療機器が異常を検知した際に緊急サポートチームに通知するシステムなどが挙げられます。これにより、お客様は緊急事態において製品が迅速かつ適切に対応することがわかり、安心して購入を検討できます。

次に、**緊急対応サポートの提供方法とそのアクセス性をアピールします。**24時間対応の緊急サポートライン、緊急時の対応チームの存在、迅速なサポートと介入のプロセスなどを明確にします。また、潜在的な危険や緊急事態に迅速に対応するための訓練を受けた専門スタッフの存在を強調します。緊急対応に関するリソースとトレーニングを提供します。製品の適切な使用方法、緊急事態発生時の対処法、予防措置などに関する教育資料やトレーニングを提供し、お客様が緊急事態に備えることができるよう支援します。

また、緊急対応機能に関するお客様の体験談やレビューを共有します。実際のお客様が緊急事態で製品をどのように利用し、その対応がどのように効果的であったかの事例を提示します。お客様のポジティブな体験談は、製品の緊急対応能力を証明する強力な証拠となります。最後に、緊急対応機能の継続的な改善と更新に取り組むことを強調します。最新の技術と市場のフィードバックに基づいて緊急対応機能を定期的にアップデートし、継続的な安全性の向上を図ります。

これらの対策を通じて、緊急時の対応不足に関するお客様の不安を和らげ、製品の信頼性と緊急時の安心感を強調することができます。お客様が製品が緊急事態に迅速かつ適切に対応できることに自信を持ち、安心して購入を決断することができます。

自然災害時の安全性が不安

自然災害、特に地震やその他の災害時の安全性に関する不安は、建築材料、家具、電気製品、緊急用品などの購入時に特に重要視されます。**お客様は、自然災害が発生した際に製品が安全であるかどうか、またそれが安全対策にどの程度貢献するかを心配します。**このような不安を解消するためには、製品の耐災害性能を強調し、お客様に安心感を提供することが重要です。

まず、製品の耐災害性能と安全設計について詳細に説明します。これには、耐震設計、耐火性能、耐水性、非常時に役立つ特性などが含まれます。例えば、耐震構造を有する建築材料、防火性能が高い家具や素材、水害時にも機能する電気製品などが挙げられます。これらの特性がどのように災害時のリスクを軽減するかを明確にします。

次に、製品が災害時の安全基準や規制に準拠していることをアピールします。国や地域の安全基準に準拠していること、第三者機関による安全評価や認証を受けていることなどを伝えます。また、製品が災害時のシミュレーションテストや実際の災害と同等の状況でのテストをクリアしていることを示し、信頼性を高めます。

さらに、災害時の安全使用に関するガイダンスとリソースを提供します。製品の適切な設置方法、災害発生時の安全な使用方法、予防措置などに関する教育資料やトレーニングを提供し、お客様が災害に備えることができるよう支援します。

また、災害時の製品の使用例や成功事例を共有します。実際のお客様が災害時に製品をどのように利用し、その対応がどのように効果的であったかの事例を提示します。

お客様のポジティブな体験談は、製品の耐災害性能を証明する強力な証拠となります。最後に、製品の耐災害性能に関する継続的な改善と更新に取り組むことを伝えます。最新の研究や技術の進歩に応じて製品を定期的にアップデートし、災害時の安全性を常に向上させる努力を行います。

これらの対策を通じて、地震や災害時の安全性に関するお客様の不安を和らげ、製品の耐災害性能を強調することができます。お客様が製品が災害時に安全であることに自信を持ち、安心して購入を決断することができます。

自分の地域では完全には利用できないかもしれないという不安

「自分の地域では完全には利用できないかもしれない」という地域による利用制限の不安は、特にグローバル市場で展開される製品やサービスにおいて重要です。この不安を解消するためには、地域の規制やニーズに適応した製品開発、多言語対応、地域ごとのカスタマイズオプションの提供、地域に特化したサポート、そして透明なコミユニケーションが必要です。

まず、地域の法規制や規格に適応した製品開発を行います。各地域の法的要件、規制基準、技術基準を満たす製品設計を確保し、広範囲の市場での製品利用を可能にします。次に、多言語対応と地域の文化に敏感なアプローチを採ります。製品インターフェース、お客様マニュアル、サポート資料などを複数言語で提供し、地域ごとの文化や言語に対応することで、幅広いお客様が利用しやすい環境を作ります。

さらに、**地域ごとのカスタマイズオプションを提供します。地域特有の機能や設定、地域に適したサービスオプションを提供することで、地域ごとのお客様のニーズに応えます。**また、地域に特化したカスタマーサポート体制を整備します。各地域の言語を話すサポートチームを設置し、地域特有の問題に対する迅速かつ効果的なサポートを提供します。

最後に、地域ごとの利用可能性に関する透明なコミュニケーションを行います。製品が利用可能な地域、限定されている機能、将来的な拡大計画などに関する情報を明確に伝えます。

これらの対策を通じて、「自分の地域では完全には利用できないかもしれない」という不安に対応し、お客様が自分の地域で製品やサービスを最大限に利用できることを確認させます。これにより、地域による利用制限に対する不安を減らし、製品に対する満足度を高めることができるようになります。

データが安全に保護されるかという不安

データの安全性に関する不安は、特にインターネットに接続されたデバイスや、個人情報を処理するアプリケーション、クラウドベースのサービスを購入する際に重要です。お客様は、製品やサービスが提供するデータ保護のレベルや、個人情報のセキュリティを心配します。このような不安を解消するためには、データ保護とプライバシーの確保に対する強固な取り組みを示し、お客様に安心感を提供することが重要です。

まず、製品のデータ保護機能とセキュリティ対策について詳細に説明します。これには、強固な暗号化技術、二要素認証、セキュリティパッチとアップデート、データのバックアップとリカバリー計画などが含まれます。例えば、個人情報を処理するアプリケーションのエンドツーエンド暗号化、オンライン取引における安全な支払いゲートウェイ、不正アクセス検出システムなどが挙げられます。これらの対策が、お客様のデータをどのように安全に保護しているかを明確にします。

次に、データ保護に関する法的準拠と規制への遵守を強調します。ＧＤＰＲ（一般データ保護規則）やその他の地域のプライバシー法規に準拠していること、独立した第三者機関によるデータ保護監査の実施、プライバシーポリシーと使用条件の透明性などを示します。これにより、お客様は製品が法的基準に従ってデータを管理し保護していることを理解し、信頼します。さらに、データプライバシーに関するお客様サポートとリソースを提供します。データの管理方法、プライバシー設定のカスタマイズ、データ漏洩《ろうえい》や不正アクセスが疑われる場合の対応策などに関する情報を提供し、お客様が自分のデータをコントロールできるようにします。

また、データ保護の実績とお客様の体験談を共有します。製品を使用している他のお客様がどのようにデータを安全に保護しているか、またその体験がどのように満足のいくものであるかの事例を提示します。お客様のポジティブな体験談は、製品のデータ保護能力を証明する強力な証拠となります。

さらにデータ保護技術とプロセスの継続的な改善に取り組むことを伝えます。新しいセキュリティ脅威や技術の進歩に対応し、製品のデータ保護機能を定期的にアップデートし、お客様のデータを最新のセキュリティ基準で保護します。

これらの対策を通じて、データの安全性に関するお客様の不安を和らげ、製品がお客様のプライバシーとデータを安全に保護することを伝えることができます。お客様が製品のデータ保護機能に信頼を持ち、安心して使用することができると理解することで、購入に向けた一歩を踏み出すことができます。

個人情報のプライバシーが守られるか不安

個人情報のプライバシーに関する不安は、特にネットショッピングなどオンラインサービス、スマートデバイス、アプリケーションを使用する際に重要です。**お客様は、自分の個人情報が適切に保護され、不正利用されないかどうかを心配します。**このような不安を解消するためには、厳格なプライバシーポリシーを確立し、お客様のデータ保護に対する取り組みを明確にすることが重要です。

まず、個人情報の収集、使用、共有に関する明確なプライバシーポリシーを提示します。これには、どのような情報が収集されるか、その使用目的、第三者との共有の有無、お客様の同意に基づく情報処理などが含まれます。例えば、お客様が提供する情報が製品の機能向上のためにのみ使用され、不要な情報収集を避けるための措置、個人情報の第三者への開示を制限するポリシーなどが挙げられます。

次に、個人情報のセキュリティ対策について詳細に説明します。これには、データの暗号化、アクセス管理、セキュリティ監査、データ漏洩への迅速な対応計画などが含まれます。例えば、エンドツーエンド暗号化技術を用いたデータの保護、不正アクセスを防ぐためのセキュリティソフトウェア、データ漏洩発生時の通知システムなどが挙げられます。さらに、お客様が自身のデータに関するコントロール権限を持てるようにします。データのアクセス、修正、削除の権利、プライバシー設定のカスタマイズ、個人情報の使用に関する同意の撤回方法などに関する情報を提供し、お客様が自分の個人情報を管理できるようにします。

また、プライバシーポリシーの実施と監視に関する第三者機関による認証や評価を示します。ＧＤＰＲ（一般データ保護規則）などの国際的なプライバシー基準への準拠、プライバシー監査の実施、セキュリティ基準の評価などを通じて、製品やサービスが高いプライバシー保護基準に適合していることを示します。

最後に、プライバシーポリシーの継続的な改善に取り組むことを強調します。技術革新や法規制の変更に応じてプライバシーポリシーを更新し、お客様のデータ保護とプライバシーの強化に継続的に取り組むことで、お客様の信頼を維持します。これらの対策を通じて、情報のプライバシーに関するお客様の不安を和らげ、製品やサービスがお客様の個人情報を安全に保護し、プライバシーを尊重することを強調することができます。お客様が自分の情報が適切に扱われると信頼し、安心して製品やサービスを利用することができると理解することで、購入に向けた一歩を踏み出すことが簡単になります。

インターネットの速度が遅いと使いにくいかもという不安

「インターネットの速度が遅いと使いにくいかも」というインターネットの速度への依存に関する不安は、特にオンライン機能を重視するオンライン会議やゲームアプリなどの製品やサービスにおいて顕著です。**この不安を解消するためには、エネルギー効率の良いデータ処理、低帯域幅での最適化、オフライン機能の提供、お客様フレンドリーなインターフェースの設計が必要です。**

まず、**エネルギー効率の良いデータ処理と圧縮技術の採用をします。**データの軽量化と効率的な処理により、低速なインターネット環境でもスムーズな操作が可能となります。

次に、低帯域幅でも効率的に動作するよう製品を最適化します。低解像度モードやデータ節約モードなど、帯域幅が限られた環境での使用に適した機能を提供し、お客様がストレスなく製品を使用できるようにします。

さらに、インターネット接続が不安定な環境でも使用可能なオフライン機能を提供します。重要な機能やデータにオフラインでアクセスできるようにすることで、インターネットの速度に依存しない使用体験を提供します。

また、インターネットの速度に対応するお客様フレンドリーなインターフェースを設計します。ネットワークの速度に応じてインターフェースの動作を調整し、お客様が操作性に不満を感じないようにします。

最後に、お客様に対してインターネット速度に関する透明な情報提供とサポートを行います。製品の推奨されるインターネット速度、低速環境での最適な使用方法、サポートチームによるアシスタンスなどを提供し、お客様が製品を理解し効果的に使用できるようにします。これらの対策を通じて、「インターネットの速度が遅いと使いにくいかも」という不安に対応することができ、製品を快適に使用できるのです。

不安対策チェックポイント

- 耐久性に関する不安は、お客様が製品を購入する際の大きな障壁となることが多いです。この問題に対処するには、製品の耐久性を強調するために、具体的なデータや事例を提供することが重要です。例えば、製品が厳しい品質検査をクリアしていることなどです。

- 技術的な問題に対する不安は、新しい技術やサービスで生じます。製品が期待通りに機能しない、または技術的な問題に直面することを恐れることがあります。製品の信頼性を強調し、万が一のときに支援を提供する体制を整えることが重要です。

- 品質に関する不安は、特に高価な製品などで見られます。これを解消するためには、製品の品質保証を明確にし、信頼を築くことが重要です。まず、製品の品質を証明するためには、具体的な品質基準や認証をお客様に提示することが有効です。

- ソフトウェアのバグや欠陥に関する不安は、特にデジタル製品やソフトウェアを購入する際によく見られます。お客様は、ソフトウェアが適切に機能しないか、不具合によって使い勝手が悪くなることを恐れています。

- 機能の重複性に関する不安に対してお客様は、新たに購入する製品が既存の製品と異なる付加価値があるかを気にします。この不安解消には、独自の機能や特徴を強調するのが有効です。

第4章

使い方への不安

使いこなせないのではないかという不安

使い方に対する不安は、あらゆる商品にあります。**パソコンやアプリケーション、専門家向けの機器などの製品では、複雑で使いこなせないのではないかと心配することがあります。**このような不安を解消するためには、製品の使いやすさをわかりやすく説明すると良いでしょう。動画を使って説明したり、実演するのもありです。適切なサポートと教育を提供することが重要です。

まず、製品の設計がお客様本位になっていることを強調することが効果的です。これには、直感的なインターフェース、簡単な操作手順、明確な表示や指示など、お客様が簡単に理解し操作できる設計要素を紹介します。例えば、タッチスクリーンの使用、わかりやすいアイコン、ステップバイステップのガイドなどが挙げられます。

お客様本位で、使いやすくする不安対策は、実は江戸時代から知られています。考案したのは越中富山藩の二代藩主前田正甫《まさとし》（1649〜1709）です。彼は、「用を先に利を後にせよ」という精神で「おきぐすりの先用後利」販売システムを確立しました。現在の**クレジットとリース制度を合わせたような販売システムを作りました。**

毎年、おきぐすりを配置した家に行って、未使用の残品を引き取り、新品と置き換えて、服用した薬のお金だけをもらうシステムでした。病気なんていつ発症するかわかりません。かといって、薬を買い込んでおけば使わないかもしれないという不安があります。

しかし、おきぐすりのシステムがあれば、安心して薬を置いておくことができますし、服用することもできます。お客様も便利ですし、一方、薬を売りに行く人も便利です。当時は盗賊に出会う危険性もありますし、必ず薬が売れるということもありませんでした。しかし、おきぐすりのシステムによって、毎年、薬を購入してもらえる可能性が高くなったというわけです。**このおきぐすりシステムを応用したのが、クレジットカードやコピー機などのリースビジネスです。不安対策にビジネスチャンスが**

あったのです。

次に、**製品の使い方に関する包括的なサポートとリソースを提供します。これには、詳細な取扱説明書、オンラインでのチュートリアルビデオ、よくある質問（FAQ）のセクション、インタラクティブなヘルプガイドなどが含まれます。**また、製品の使い方に関するワークショップやデモンストレーションを提供し、お客様が直接製品を体験できる機会を作ることも有効です。

さらに、顧客サポートを強化します。電話、メール、オンラインチャットなど、さまざまなコミュニケーションチャネルを通じて、お客様が製品に関する質問や不安を簡単に解決できるようにします。サポートチームが迅速かつ効果的に対応し、お客様が製品を快適に使用できるように支援します。

また、製品の使い方に関する顧客の体験談やレビューを共有することで、他のお客様が製品をどのように簡単に使いこなしているかを示します。実際のお客様の成功事例や体験談は、潜在的なお客様にとって非常に説得力があり、製品の使いやすさを証明するのに役立ちます。最後に、製品のカスタマイズや調整機能を強調し、お客様が自分のニーズやスキルレベルに合わせて製品を使用できることを明確にします。例えば、初心者向けの簡易モード、高度な設定オプションの提供、個別の使用者プロファイル設定などが挙げられます。

これらの対策を通じて、操作の複雑さに関するお客様の不安を和らげ、製品の使いやすさとアクセシビリティを強調することができます。お客様が製品の操作に自信を持ち、サポートやリソースを通じて必要な支援を受けられることを確信することで、購入に向けた一歩を踏み出すことが簡単になります。

インストールが複雑で手間がかかるかもしれないという不安

インストールの難易度に関する不安は、特に技術的な製品やソフトウェアの購入時に顕著です。お客様は、インストールプロセスが複雑で時間がかかるか、特別な技術的知識が必要かもしれないと心配します。このような不安を解消するためには、インストールプロセスを簡単にするとともに、必要なサポートとリソースを提供することが重要です。

まず、製品のインストールがお客様が使いやすいことを伝えます。これには、簡単なステップバイステップの指示、直感的なインターフェース、自動化されたセットアッププロセスなどが含まれます。例えば、プラグアンドプレイ機能を備えたデバイス、自動設定ウィザード、簡単なクイックスタートガイドなどが挙げられます。これにより、お客様はインストールを恐れることなく、自信を持って製品を使用することができます。

次に、インストールに関する包括的なサポートとリソースを提供します。これには、詳細な取扱説明書、オンラインでのビデオチュートリアル、ＦＡＱセクション、インタラクティブなヘルプガイドなどが含まれます。また、お客様が直接製品を体験できるデモンストレーションやワークショップを開催することも有効です。

さらに、プロフェッショナルなインストールサービスを提供することも重要です。

製品の購入時にインストールサービスをオプションとして提供し、お客様が自分でインストールすることに不安を感じる場合に専門家に依頼できるようにします。これには、製品の搬入、設置、初期設定の完了までをカバーするサービスが含まれます。

また、**製品のインストールに関する顧客の体験談やレビューを共有することで、他のお客様が製品をどのように簡単にインストールしているかを示します。**実際のお客様の成功事例や体験談は、潜在的な顧客にとって非常に説得力があり、製品のインストールの容易さを証明するのに役立ちます。

最後に、顧客サポートを強化します。電話、メール、オンラインチャットなど、さまざまなコミュニケーションチャネルを通じて、お客様が製品のインストールに関する質問や不安を簡単に解決できるようにします。サポートチームが迅速かつ効果的に対応し、お客様が製品を快適にインストールできるように支援します。これらの対策を通じて、インストールの難易度に関するお客様の不安を和らげ、製品の使いやすさと便利さを強調することができます。お客様が製品のインストールに自信を持ち、必要なサポートとリソースを受けられることを確信することで、購入に向けた一歩を踏み出すことができます。

充電方法が不便かもしれないという不安

充電の不便さに対する不安は、特に電子機器やバッテリー駆動の電動工具などの製品を購入する際に一般的です。**お客様は、充電プロセスが面倒であるか、充電に時間がかかりすぎるかもしれないと心配します。**このような不安を解消するためには、充電プロセスの簡便性を強調し、充電オプションの多様性を提供することが重要です。

まず、製品の充電プロセスがいかに簡単かを強調します。これには、簡単な接続方法、迅速な充電技術、直感的な充電インターフェースなどが含まれます。例えば、ワンタッチで接続できるマグネット式充電端子、ＵＳＢ充電のサポート、ワイヤレス充電の採用などが挙げられます。これにより、お客様は充電が手間なく行えることを理解し、製品の使用に前向きになることができます。

次に、バッテリーの寿命と充電の持続時間に関する情報を提伝えます。製品のバッテリーが一度の充電でどれくらいの期間使用できるか、充電サイクルの寿命がどの程度であるかなどを明確に伝えます。また、エネルギー効率の良いバッテリー技術や省エネモードの機能を伝えることも効果的です。

さらに、充電に関連するサポートとアクセサリーを提供します。追加の充電器、ポータブルバッテリーパック、車載充電アダプターなど、お客様がさまざまな状況で製品を充電できるようなオプションを提供します。これにより、お客様はどこでも簡単に製品を充電できることを知り、製品の便利さをより深く理解できます。

また、充電の問題に迅速に対応する顧客サポートを強化します。問題発生時には専門のサポートチームが迅速に対応し、お客様が充電に関する問題を解決できるよう支援します。これは、お客様が購入後も安心して製品を使用できるようにするために重要です。

最後に、製品の充電に関する顧客の体験談やレビューを共有することで、他のお客様が製品をどのように簡単に充電しているかを示します。実際のお客様の体験談は、潜在的な顧客にとって非常に説得力があり、製品の充電の容易さを証明するのに役立ちます。これらの対策を通じて、充電の不便さに関するお客様の不安を和らげ、製品の使い勝手と便利さをアピールすることができます。お客様が製品の充電プロセスを簡単に理解し、どこでも便利に充電できることを確信することで、購入に向けた一歩を踏み出すことができます。

持ち運びが不便かもしれないという不安

移動や持ち運びの不便さに関する不安は、スーツケースなど大型または重量がある製品、あるいはノートパソコンなどの持ち運びができる製品を購入する際によく見られます。お客様は、製品が移動や持ち運びに際して不便であるか、特定の状況での使用が難しいかもしれないと心配します。このような不安を解消するためには、製品の携帯性を強調し、移動や持ち運びを簡単にする設計とサポートを提供することが重要です。

まず、製品の携帯性に関する設計特徴をアピールします。これには、軽量化された素材の使用、コンパクトな設計、折りたたみ可能な構造、持ち運び用のハンドルやストラップなどが含まれます。たとえば、簡単に折り畳める自転車、軽量素材で作られたポータブルスピーカー、持ち運び用バッグが付属する電子機器などが挙げられます。これにより、お客様は製品をさまざまな場所で簡単に使用できることを理解し、その便利さを評価できます。

次に、製品の移動や持ち運びに関するサポートと情報を提供します。これには、製品の運搬方法に関するガイド、製品の持ち運びを簡単にするアクセサリー、移動時の安全性に関するアドバイスなどが含まれます。また、製品の持ち運びに関する実演ビデオやお客様ガイドを提供し、お客様が製品の持ち運びに自信を持てるようにします。

さらに、持ち運びに関する特定の問題に対処するための解決策を提供します。例えば、特定の環境や用途に適したカスタマイズされたキャリーケースや保護カバー、車両への取り付けキットなどが挙げられます。これにより、お客様は製品を自分のライフスタイルやニーズに合わせて持ち運ぶことができます。

また、製品の移動や持ち運びに関するお客様の体験談やレビューを共有します。他のお客様が製品をどのように簡単に持ち運んでいるか、その際のコツやヒントを共有することで、潜在的な顧客の不安を和らげることができます。

最後に、製品の持ち運びに関するアフターサービスやサポートを強化します。例えば、持ち運びに関する問題が発生した場合の迅速なサポートや、必要に応じたアクセサリーの提供を通じて、お客様が購入後も安心して製品を使用できるようにします。

これらの対策を通じて、移動や持ち運びの不便さに関するお客様の不安を和らげ、製品の携帯性と使い勝手を強調することができます。お客様が製品の持ち運びが容易であり、さまざまな状況での使用に適していることを理解し、購入に向けた一歩を踏み出すことができます。

特定のスキルがないと使いこなせないのではという不安

特定の技能要件に関する不安は、特に業務管理ソフト技術的な製品や専門的な機器を購入する際に見られます。お客様は、製品を効果的に使用するために必要な特定のスキルや知識がないことを心配することがあります。このような不安を解消するためには、特定のスキルがなくても使いやすいことを強調し、適切な教育とサポートを提供することが重要です。

まず、製品が直感的でお客様フレンドリーな設計であることを強調します。これには、使いやすいインターフェース、簡単な操作手順、明確な指示やラベルなどが含まれます。例えば、初心者向けのモードやシンプルな操作パネルを備えた電子機器、簡単な組み立て手順を持つＤＩＹキットなどが挙げられます。これにより、お客様は特別な技能や経験がなくても製品を使用できることを理解し、購入に自信を持てるようになります。

次に、製品の使用方法に関する包括的な教育とリソースを提供します。これには、詳細な取扱説明書、オンラインでのチュートリアルビデオ、ＦＡＱセクション、インタラクティブなヘルプガイドなどが含まれます。また、製品の使い方に関するワークショップやデモンストレーションを開催することも有効です。これにより、お客様は製品の使用方法をステップバイステップで学び、必要なスキルを身につけることができます。

さらに、お客様サポートを強化します。電話、メール、オンラインチャットなど、さまざまなコミュニケーションチャネルを通じて、お客様が製品の使用に関する質問や不安を簡単に解決できるようにします。**専門的なサポートチームが迅速かつ効果的に対応し、お客様が製品を快適に使用できるように支援します。**また、製品の使用方法に関する顧客の体験談やレビューを共有します。他の顧客が製品をどのように簡単に使いこなしているか、特定の技能がなくても成功している事例を示すことで、潜在的な顧客の不安を和らげることができます。

　最後に、特定の技能が必要な場合には、製品に関連するトレーニングや教育プログラムを提供します。これにより、お客様は製品の使用前に必要な知識やスキルを習得でき、製品を最大限に活用できるようになります。

　これらの対策を通じて、特定の技能要件に関するお客様の不安を和らげ、製品の使いやすさと便利さをアピールすることができます。お客様が製品の使用方法を簡単に学べると確信し、必要なサポートとリソースを受けられることで、購入に向けた一歩を踏み出すことができます。

自分で設置できるかという不安

「自分で設置できるか不安」という取り付けや組み立ての難しさに関する不安は、家具、家電製品、テクノロジー機器などの購入時に生じます。製品の設置や組み立てが複雑であると、お客様はその手間や失敗のリスクを心配するからです。

この不安を解消するためには、**設置や組み立てプロセスを簡単にしたり、サポート体制の強化が重要です。**

まず、設置や組み立ての手順を明確かつ簡単にすることが重要です。わかりやすい組み立て説明書、イラストや写真を豊富に使ったガイド、ステップバイステップのチュートリアルビデオなどを提供し、お客様が自分で簡単に設置や組み立てができるようにします。

次に、必要な工具や部品がすべて含まれていることを確認します。組み立てに必要なネジや部品が不足していないか、特殊な工具が必要でないかを明示し、お客様が追加で購入する手間を省きます。さらに、製品の設置や組み立てに関するサポート体制を強化します。カスタマーサポートへの簡単なアクセス、オンラインでのFAQやトラブルシューティングガイド、必要に応じた専門家によるサポートやアドバイスなどを提供し、お客様が問題に直面した際に迅速に解決できるようにします。

また、**プロフェッショナルによる設置や組み立てサービスのオプションを提供します。**お客様が自信がない場合や手間をかけたくない場合には、追加料金で専門家に設置や組み立てを依頼できるサービスを用意します。

最後に、実際にお客様が製品を簡単に設置・組み立てた事例を紹介し、簡単さをアピールします。

これらの対策を通じて、「自分で設置できるか不安」という不安に対応し、製品の設置や組み立てがお客様にとって容易であることを示します。お客様が製品の設置や組み立てに自信を持ち、サポートが充実していることを知ることで、安心して購入を決断することができるようになります。

電波の受信やインターネット接続に問題があるかもという不安

「電波の受信やインターネット接続に問題があるかも」という不安は、**特にタブレットなどのワイヤレスデバイスやインターネットに依存する製品を購入する際に重要です。**お客様は、製品が安定して電波を受信し、信頼性の高いインターネット接続を維持できるかどうかを検討します。この不安を解消するためには、製品の接続性能の強化、サポートとトラブルシューティングの提供、そして技術的なサポートの強化が重要です。

まず、製品の接続性能に関する技術的詳細を明確にします。最新のワイヤレス技術(例えばWi-Fi 6、5G)、強化されたアンテナ設計、干渉軽減技術、範囲拡大技術など、製品が安定した接続を提供するための特性を強調します。次に、製品の互換性と接続性をテストするための広範な試験を行います。さまざまな環境や条件下での性能テストを実施し、製品が一般的な使用環境で安定したパフォーマンスを発揮することを確認します。

さらに、製品の設定とトラブルシューティングのための包括的なサポートを提供します。分かりやすいセットアップガイド、オンラインでのＦＡＱ、ビデオチュートリアル、カスタマーサポートによる個別のアシスタンスなど、お客様が製品をスムーズに設定し、問題に対処できるリソースを提供します。

また、接続性に関するカスタマーサポートを強化します。接続の問題に迅速に対応する専門のサポートチーム、オンラインでの技術サポート、必要に応じての現地サポートなど、お客様が接続に関するあらゆる問題を解決できるようサポートします。

最後に、製品のファームウェアやソフトウェアの定期的なアップデートを提供します。新しい機能の追加、バグ修正、接続性能の向上など、製品の最新状態を維持し、長期的に安定した接続を保証します。

これらの対策を通じて、「電波の受信やインターネット接続に問題があるかも」という不安に対応し、製品がさまざまな環境で安定した接続性を提供することを伝えます。お客様が製品の接続性能に自信を持ち、信頼性のあるインターネット接続を享受できることを理解することで、安心して購入を決断することができるようになります。

文化や言語の違いで使いづらいのではという不安

「文化や言語の違いで使いづらい可能性」という文化的・言語的な適合性に関する不安は、特に国際市場で販売される製品や、多様な文化的背景を持つお客様に向けた製品の場合に重要です。お客様は、製品が自分の文化や言語に適応しているかを気にします。この不安を解消するためには、多文化・多言語対応の設計、地域に応じたカスタマイズ、文化的感度の高いマーケティング戦略が重要です。

まず、製品が多言語に対応していることを確実にします。マニュアル、カスタマーサポートなどで複数の言語をサポートし、お客様が自分の母国語で製品を使用できるようにします。次に、地域ごとの文化的特性を考慮した製品デザインを提供します。地域の文化、習慣、価値観に合わせた製品の特性や機能を設計し、各地域のお客様が製品との親和性を感じられるようにします。

さらに、異なる文化的背景を尊重し、地域ごとのお客様のニーズや期待に合わせたメッセージやプロモーション活動を行います。また、地域ごとのカスタマーサポート体制を整備します。各地域の言語と文化に精通したカスタマーサポートチームを設置し、お客様が自分の文化や言語に適したサポートを受けられるようにします。

最後に、地域ごとのお客様のフィードバックを積極的に収集し、製品開発に反映させます。文化的適合性に関する顧客の意見や提案を取り入れ、製品の改善や新しい機能の開発に活かします。これらの対策を通じて、「文化や言語の違いで使いづらい可能性」という不安に対応し、製品が多様な文化的背景を持つお客様に適合していることを伝えます。お客様が製品が自分の文化や言語に適応していると感じることで、安心して購入を決断することができるようになります。

必要以上の機能で混乱するかもしれないという不安

「必要以上の機能で混乱するかも」という機能過多による混乱に対する不安は、特にスマートウォッチなどの多機能製品や複雑なテクノロジー製品の購入時に重要です。**お客様は、製品が多すぎる機能によって使いづらくなることを不安します。**この問題に対処するためには、お客様が使いやすいデザイン、わかりやすい使い方の情報提供などが必要です。

まず、製品のデザインをシンプルかつ直感的にします。お客様インターフェースは簡潔で理解しやすく、よく使う機能へのアクセスを簡単にすることが重要です。複雑な機能は高度な設定の中に隠し、基本的な使用に必要な機能だけが前面に出るようにします。

次に、詳細なお客様マニュアル、ステップバイステップのチュートリアルビデオ、ウェブを使った使い方講座などを用意し、お客様が製品の機能を段階的に理解できるようにします。お客様が自分のニーズに合わせて機能をカスタマイズできるようにし、必要ない機能を非表示にすることができるオプションを設けます。これにより、お客様は自分にとって重要な機能に焦点を当てることができます。

また、製品の機能に関するカスタマーサポートを強化します。電話、メール、チャットなどを通じたサポート、製品の使い方に関する個別の相談、技術的な問題への迅速な対応を行います。

最後に、製品の評価や体験談を通じて、実際の使用シナリオを示します。他のお客様が製品の機能をどのように活用しているかの例を紹介し、潜在的な購入者が製品の使い方に関して具体的なイメージを持てるようにします。

これらの対策を通じて、「必要以上の機能で混乱するかも」という不安に対応し、お客様が必要な機能を簡単に理解し利用できることを伝えます。お客様が製品の使い方を簡単に理解し、購入の際に自信を持って決断できるようになります。

バッテリーが長持ちしないかもしれないという不安

バッテリー寿命の心配は、特にタブレットなどのモバイルデバイスや他の電池駆動製品において重要です。**お客様は製品のバッテリー寿命が日常生活や業務におけるニーズに適していることを期待します。この不安を解消するためには、バッテリー技術の改善、エネルギー効率の最適化、そして信頼できるバッテリーサポートの提供が必要です。**

まず、高品質で長寿命のバッテリー技術を使用します。耐久性が高く、長期間にわたって効率的なエネルギー供給を提供するバッテリーを採用し、製品の信頼性を高めます。次に、製品のエネルギー効率を最適化します。省エネルギー設計、効率的な電力管理システム、無駄なエネルギー消費を最小限に抑える機能などを導入し、バッテリー寿命を延ばします。バッテリーの状態監視と管理機能を提供します。バッテリーの充電レベル、健康状態、使用履歴などをお客様が簡単に確認できるようにし、効果的なバッテリー管理をサポートします。

また、交換可能なバッテリーオプションやサービスを提供します。お客様が自分で簡単にバッテリーを交換できるようにするか、専門のサービスを通じてバッテリー交換を提供します。最後に、バッテリーに関する透明な情報とサポートを提供します。バッテリー寿命に関する正確な情報、使用上のヒント、トラブルシューティングガイド、専門のサポートチームによるアドバイスなど、バッテリーに関する包括的な情報を提供します。

これらの対策を通じて、「バッテリーが長持ちしないかもしれない」という不安に対応し、お客様が製品のバッテリー寿命に信頼を持ち、日常生活や業務において製品を安心して使用できることを伝えます。お客様がバッテリーのパフォーマンスと寿命に対する不安を減らし、製品に対する満足度を高めることができるようになります。

自分のニーズに合わせられるかという不安

「自分のニーズに合わせられるか？」というカスタマイズの不足に関する不安は、インテリアなど特に個性を重視するお客様や特定の要件を持つ顧客にとって重要です。

このような不安を解消するためには、製品のカスタマイズ可能性を強調し、顧客の個別のニーズに合わせたオプションを提供することが重要です。

まず、製品のカスタマイズオプションについて詳細に説明します。色、サイズ、素材、機能など、顧客が選択できるカスタマイズの範囲を示します。例えば、家具の場合は異なる素材や色での製造、ファッションアイテムではサイズ調整やアクセサリーの追加、テクノロジー製品ではソフトウェアのカスタマイズオプションなどが挙げられます。カスタマイズプロセスの容易さと便利さを強調します。オンラインで簡単にカスタマイズを行えるインターフェース、直感的なカスタマイズツール、専門のカスタマーサポートチームによるアシスタンスなど、顧客が自分のニーズに合わせて製品をカスタマイズできる手段を提供します。

さらに、カスタマイズ製品の製造と配送における効率性を示します。カスタマイズされた製品の製造プロセス、注文から配送までの所要時間、カスタマイズ製品の品質管理基準など、顧客が注文したカスタマイズ製品を迅速かつ高品質で受け取れることを保証します。

また、カスタマイズ製品の成功事例や顧客の体験談を共有します。実際の顧客がカスタマイズを通じてどのように満足感を得たか、カスタマイズが彼らの特定のニーズにどのように応えたかの事例を紹介します。

最後に、カスタマイズサービスの継続的な改善に取り組みます。市場のトレンドや顧客のフィードバックに基づいて、カスタマイズオプションを定期的にアップデートし、より多様な顧客のニーズに対応できるようにします。これらの対策を通じて、「自分のニーズに合わせられるか？」というカスタマイズの不足に関する不安に対応し、製品が個々の顧客のニーズに合わせて柔軟にカスタマイズできることをアピールします。お客様が製品のカスタマイズ性に自信を持ち、自分にぴったりの製品を手に入れることができると理解することで、安心して購入を決断することができます。

自分に合ったサイズがないかもしれないという不安

サイズ選択の限定性に関する不安は、**特に衣類、靴、アクセサリーなど、サイズが重要な役割を果たす製品の購入時に顕著です。お客様は、自分の体型や個人的な好みに合わせたサイズの製品が見つかるかどうかを重視します。**この不安を解消するためには、幅広いサイズ展開、カスタマイズ可能性の提供、そしてサイズに関する明確な情報とサポートが重要です。

まず、製品の幅広いサイズ展開を提供します。標準的なサイズだけでなく、小さいサイズ、大きいサイズ、特別な体型に合わせたサイズなど、多様なニーズに対応できる広範なサイズ展開を強調します。これにより、お客様が自分にぴったり合うサイズの製品を見つけやすくなります。次に、カスタマイズ可能なサイズオプションを提供します。特に衣類や靴の場合、オーダーメイドのサービスや調整可能なデザインを提供し、お客様が自分の体型に完全に合った製品を得られるようにします。

さらに、サイズ選択のための詳細なガイダンスを提供します。サイズチャート、計測方法の説明、サイズ選択に関するFAQ、オンラインでのサイズ推薦ツールなどを用いて、お客様が自分に合ったサイズを正確に選べるようにします。

また、サイズに関するカスタマーサポートを強化します。サイズ選択に関する疑問や不安に対応する専門のカスタマーサービス、オンラインチャットサポート、個別のサイズ相談など、お客様が適切なサイズを選ぶためのサポートを提供します。最後に、サイズに関連する返品や交換ポリシーを明確にします。サイズが合わない場合の返品や交換プロセスを簡単で明確にし、お客様がリスクなくサイズを試せるようにします。

これらの対策を通じて、「自分に合ったサイズがないかもしれない」という不安に対応し、製品がお客様のさまざまなサイズのニーズに対応できることを確認させます。お客様がサイズの選択において多様なオプションとサポートを持つことを理解し、自分にぴったりの製品を見つけやすくなることで、安心して購入を決断することができるようになります。

好みの色やスタイルがないかもという不安

「好みの色やスタイルがないかも」という色やスタイルの選択肢の少なさに関する不安は、特に個性やデザインを重視する製品の購入時に重要です。お客様は、自分の好みやライフスタイルに合った製品を求めています。この不安を解消するためには、製品のデザインの多様性を増やし、カスタマイズオプションを提供し、お客様の好みに合わせた選択肢を豊富にすることが重要です。

まず、製品の色やスタイルのバリエーションを増やします。さまざまな色彩オプション、異なるデザインスタイル、季節や最新トレンドに合わせた特別エディションなど、幅広い選択肢を提供することで、お客様が自分の好みに合った製品を見つけやすくなります。次に、製品のカスタマイズオプションを提供します。特に衣類、アクセサリー、家具などのカテゴリでは、色や素材、デザインのカスタマイズが可能なオプションを用意し、お客様が自分だけのユニークな製品を作成できるようにします。

さらに、製品の色やスタイルに関する詳細情報を提供します。オンラインカタログ、スタイルガイド、デザインインスピレーションを紹介するブログ記事やソーシャルメディアコンテンツなどを通じて、お客様が自分のスタイルに合った製品を発見できるように支援します。また、お客様の好みやトレンドに基づいて製品ラインを定期的に更新します。市場のフィードバック、お客様の嗜好の変化、流行のトレンドを分析し、製品の色やスタイルを定期的に更新して新鮮さを保ちます。

最後に、製品の色やスタイルに関するカスタマーサポートを強化します。色やスタイルに関する質問に答える専門のカスタマーサービス、オンラインでの個別相談、スタイリストによるアドバイスなどを提供し、お客様が自分の好みに最適な選択を行えるように支援します。これらの対策を通じて、「好みの色やスタイルがないかも」という不安に対応し、製品がお客様の個性や好みに合わせた多様な選択肢を提供することを伝えます。お客様が自分のスタイルに合った製品を簡単に見つけ、満足のいく購入を行えるようになります。

ここで事例を紹介しましょう。

スウェーデンのアパレルメーカーＨ＆Ｍは、２０１９年時点で、74カ国に５０００店舗以上の店を持つ巨大なアパレルの小売店です。

低価格なのに品数が豊富で最新のデザインの洋服が手に入るファストファッション企業の一角を占めています。同社だけではありませんが、世界展開をするファストファッション企業が当たり前のように行っているのが、**商品を受け取ってから30日間の返品保証があります。**

返品保証は、日本ではこれまであまり行われていませんでしたが、アメリカなどの小売業界では、商品の返品は不良品でなくても行われるのが普通です。日本のように返品理由を詳しく聞かれることもありません。アメリカのアパレル業界では８割以上の人が返品をするといわれていますから、返品への対応もシステムが確立されており、機械的に行われています。ちなみに、日本の通販サイトの返品率は5~10%で、アメリカに比べると返品する割合は非常に低いと言えるでしょう。

アパレル製品では、「お店で見た時と家で着たときに雰囲気が違ったらどうしよう」とか、「同じ色のものを持っていたらどうしよう」とか「合わせようとした小物と服が合わなかったらどうしよう」などさまざまな不安がある可能性があります。

このような時には、**返品保証をするというのは、不安を払拭して、購入に繋がりやすいものです。**特にオンラインストアでアパレルを購入する場合は、色やサイズの不安がさらに増大するので、返品による不安解消策を検討することも考えましょう。

不安対策 チェックポイント

✔ 操作の複雑さに関する不安はあらゆる商品にあります。複雑で使いこなせないのではないかと心配や不安を解消するためには、商品の使いやすさをわかりやすく説明し、適切なサポートと教育を提供することが重要です。

✔ インストールの難易度に関する不安は、インストールプロセスが複雑で時間がかかるか、特別な技術的知識が必要かもしれないと心配するときに生じます。インストールが簡単であることを説明し、サポート体制を万全にすることが大事です。

✔ 移動や持ち運びの不便さに関する不安は、大型または重量がある製品、あるいはポータブルなデバイスを購入する際によく見られます。このような不安を解消するためには、製品の携帯性を強調し、移動や持ち運びを簡単にする設計が大切です。

✔ 特定の技能要件に関する不安は、製品を効果的に使用するために必要なスキルがないと使えないと心配するときに生じます。不安の解消には、スキルがなくても使いやすいことを強調することや必要なスキルの習得への教育が大切です。

✔ 取り付けや組み立ての難しさに関する不安は、自分で取り付ける必要がある家具、家電製品、テクノロジー機器などの購入時に生じます。不安解消には、設置や組み立てプロセスを簡単にしたり、わかりやすく説明することが大切です。

第5章

価格や維持費に対する不安

価格に見合った価値があるかという不安

コストパフォーマンスの疑問は、お客様が製品の価値とコストを比較検討するときに生じます。お客様が価格に見合った価値があるかどうか不安を感じる場合、購入決定に影響を与える可能性があります。このような不安を解消するためには、製品の価値を明確に伝え、そのコストが長期的な利益をもたらすことをアピールすることが重要です。

まず、製品の独自の特徴や利点を具体的にアピールすることが効果的です。例えば、製品がどのようにお客様の生活を改善するか、仕事の効率を高めるか、あるいは特定の問題を解決するかなどを詳しく説明します。また、製品がどのようにして他の競合製品と異なるか、独特の機能や技術を持っているかをアピールし、お客様がその価値を理解できるようにします。

次に、製品の長期的な利益を明確に伝えます。これには、製品の耐久性、低メンテナンスコスト、時間や労力の節約、エネルギー効率の良さなどが含まれます。お客様が製品を使うことで長期的にどのような経済的利益を得られるかを示し、初期投資の価値を理解させます。さらに、価格設定の透明性を高めることも重要です。製品の価格がどのように決定されているか、製造コスト、品質保証、研究開発の投資など、価格形成に関わる要素を明確に説明します。お客様が製品の価格が高い理由を理解し、その価値を認識できるようにすることが重要です。

また、お客様レビューやケーススタディを活用することで、実際のお客様が製品をどのように使用し、そのコストパフォーマンスをどう評価しているかを示します。実際のお客様体験は、潜在的なお客様にとって非常に説得力があり、製品の価格がその価値に見合っていることを証明するのに役立ちます。

最後に、購入支援オプションを提供することも有効です。分割払い、リースプログラム、割引キャンペーン、などを通じて、お客様が製品をより手軽に購入できるようにします。これにより、お客様は製品の購入に対する初期の金銭的ハードルを低減でき、長期的な利益を得られます。

これらの対策を通じて、コストパフォーマンスの疑問に対するお客様の不安を和らげ、製品の価値をアピールすることができます。お客様が製品の独自の特徴、長期的な利益、および総所有コストを理解することで、価格に見合った価値があるという確信を持って購入を決断することができます。

購入後に追加料金が発生するかもしれないという不安

予期せぬ追加費用に関する不安は、学習塾やスポーツクラブなどの料金体系が複雑で難解なサービスを購入するときによく起こります。お客様は、購入後に想定外のコストが発生することに対して不安を感じることがあります。このような不安を払拭するためには、価格の透明性を高め、追加費用が発生しないこと、または追加費用が発生しても適切に通知されることを保証する必要があります。

まず、製品やサービスの価格設定について完全な透明性を持つことが重要です。購入時にすべてのコストが明示されていることをお客様に伝え、隠れた費用がないことを保証します。これには、製品の基本価格、必要なアクセサリー、インストール費用、メンテナンス費用など、購入に関連するすべての費用を含めることが必要です。お客様が購入前にすべてのコストを理解できるようにすることで、信頼を築き、購入後の不満を防ぐことができます。

次に、製品の長期的な所有コストについても明確に説明します。これには、製品の寿命、必要な定期メンテナンス、消耗品の交換頻度とコスト、エネルギー消費量などが含まれます。お客様がこれらの長期的なコストを理解することで、購入後に予期せぬ費用に直面することなく、製品の全体的な価値を評価することができます。

さらに、購入後のサポートと保証に関する情報を提供することも有効です。製品の保証期間や保証内容をすぎた後の修理や交換サービスの費用について明確に説明することで、お客様は長期にわたるサポートを受けられることを理解し、安心感を持つことができます。

また、製品のアップグレードや追加サービスに関連する費用についても透明性を持つことが重要です。将来的に必要になる可能性のある追加サービスや機能拡張の費用についても事前に情報提供を行い、お客様が全体的なコストを把握できるようにします。

最後に、お客様レビューやケーススタディを通じて、他のお客様がどのように製品を使用し、追加費用についてどのように感じているかを共有することも有効です。実際のお客様の体験談を通じて、製品のコストパフォーマンスと追加費用に関する透明性を示すことで、潜在的なお客様の不安を和らげることができます。

これらの対策を通じて、予期せぬ追加費用に関するお客様の不安を和らげ、購入に向けた信頼を築くことができます。お客様が購入前にすべてのコストを理解し、長期的な価値を認識することで、購入決定をより簡単にし、お客様満足度を高めることが可能になります。

維持費がかかるかもしれないという不安

維持コストに関する不安は、多くのお客様が製品購入時に考慮する重要な要素です。特に長期間にわたって使用する製品の場合、維持費がかかることへの心配は購入決定に大きな影響を与えることがあります。

まず、このような不安を解消するためには、製品の総所有コストを予《あらかじ》め算出して、維持コストをかけてもお得であることを明確にします。具体的には製品の総所有コストについて透明かつ詳細に情報を提供することが効果的です。これには、製品の購入価格に加えて、定期的なメンテナンス費用、消耗品の交換コスト、必要に応じた修理費用などが含まれます。お客様がこれらのコストをはじめから理解できるようにすることで、購入後に予期せぬ出費に直面するリスクを減らすことができます。

次に、維持コストを最小限に抑えるための製品の特徴や設計を伝えます。例えば、エネルギー効率の良い製品、耐久性が高く長寿命の部品を使用している製品、簡単にメンテナンスができる設計などが挙げられます。これにより、お客様は長期的に見た際のコスト削減の利点を理解し、初期投資の価値を認識することができます。

さらに、維持コストに対するサポートオプションを提供することも有効です。例えば、延長保証プラン、メンテナンスパッケージ、割引修理サービスなどを通じて、お客様が維持コストに関して安心感を持てるようにします。これらのサービスは、長期的なサポートを求めるお客様に特に魅力的です。また、製品のメンテナンスや管理に関する情報の提供も検討します。使い方のガイド、メンテナンスのチュートリアル、よくある問題のトラブルシューティングガイドなどを提供することで、お客様が自分で簡単なメンテナンスを行い、コストを節約できるようにします。

最後に、製品の維持コストに関する実際のお客様の体験談やレビューを共有することで、製品が長期的にどのような価値を提供するかを示します。他のお客様が製品の維持にどれだけのコストがかかっているか、そのコストに見合う価値があると感じているかを共有することで、潜在的なお客様の不安を和らげることができます。

これらの対策を通じて、維持コストに関するお客様の不安を和らげ、製品の長期的な価値を強調することができます。お客様が製品の総所有コストを理解し、長期的な節約と利便性を認識することで、購入に向けた一歩を踏み出すことができます。

輸入時の関税や税金が高いかもしれないという不安

輸入関税や税金に関する不安は、特にオンラインショッピングなどで国際的に製品を購入する時に生じます。お客様は、輸入時にかかる追加のコストが予算を超えることを心配することがあります。このような不安を払拭するためには、関税や税金に関する透明性を高め、追加コストに対する理解と受容を促進することが重要です。

まず、製品の価格に関税や税金がどのように影響するかについて明確な情報を提供することが効果的です。輸入関税や税金の計算方法、これらが最終的な購入価格にどのように反映されるかについて詳しく説明します。これにより、お客様は購入時に予期せぬ追加費用に直面することなく、予算計画を立てることができます。

次に、関税や税金が製品価格に与える影響を最小限に抑えるためのオプションを提

供することも重要です。例えば、特定の地域向けに最適化された価格設定、地域によって異なる税金や関税を考慮したプロモーションや割引、または地域ごとの税込み価格の表示などが挙げられます。これにより、お客様は追加コストを事前に把握し、購入に際してより明確な判断を下すことができます。

さらに、製品の独自の価値と利点をアピールし、それが追加の関税や税金を支払うことに見合う価値があることを示します。製品が持つ独特の機能、品質、デザイン、ブランド価値などがお客様の満足感を高め、関税や税金の追加コストを補って余りある価値を提供することを強調します。また、国際的な購入におけるサポートとアフターサービスを強化することも有効です。多言語でのカスタマーサポート、国際的な保証や修理サービス、地域ごとの返品・交換ポリシーなどを提供し、お客様が国際的な購入においても安心してサービスを受けられるようにします。

最後に、関税や税金に関するお客様の疑問や不安に対して迅速かつ明確に回答することで、信頼と理解を深めていきます。購入プロセス中のＦＡＱセクション、カスタマーサービスチームとの直接のコミュニケーション、または税金計算ツールなどを通じて、お客様が関税や税金に関する正確な情報を得られるようにします。

これらの対策を通じて、輸入関税や税金に関するお客様の不安を和らげ、製品の価値を強調することができます。お客様が追加コストを理解し、製品の長期的な価値を認識することで、購入に向けた一歩を踏み出すことができます。

届くまで長時間かかるかもしれないという不安

配送時間の長さに関する不安は、特にオンラインショッピングを利用するお客様にとって重要な問題です。迅速な配送を期待する現代のお客様にとって、配送の遅延は購入を躊躇する大きな理由となります。この不安を解消するためには、効率的な配送システムの構築と、配送プロセスの透明性を高めることが重要です。

まず、配送の効率化と速度向上に関する取り組みをアピールします。製品の在庫管理の最適化、効率的な物流ネットワークの確立、パートナーシップによる配送サービスの向上など、迅速な配送を実現するための具体的な施策を紹介します。例えば、主要都市に配送センターを設置して配送時間を短縮する、信頼できる配送業者との提携による迅速な配送サービスなどが挙げられます。

次に、配送プロセスの透明性を高めるためのシステムを導入します。オンラインの注文追跡システム、配送状況のリアルタイム更新、配送予定日の明確な通知などを提供し、お客様がいつでも自分の注文状況を確認できるようにします。さらに、配送オプションの多様化を図ります。標準配送だけでなく、追加料金での速達配送、地域による配送時間の差異、時間指定配送など、お客様のニーズに合わせた配送オプションを提供します。

また、配送遅延が発生した際の対応策を明確にします。遅延の原因を迅速にお客様に通知し、必要に応じて補償や代替案を提供します。お客様への透明なコミュニケーションは信頼を築く上で非常に重要です。

最後に、お客様のフィードバックを基に配送プロセスを継続的に改善します。お客様の配送体験に関するフィードバックを収集し、問題点を特定して対策を講じることで、より良い配送サービスを提供します。これらの対策を通じて、「注文してから届くまで時間がかかりすぎるかもしれない」という不安に対応し、お客様が迅速かつ透明な配送サービスを体験できるようにします。これによりお客様が配送プロセスに信頼を持ち、安心して購入を決断することができます。

配送中に損傷するかもしれないという不安

配送中の損傷のリスクに関する不安は、特にお土産などの贈答品や輸送が難しい商品や高価な商品を購入するときに重要です。このような不安を解消するためには、製品の梱包と輸送の品質を向上させ、万が一の損傷に対する保証や対応策を明確にすることが重要です。

まず、製品の梱包方法について詳細に説明します。製品が損傷を受けにくいように設計された梱包材、緩衝材の使用、防水や防塵対策など、製品を保護するための梱包技術について説明します。高品質な梱包材料の選定と、製品ごとに最適化された梱包方法の採用が重要です。

次に、信頼できる配送業者とのパートナーシップをアピールします。製品の安全な輸送を確保するために、経験豊富で信頼性の高い配送業者と提携していることを明確にし、彼らの輸送プロセスや品質管理基準について説明します。

さらに、損傷発生時の迅速な対応策を提供します。製品が配送中に損傷した場合の返品・交換ポリシー、補償プログラム、カスタマーサービスチームによるサポートなどを明確にします。お客様が損傷した製品について簡単に報告し、迅速に解決策を受けられるようにします。

また、製品の配送状況を追跡できるシステムを導入します。オンラインでリアルタイムの配送追跡が可能なシステムを提供し、お客様がいつでも製品の配送状況を確認できるようにします。これにより、お客様は製品の配送状況について安心感を持つことができます。最後に、お客様からのフィードバックに基づく配送プロセスの改善に取り組みます。お客様からの配送に関するフィードバックを収集し、梱包や配送プロセスの改善点を特定して対応します。

これらの対策を通じて、「配送中に損傷するかもしれない」という不安に対応し、製品が配送中も安全に保護され、万が一の損傷に対しても迅速かつ適切に対応されることを保証します。お客様が配送プロセスに信頼を持ち、安心して購入を決断することができます。

使い方を学ぶための手段がないかもしれないという不安

適切なトレーニング資料の不足に関する不安は、特に健康器具など新しい技術や複雑な製品において重要です。お客様が製品の完全な機能を理解し、効果的に利用するためには、充実したトレーニング資料の提供が必要です。この不安を解消するためには、包括的かつアクセスしやすい教育リソースの提供が重要です。

まず、詳細かつわかりやすいお客様マニュアルを提供します。基本的な使い方から高度な機能まで網羅したマニュアルを用意し、お客様が製品を理解しやすくします。

次に、オンラインチュートリアルや動画ガイドを充実させます。製品の使用方法を視覚的に示すチュートリアル動画やインタラクティブなオンライン教材を提供し、お客様が自分のペースで学べるようにします。さらに、ワークショップ、デモンストレーションなどのライブトレーニングイベントを実施します。専門家による直接の指導や実践的な学習機会を提供し、製品の使い方を深く理解できるようにします。

また、FAQセクションやオンラインフォーラムを用意し、お客様が持つ疑問に対する迅速な回答を提供します。他のお客様の経験やアドバイスを共有できるコミュニティを構築し、相互サポートを促進します。

最後に、カスタマーサポートとテクニカルサポートを強化します。電話、メール、チャットなど複数のチャネルを通じたサポート、製品の使い方に関する個別の相談、技術的な問題への迅速な対応を行います。

これらの対策を通じて、「使い方を学ぶための十分な資料がないかも」という不安に対応し、お客様が製品を効果的に使用するための包括的でアクセスしやすい教育リソースを提供します。お客様が製品の使用方法を簡単に理解し、自信を持って操作できるようになります。

技術的な問題に対するサポートが不十分なのではという不安

技術的なサポートの不足に対する不安は、特に会社向けの電子機器やソフトウェア製品の購入時に一般的です。お客様は、技術的な問題が発生したときに適切なサポートを受けられるかどうかを心配します。このような不安を解消するためには、包括的で専門的な技術サポート体制を確立し、お客様が必要な支援を受けられることを保証します。

まず、専門的な技術サポートチームの存在と能力をアピールします。このチームがどのように製品の技術的な側面に精通しているか、問題解決のための経験と専門知識を有しているかを示します。例えば、熟練した技術者によるサポート、定期的なトレーニングを受けたスタッフ、業界標準に準拠したサポートプロセスなどが挙げられます。これにより、お客様は技術的な問題が発生した場合に頼りになる専門家が対応してくれることを理解し、安心して購入を検討できます。

次に、技術サポートのアクセス方法と利用のしやすさを提供します。これには、電話、メール、オンラインチャット、リモートデスクトップ支援など、さまざまなコミュニケーションチャネルの利用が含まれます。また、24時間対応のサポートライン、多言語でのサポート提供、迅速な問題対応を保証することも重要です。

技術的な問題に対する包括的なリソースを提供します。オンラインFAQ、詳細なトラブルシューティングガイド、お客様フォーラム、製品アップデートとパッチの情報などを通じて、お客様が自ら問題を解決できるよう支援します。

また、技術サポートの経験談や成功事例を共有します。他のお客様が技術的な問題をどのように解決したかの事例を提示することで、潜在的なお客様の不安を和らげることができます。実際のお客様体験は、技術サポートチームの効果性と信頼性を示す強力な証拠となります。

最後に、技術サポートの継続的な改善と進化への取り組みをアピールします。お客様のフィードバックを収集し、サポートプロセスを常に改善する努力を行い、新しい技術やトレンドに対応するためのサポートチームの教育を継続します。

これらの対策を通じて、技術的なサポートの不足に関するお客様の不安を和らげ、製品購入時の安心感を高めることができます。お客様が技術的な問題に直面したときに適切な支援を受けられることを確信し、製品の購入に向けて前向きな一歩を踏み出すことができます。

問題があった時のサポートが十分なのかという不安

サポートの不足に関する不安は、あらゆるタイプの製品やサービスの購入において一般的です。お客様は、問題が発生したときに十分なサポートが得られるかどうかを心配します。このような不安を解消するためには、お客様サポートの質と連絡しやすさを強調し、お客様が必要なときに適切な支援を受けられることを保証することが重要です。

まず、お客様サポートの質と範囲をアピールします。これには、経験豊富なサポートスタッフの存在、多様な問題に対応できるサポートチームの能力、迅速かつ効果的な問題解決の実績などが含まれます。例えば、高度な技術サポート、製品に関する総合的なコンサルテーション、カスタマイズされたトラブルシューティングソリューションなどが挙げられます。これにより、お客様は問題が発生した場合に信頼できる支援を受けられることを確信し、製品の購入に安心感を持てるようになります。

次に、サポートアクセスの容易さを伝えます。これには、24時間対応のカスタマーサービス、多言語でのサポート、電話、メール、オンラインチャットなどさまざまなコミュニケーションチャネルの利用が含まれます。また、サポートリクエストの迅速な対応、効率的な問題解決プロセス、お客様のフィードバックへの迅速な対応なども重要です。これにより、お客様はいつでも簡単にサポートを受けられることを知り、信頼感を持ちます。

さらに、お客様サポートの経験談や成功事例を共有します。実際のお客様がどのようにサポートを受け、その結果どのような解決を達成したかの事例を提示することで、潜在的なお客様の不安を和らげることができます。お客様のポジティブな体験談は、サポートチームの有効性と信頼性を示す強力な証拠となります。

また、アフターサービスと保証の提供も重要です。製品の保証期間の明確化、保証内容の詳細、保証期間外のサポートオプションなどを提供し、お客様が購入後も長期的にサポートを受けられることを保証します。これにより、お客様は製品の寿命全体に安心感を持てます。

最後に、お客様サポートの改善と向上への継続的な取り組みをアピールします。お客様のフィードバックを収集し、サポートプロセスの改善に活用すること、サポートスタッフの継続的なトレーニングと教育、新しいサポート技術の導入などを通じて、サポートサービスの質を常に高める努力を行っていることを伝えます。

これらの対策を通じて、サポートの不足に関するお客様の不安を和らげ、製品の信頼性とサポート体制の強さをアピールすることができます。お客様が問題発生時に適切な支援を受けられることを確信することで、購入に向けた一歩を踏み出すことができます。

お客様サービスが期待に応えてくれるかという不安

「お客様サービスが期待に応えられるか不安」は、サービスや製品に対する信頼と満

足度に直接影響します。特に新しいお客様や高価値製品の購入者は、質の高いカスタマーサポートを期待しています。この不安を解消するためには、お客様サービスの質を高め、信頼できるサポート体制を整備することが重要です。

まず、高品質なカスタマーサービスチームの訓練と育成に力を入れます。従業員への継続的なトレーニング、製品知識の強化、お客様対応スキルの向上など、優れたサービスを提供するための人材育成に注力します。

お客様の問題解決に焦点を当てたサポートを提供します。迅速な対応、お客様の問題に対する個別の解決策の提供、お客様のフィードバックを真摯に受け止める姿勢など、お客様の満足を最優先するサポート体制を整えます。

さらに、多様なサポート窓口を用意します。電話、メール、チャット、ソーシャルメディア、ＦＡＱなど、お客様が好みや状況に応じてアクセスしやすい複数のコミュニケーションを提供します。

また、サポート体験のパーソナライゼーションを図ります。お客様の購入履歴や過去の問い合わせ内容を考慮した個別化されたサポートを提供し、お客様一人ひとりに合わせたサービスを実現します。最後に、お客様サービスの品質を定期的に評価し、改善を行います。お客様満足度調査、サービス品質の監視、フィードバックに基づいたプロセスの改善などを通じて、サービス品質を継続的に高めます。

これらの対策を通じて、「お客様サービスが期待に応えられるか不安」という不安に対応し、お客様が質の高いサポートを受けられることを確認させます。お客様がサポート体制に対する信頼を持ち、製品やサービスに関する問題があった場合にも安心して対応を求めることができるようになります。

返品や交換が面倒かもという不安

返品・交換の不便さに関する不安は、特にオンラインショッピングや大型店舗での購入時によく見られます。**お客様は、製品が期待に応えない場合の返品や交換プロセスが複雑で時間がかかるかもしれないと心配します。**このような不安を解消するためには、返品・交換プロセスを簡素化し、お客様が簡単に製品を返品・交換できることを保証することが重要です。

まず、返品・交換ポリシーを明確かつ公開し、簡単にアクセスできるようにします。返品・交換の条件、期限、手順、必要な書類などを詳細に説明し、お客様がこれらのプロセスを簡単に理解できるようにします。例えば、30日間の無条件返品保証、返品時の送料無料、返品のためのオンラインフォームの提供などが挙げられます。

次に、返品・交換プロセスをできるだけ簡単かつ便利にするための手順を導入します。これには、プリペイドの返送ラベルの提供、近隣の店舗での返品オプション、簡単なオンライン返品リクエストシステムなどが含まれます。また、返品・交換の際の迅速な処理とお客様への通知を保証することも重要です。

さらに、お客様サポートを強化し、返品・交換に関する疑問や問題に迅速に対応します。電話、メール、オンラインチャットなど、複数のコミュニケーションチャネルを通じて、お客様が返品・交換に関するサポートを簡単に受けられるようにします。専門的なサポートチームが返品・交換に関する問題を迅速かつ効果的に解決し、お客様の不安を軽減します。

また、返品・交換の体験談やレビューを共有することで、他のお客様が返品・交換プロセスをどのように経験しているかを示します。お客様のポジティブな体験談は、返品・交換プロセスの容易さと効率性を証明する強力な証拠となります。

返品・交換プロセスの改善に向けた継続的な取り組みをアピールします。お客様からのフィードバックを収集し、返品・交換プロセスを常に改善する努力を行います。

これにより、お客様は購入後も安心して製品を使用でき、必要に応じて返品・交換を行うことができると確信できます。

これらの対策を通じて、返品・交換の不便さに関するお客様の不安を和らげ、製品の購入に対する信頼を高めることができます。お客様が返品・交換プロセスが容易であり、必要に応じて製品を返送・交換できることを理解し、購入に向けた一歩を踏み出すことができます。

保証期間が短いのではという不安

保証期間の短さに関する不安は、特に家電や中古車などの高価な製品を購入する時に見られます。お客様は、保証期間が短いと製品の信頼性や耐久性に疑問を抱くことがあります。このような不安を解消するためには、保証ポリシーを強化し、製品の品質と耐久性を保証することが重要です。

まず、製品の品質保証と耐久性についてアピールします。これには、厳格な品質検査プロセス、高品質の素材と製造技術、長期間にわたる耐久性テストの結果などが含まれます。例えば、製品が長期間の使用に耐えうること、メーカーが品質に自信を持っていることを示すデータや事例を提示します。これにより、お客様は保証期間にかかわらず製品が信頼できる品質であることを理解し、安心して購入を検討できます。

保証ポリシーを明確化し、お客様が理解しやすい形で提供します。保証内容、保証期間、保証の適用条件、保証適用外の状況などを詳細に説明し、お客様が保証ポリシーを簡単に理解できるようにします。また、必要に応じて延長保証オプションや追加の保証サービスを提供し、お客様が製品に長期的な信頼を置けるようにします。

さらに、アフターサービスとサポートの充実を図ります。保証期間内外を問わず、迅速で効果的な修理サービス、継続的なカスタマーサポート、製品のメンテナンスやアップデートに関する情報提供などを行います。これにより、お客様は製品の寿命全体にわたってサポートを受けられることを確信できます。

また、製品の耐久性と信頼性に関する実際のお客様の体験談やレビューを共有します。他のお客様が製品をどのように長期間使用しているか、製品の品質と耐久性に満足しているかの事例を提示することで、潜在的なお客様の不安を和らげることができます。

また、保証ポリシーの透明性と改善への取り組みをアピールします。お客様のフィードバックを収集し、保証ポリシーを常に見直し改善する努力を行います。これにより、お客様はメーカーが製品の品質とお客様満足度を重視していることを理解し、信頼感を持ちます。これらの対策を通じて、保証期間の短さに関するお客様の不安を和らげ、製品の長期的な品質と信頼性を保証することができます。お客様が製品の耐久性に自信を持ち、必要なサポートと保証を受けられることを確信することで、購入に向けた一歩を踏み出すことができます。

使用言語のサポートが限られているかもという不安

「使用言語のサポートが限られているかも」という言語のサポート不足に関する不安は、特に多言語市場での製品購入時に重要です。この不安を解消するためには、多言語対応の強化、言語に関する包括的なサポート提供、および文化的感度の高いアプローチが必要です。

まず、製品のお客様インターフェイス、マニュアル、サポート文書などに多言語対応を実施します。主要な言語はもちろん、地域に特化した言語にも対応し、幅広いお客様が自分の言語で製品を利用できるようにします。

次に、多言語に対応したカスタマーサポートを提供します。電話、メール、チャットサポートなどさまざまなチャンネルで複数言語に対応し、お客様が自分の言語で問題解決の助けを受けられるようにします。さらに、製品のマーケティングやコミュニケーションにおいても多言語対応を実施します。プロモーション素材、ウェブサイト、ソーシャルメディアコンテンツなどを複数言語で提供し、さまざまな言語圏のお客様にアプローチします。

また、言語に関するフィードバックを積極的に収集し、製品開発やサービス改善に反映させます。お客様からの意見を基に、サポートされる言語を拡大し、言語に関するお客様のニーズに応えます。

最後に、言語だけでなく文化的な背景も考慮した製品開発とマーケティングを行います。異なる文化や言語圏のお客様の慣習や価値観を理解し、それに合わせた製品設計やマーケティング戦略を展開します。

これらの対策を通じて、「使用言語のサポートが限られているかもしれない」という不安に対応し、お客様が自分の言語で製品を快適に使用し、必要なサポートを受けられることを伝えます。これにより、言語の壁による不安を減らし、製品の購入に対する信頼を高めます。

環境に悪影響はないかという不安

環境への影響に関する不安は、特にエコ意識が高まっている現代において、製品選択の重要な要素です。お客様は、製品の製造、使用、廃棄が環境に与える悪影響を心配します。このような不安を解消するためには、製品の環境配慮を明確にし、持続可能な消費を促進することが重要です。

まず、製品の環境に優しい設計と製造プロセスについて説明します。これには、再生可能エネルギーや低炭素技術を使用した製造プロセス、環境に優しい素材の使用、廃棄物の削減、再利用可能なパッケージなどが含まれます。例えば、リサイクル可能な素材を使用した製品、省エネルギー機能を備えた家電製品、環境に配慮した製品パッケージなどが挙げられます。これにより、お客様は製品の購入が環境に与える影響を最小限に抑えることができると理解し、エコフレンドリーな選択をすることができます。

次に製品の環境パフォーマンスに関する詳細なデータと証拠を提供します。カーボンプリント（炭素足跡）、エネルギー効率、水使用量などの環境指標を明確にし、製品が持続可能な使用にどの程度寄与しているかを示します。また、第三者機関による環境認証やレーティング（例えば、エネルギースターレーベル、グリーンシール認証など）を取得していることをアピールします。

さらに、製品の使用と廃棄に関するエコフレンドリーなガイダンスを提供します。製品の効率的な使用方法、エネルギーと資源の節約のためのヒント、廃棄時のリサイクルや適切な処理方法についての情報を提供し、お客様が製品を環境に優しい方法で使用し廃棄できるようにします。

また、製品の環境へのポジティブな影響に関するお客様の体験談やレビューを共有します。実際にお客様が製品を使ってどのように環境への影響を減らしているかの事例を提示し、潜在的なお客様の不安を和らげることができます。環境への影響に関する継続的な評価と改善に取り組むことを強調します。市場のフィードバックや最新の環境科学に基づいて製品を定期的にレビューし、環境パフォーマンスの向上を図る努力を行います。

これらの対策を通じて、環境への影響に関するお客様の不安を和らげ、製品のエコフレンドリーな特性をアピールすることができます。お客様が製品の購入が環境にポジティブな影響を与えることを理解し、持続可能な選択をすることができます。

持続可能性が実現できるかという不安

サステナビリティ（持続可能性）の不確実性に対する不安は、特に環境意識が高まっている現代において、お客様の製品選択に大きな影響を与えます。お客様は、製品の生産、使用、廃棄が環境持続可能性に適合しているかどうかを問題視します。このような不安を解消するためには、製品のサステナビリティに関する取り組みを明確にし、エコロジカルな製品選択を促進することが重要です。

まず、製品のサステナビリティへの取り組みをアピールします。これには、持続可能な原材料の使用、環境に優しい製造プロセス、省資源・省エネ設計、リサイクル可能なパッケージングなどが含まれます。例えば、持続可能な森林管理から得られた木材を使用した製品、排出ガスや廃水の削減に努める製造プロセス、再利用や分解が容易な素材の使用などが挙げられます。

次に、製品のライフサイクル全体を通じた環境への影響についての透明な情報を提供します。カーボンプリント、水使用量、廃棄物の量など、製品の生産から廃棄に至るまでの環境影響を詳細に説明します。また、環境への影響を減らすための取り組みや戦略についても共有します。

さらに、製品のサステナビリティに関する第三者認証や評価を提示します。例えば、エコラベル、グリーンシール認証、フェアトレード認証など、環境や社会的責任に関する信頼できる認証を受けていることをアピールします。これらの認証は、製品が環境の持続可能性に配慮していることを客観的に証明します。

また、製品のサステナビリティへの取り組みに関するお客様の体験談やレビューを共有します。実際にお客様が製品を使って環境に配慮している事例や、サステナビリティに関する満足度を示す体験談を提示します。

最後に、製品のサステナビリティに関する継続的な評価と改善に取り組むことをアピールします。市場のフィードバックや最新の環境科学に基づいて製品のサステナビリティを定期的に評価し、持続可能な製品開発へのコミットメントを維持します。

これらの対策を通じて、サステナビリティの不確実性に関するお客様の不安を和らげ、製品が環境の持続可能性に配慮していることを強調することができます。お客様が製品の購入が環境にポジティブな影響を与えることを理解し、エコロジカルな選択をすることができます。

法的な規制や制限に準拠しているかという不安

法的規制や制限に関する不安は、特に複雑な規制が存在する市場や、新しい技術を採用した製品の購入時によく起こります。お客様は、製品が現地の法律や規制に準拠しているか、また購入後に遵守すべき特定の法的制限があるかどうかを心配します。このような不安を解消するためには、製品の法的遵守状況を明確にし、お客様が安心して購入・使用できるような対策を講じることが重要です。

まず、製品が現地の法的規制や基準に準拠していることを明確に示します。これには、安全基準、環境規制、健康基準など、製品が準拠している具体的な法律や規制を示すことが含まれます。例えば、電気製品であればＣＥマーキングやＦＣＣ認証、食品や飲料の場合はFDA承認や地域の衛生基準に準拠していることなどが挙げられます。これにより、お客様は製品が法的要件を満たしていることを確認し、安心して購入できます。

次に、**法的規制や制限に関する詳細な情報とガイダンスを提供します。購入後にお客様が遵守すべき法的制限、製品の適切な使用方法、必要な許可やライセンスに関する情報などを明確に伝えます。**また、特定の市場や地域で製品の使用が制限されている場合、その理由と代替案を提供します。さらに、製品の法的遵守状況に関する第三者機関からの認証や評価を提示します。製品が独立した評価機関によって検証され、法的基準に適合していることを証明する認証やレポートを提供することで、信頼性を高めます。

また、法的規制や制限に適合するための製品の特性や機能について説明します。例えば、特定の環境基準を満たすための独自の排出制御システム、法的要件に応じた安全機能など、製品がどのように法的要件を満たしているかを詳細に説明します。

最後に、法的規制や制限に関する継続的な監視と適合に取り組むことを強調します。法律や規制の変更に迅速に対応し、製品が常に最新の法的要件に準拠していることを保証します。これにより、お客様は製品が将来にわたって法的に適切であると確信できます。

製品に対する保険が見つからないのではという不安

保険の可用性に関する不安は、特に高価値の商品やリスクが伴う製品の場合に重要です。この不安を解消するためには、製品の保険オプションの提供、パートナーシップによる保険プランの開発、カスタマイズ可能な保険プランの提供、透明な情報提供、およびアフターサービスと保証の強化が必要です。

まず、製品に対する保険オプションを直接提供します。購入時に製品保険のオプションを提供し、お客様が簡単に保険を選択できるようにします。次に、保険会社とのパートナーシップを通じて特別な保険プランを開発します。製品の特性に合わせた保険プランを設計し、製品購入者がリスクを適切にカバーできるようにします。

さらに、カスタマイズ可能な保険プランを提供します。お客様のニーズに合わせて保険の範囲や保険料を調整できる柔軟な保険プランを提供し、さまざまなお客様の要望に応えます。また、保険に関する透明な情報提供を行います。保険の範囲、条件、クレーム手続きなどに関する詳細な情報を提供し、お客様が保険プランを理解しやすくします。

最後に、製品のアフターサービスと保証を強化します。保険に加えて、製品の保証期間の延長、修理サービス、交換ポリシーなど、製品の信頼性と安心感を高めるサービスを提供します。これらの対策を通じて、「製品に対する保険が見つからないかも」という不安に対応し、お客様が製品に関連するリスクを適切に管理し、安心して製品を使用できることを確認させます。これにより、保険の可用性に関する不安を減らし、製品の購入に対する信頼を高めることができます。

不安対策チェックポイント

- ✔ お客様が商品に価格に見合った価値があるかどうか不安を感じることがあります。この場合、製品の価値を明確に伝え、そのコストが長期的な利益をもたらすことを強調することが重要です。

- ✔ 返品・交換の不便さに関する不安は返品や交換プロセスが複雑で時間がかかるかもしれないと考える時に生じます。このような不安を解消するためには、お客様が簡単に製品を返送・交換できることを保証することが重要です。

- ✔ サポートの不足に関する不安は、問題が発生した時に十分なサポートが得られるかどうかを心配します。お客様サポートの質と連絡しやすさを強調し、お客様が必要な時に適切な支援を受けられることを保証することが重要です。

- ✔ 維持コストに関する不安は、特に長期間にわたって使用する製品の場合、その心配は購入決定に影響を与えることがあります。不安を解消するためには、製品の総所有コストを予め出しておき、コストをかけてもお得であることを示しましょう。

- ✔ お客様が抱える○○という不安を全て解消できたかチェックしましょう。

エピローグ

不安に対するさまざまな事例とその不安解消策を紹介してきました。いかがでしたでしょうか？

しかし、いろいろな事例を紹介してきましたが、お客様の購入への不安を知るには、直接、お客様に質問するのが一番の解決策です。

「商品を知ってすぐに購入しましたか？　しなかった方は、購入に対してどのような不安がありましたか？」

「当店を知ってすぐ入られましたか？　入らなかった方は当店に対してどのような不安がありましたか？」

「当社を知ってすぐ問い合わせしましたか？　しなかったとしたら当社に対してどのような不安がありましたか？」

このような質問をすれば、顧客の不安を深く理解することができます。

しかし、顧客の不安を聞いても、それに対する具体的な解決策がすぐには思い浮かばないこともあります。そのような場合、顧客に対して、

「何があれば不安なく購入できましたか？」

「何があればその不安がなくなりましたか？」

と尋ねることで、有用な情報を得ることができます。

重要なのは、このようなフィードバックを受けた後、それに基づいた対策を積極的

に講じることです。

ここで重要なのは、フィードバックを求める対象として、実際に商品を購入したお客様に絞ることです。購入しなかった人に意見を聞いても、それが必ずしも購入につながるとは限らないためです。実際に購入したお客様からの意見は、彼らがどのような要因で購入を決断したかについての貴重な意見を教えてくれます。

お客様の購入不安を理解し、それに対処することは、ビジネス成功の一番の要素です。

今回はＡＩも活用し、限られた紙面ですが、多くの事例から精選した事例を掲載しています。この情報が皆さんのビジネスに役立つことを願っています。

岡本達彦

著者　販促コンサルタント　岡本達彦（おかもと・たつひこ）

広告制作会社時代に 100 億円を超える販促展開を見てきて培った成功体験をベースに、難しいマーケティングや心理学を勉強しなくてもアンケートから売れる広告をつくる広告作成手法を日本で初めて体系化する。お金をかけず簡単にできて即効性があることから、全国の公的機関や上場企業からセミナー依頼が急増。お客様目線の組織にするため、社内に仕組みとして取り入れたいという企業からのコンサルティングが後を絶たない。「アマゾン上陸 15 年、売れたビジネス書 50 冊」にランクインし、販促書籍のヒット作となった『「A4」1 枚アンケートで利益を 5 倍にする方法―チラシ・DM・ホームページがスゴ腕営業マンに変わる！』（ダイヤモンド社）などを著書に持つ。

不安がなくなるとモノが売れる

2024 年 4 月 23 日　初版発行

訳　者　岡本達彦
発行者　野村直克
発行所　総合法令出版株式会社
〒 103-0001　東京都中央区日本橋小伝馬町 15-18
EDGE 小伝馬町ビル 9 階
電話　03-5623-5121
印刷・製本　中央精版印刷株式会社

ISBN 978-4-86280-945-2
総合法令出版ホームページ　http://www.horei.com/